AF649707

Mi-24

Michael Normann

Motor
buch
Verlag

Einbandgestaltung: Joachim Schreiber

Bildnachweis: Sofern nicht anders vermerkt stammen die Bilder vom Autor bzw. aus dessen Archiv.

Eine Haftung des Autors oder des Verlages und seiner Beauftragten für Personen-, Sach- und Vermögensschäden ist ausgeschlossen.

ISBN 978-3-613-04701-3

Copyright © by Motorbuch Verlag, Postfach 103743, 70032 Stuttgart.
Ein Unternehmen der Paul Pietsch-Verlage GmbH & Co. KG

2. Auflage 2024

Sie finden uns im Internet unter
www.motorbuch.de

Nachdruck, auch einzelner Teile, ist verboten. Das Urheberrecht und sämtliche weiteren Rechte sind dem Verlag vorbehalten. Übersetzung, Speicherung, Vervielfältigung und Verbreitung einschließlich Übernahme auf elektronische Datenträger wie DVD, CD-ROM usw. sowie Einspeicherung in elektronische Medien wie Internet usw. ist ohne vorherige Genehmigung des Verlages unzulässig und strafbar.

Innengestaltung: Günther Nord
Druck und Bindung: Conzella, 85609 Aschheim-Dornach
Printed in Germany

Inhalt

Venezuelanische Mi-35M beim Nachtstart. (Foto: Padron via Rostvertol PLC)

Vorwort

Ich war elf, als ich die Mi-24 das erste Mal im Fernsehen sah. Ein ungewöhnlich aggressiv aussehender Hubschrauber stieg hinter einem Waldstück empor und verharrte kurz in der Luft. Plötzlich löste sich ein greller Punkt, der mit rasender Geschwindigkeit in Richtung Horizont davonjagte. Ein Lichtblitz folgte und der Turm eines getroffenen Panzers wirbelte durch die Luft. Das war im Herbst 1980, als das DDR-Fernsehen ausführlich über das Großmanöver »Waffenbrüderschaft 80« berichtete. Mi-24 jagten in großer Zahl, eng an den Boden gepresst, über die Manöverebenen. Ich war beeindruckt.

Vom ersten Augenblick an hatte ich mich in die Mi-24 »verliebt« und mir war klar, diesen Hubschrauber wollte ich fliegen, wenn ich erst einmal erwachsen war. Andere Jungen in meinem Alter träumten von schnellen Autos oder Motorrädern. Ich träumte von der Mi-24. Das Ziel, sie fliegen zu dürfen, schien mir auch realistischer zu sein, als darauf zu hoffen, in der DDR jemals in ein schnelles Auto einsteigen zu können. Ich wollte die Mi-24 fliegen, die Kraft in dieser hochagilen, wütend aussehenden Kampflibelle bändigen. In den Berichten der DDR-Medien schwärmten die Mi-24-Piloten von ihrer Maschine. Einer sagte in einem Interview sinngemäß, die Mi-24 zu fliegen sei wie Motoradfahren, nur viel besser! Denn welches Motorrad schafft schon 300 Sachen! Das wollte ich erleben.

Und dann passierte mir ein paar Jahre später das, was so vielen vor und nach mir passiert ist. Ich bin durch die medizinische Untersuchung gerasselt. Mit Pauken und Trompeten. Pech gehabt! Ein Arzt sagte mir, ich sei nicht flugtauglich und das war das Ende aller Träume. Ich würde nie im Cockpit einer Mi-24 sitzen.

Man bot mir an Offizier zu werden, um als Techniker an der Mi-24 arbeiten zu können. Doch das wollte ich nicht. Mich auf 25 Jahre Dienstzeit verpflichten und dann tagein tagaus zuschauen zu müssen, wie andere den Hubschrauber flogen, den ich selbst hatte fliegen wollen? Nein, das war nicht mein Ding! Ich ging einen anderen Weg. Dann kam die Wende und alles änderte sich.

Mehr als 20 Jahre später, während der Recherchen für meinen – auch im Motorbuch Verlag erschienenen – Typenkompass »Kampfhubschrauber seit 1962«, traf ich am Stand des russischen Hubschrauberherstellers Rostvertol PLC auf eine junge Frau. Sie hieß Anna Parchomenko. Wir kamen ins Gespräch. Ich grub mein fast ein Vierteljahrhundert nicht benötigtes und deshalb arg verkümmertes Schulrussisch aus. Sie versuchte sich in ein paar Worten Deutsch. Anna hörte sich meine Bitte um Bildmaterial und Informationen an und irgendwann fragte sie mich, nachdem ich ihr erzählt hatte, dass die Mi-24 einst mein Traum gewesen sei, warum ich kein Buch über diesen Hubschrauber schreiben würde. Ein paar Jahre später entschloss ich mich, diesen Vorschlag in die Tat umzusetzen. Danke Anna! Das war eine echt gute Idee. Und wenn wir schon beim Dank sind. Auch den Enthusiasten des Flugplatzmuseums Cottbus möchte ich vielmals danken. Sie haben mir bereitwillig die Kabinen und Türen ihrer Mi-24D geöffnet und ließen mich im Cockpit platznehmen – ein tolles Erlebnis! Für mich war es nah an der Erfüllung eines Kindheitstraumes. So habe ich es dann doch noch ins Cockpit einer Mi-24 geschafft!

Ich möchte mich auch bei allen anderen bedanken, die mich mit Rat und Tat, mit Bildern und Ideen bei der Erstellung dieses Buches unterstützt haben. Ohne ihre Hilfe wäre dieses Buch nicht so gut geworden.

Und jetzt ist es an der Zeit, dass wir in die Mi-24 einsteigen. Doch bei aller Faszination, die ich sehr gut verstehe und auch teile, möchte ich, dass eins nicht vergessen wird: Die Mi-24 ist eine Waffe. Und das Beste, was man über eine Waffe sagen kann ist: »Ich habe sie nie im Zorn einsetzen müssen.« Leider trifft das auf die Mi-24 nicht zu. Sie musste oft im Zorn zeigen, was in ihr steckt. Sie musste oft zubeißen und das konnte sie sehr gut. Nicht umsonst wurde und wird sie von ihren Piloten liebevoll »das Krokodil« genannt.

Das Zweitbeste, was man von einer Waffe sagen kann ist: »Sie hat mich im Fall der Fälle nie im Stich gelassen.« Und diese Aussage trifft auf die Mi-24 voll und ganz zu. Deshalb wird sie von ihren Piloten geliebt. Für manchen ist sie bis heute der beste Kampfhubschrauber der Welt.

Michael Normann
Rödgen im Frühjahr 2024

Der Weg zum Kampfhubschrauber

Die Mi-24 war der erste echte Kampfhubschrauber der Sowjetunion. Sie wurde in großer Stückzahl gebaut und in viele Staaten der Welt exportiert. Die Mi-24 diente als Standardkampfhubschrauber des östlichen Verteidigungsbündnisses »Warschauer Vertrag« und wurde weltbekannt als sie zum gefährlichsten und effektivsten Kampfmittel der sowjetischen Truppen während des Afghanistanfeldzugs avancierte. Bis zum heutigen Tag kommt die Mi-24 in vielen Streitkräften der Welt zum Einsatz und bewährt sich vielerorts tagtäglich in Ausbildung und Kampf.

Die Mi-24 ist die Vertreterin eines einzigartigen Hubschrauberkonzeptes. Sie ist der einzige in Serie gefertigte Kampfhubschrauber der Welt, der nach dem Konzept des »fliegenden Schützenpanzers« entwickelt wurde. Vergleichbar war nur die elegante Sikorsky S-67, die den Sprung in den Truppendienst leider nie schaffte.

Die Mi-24 gilt als Synonym für den sowjetischen/russischen Kampfhubschrauberbau generell. Ihr ist dieses Buch gewidmet.

Das Konzept des fliegenden Schützenpanzers

Die Mi-24 entstand nicht aus dem Nichts. Ihre Entstehung wurde durch die Entwicklung von Kampfhubschraubern in der westlichen Welt, sprich in den USA, stark beeinflusst. Sie war die Antwort auf die dortigen Bestrebungen zur Schaffung einer neuen Waffengattung.

Zu Beginn dieses Buches sei ein kleiner Exkurs erlaubt, der den Weg zur Schaffung eines sowjetischen Kampfhubschraubers beschreiben soll.

Der sowjetische Ansatz zur Schaffung eines echten Kampfhubschraubers unterschied sich von der amerikanischen Herangehensweise durch ein »wissenschaftlich fundiertes Vorgehen«. Im Gegensatz zu der Methode des »Trial and Error«, des Herantastens an die Problemlösung, wie sie in den USA praktiziert wurde, gingen die sowjetischen Entwickler einen Weg, der ihnen durch die damals in der UdSSR vorherrschende Philosophie vorgegeben schien.

Ein Grundsatz jener Philosophie besagte, dass sich »alles und jedes in Natur und Gesellschaft in einem beständigen Veränderungs- und Entwicklungsprozess befände« und die Entwicklung dabei stets vom Einfachen (Niederen) zum Komplexen (Höheren) verlaufen würde. Diese Höherentwicklung könne geradlinig oder in Wellen stattfinden. Am Ende einer Entwicklungsstufe, so glaubte man, stände ein revolutionärer Umbruch, der zu einer neuen, höherentwickelten Entwicklungsebene führen würde.

Soweit die Theorie, auf die sich die sowjetischen Militärwissenschaftler beriefen, als sie postulierten, dass solche Entwicklungstendenzen auch bei der Entwicklung der Militärtechnik zu beobachten seien. Sie verwiesen dabei, nicht ganz zu Unrecht, auf die kontinuierlich fortschreitende Tendenz zu immer komplexeren, leistungsfähigeren und natürlich auch teureren Waffensystemen.

Aus dieser Erkenntnis leiteten sie die These ab, dass man die zukünftige Entwicklungsrichtung der Militärtechnik im Voraus abschätzen könne, wenn es gelänge die der Entwicklung jener Technik zu Grunde liegende Prämisse zu bestimmen. Und die sowjetischen Militärwissenschaftler glaubten ein solches Entwicklungskriterium gefunden zu haben. Es war der Faktor »Mobilität des Soldaten«.

Ausgangspunkt der Überlegung war der einfache Soldat. Egal ob altgriechischer Hoplit, Landsknecht oder moderner Infanterist, die Mobilität des Soldaten war sehr begrenzt. Er bewegte sich im Durchschnitt, in etwa, mit 5 km/h vorwärts und konnte am Tag eine Strecke von 25 bis 30 km zurücklegen. Natürlich war für kurze Zeit eine weitaus schnellere Fortbewegungsweise möglich, aber auf die Dauer gesehen blieb es bei diesem Wert. Mehr war auf längere Zeit nicht durchhaltbar, wenn man die Kampfkraft des Soldaten nicht beeinträchtigen wollte.

Der erste revolutionäre Sprung zur Steigerung seiner Mobilität stellte die Nutzbarmachung des Pferdes dar. Mit Hilfe des Pferdes, egal ob als Zug-, Trage- oder Reittier genutzt, erhöhte sich die Mobilität des Soldaten deutlich. Von schwerer

Packlast befreit konnten die Soldaten ausdauernder marschieren und beritten waren deutlich größere Marschdistanzen pro Tag zu bewältigen. Mit der Nutzung des Pferdes zeigte sich erstmals eine Tendenz zur Spezialisierung. Auf der einen Seite nutzte man das Pferd als reines Transportmittel. Bei der anderen Spezialisierungsrichtung wurde das Pferd als Kampfmittel eingesetzt. Das Schlachtross entstand. Zeitweilig waren diese Tiere sogar durch Panzerungen geschützt.

Der zweite revolutionäre Sprung zur Verbesserung der Mobilität des Soldaten wurde durch die bahnbrechende Entwicklung des Verbrennungsmotors eingeläutet. In recht schneller Folge entstanden Automobile und Lastkraftwagen. Mit ihrer Hilfe konnten Soldaten nun, für damalige Verhältnisse unvorstellbar schnell, über große Entfernungen transportiert werden. Zum Kampfeinsatz waren diese Fahrzeuge aber kaum geeignet, da sie den transportierten Soldaten keinerlei Schutz vor feindlichem Gewehrfeuer und Granatsplittern boten. Deshalb entstand noch vor Beginn des Ersten Weltkrieges das Panzerauto. Die sowjetischen Militärwissenschaftler glaubten in dieser Entwicklung eine Gesetzmäßigkeit zu erkennen, die da lautete, dass sich zu einem Transportmittel unweigerlich ein gepanzertes, kampffähiges Pendant gesellen würde. Aus dem Pferd wurde das gepanzerte Schlachtross, aus dem LKW das Panzerauto.

Da sich das Panzerauto im Ersten Weltkrieg nicht wirklich bewährte, kam es in der Folgezeit zu einer evolutionären Weiterentwicklung. Der einfache Transport-LKW wurde zum gepanzerten Mannschaftstransporter (russ.: бронетранспортер) und an die Stelle des Panzerautos trat der Kampfpanzer (russ.: танк).

Die Kombination Kampfpanzer und gepanzerter Mannschaftstransporter (im deutschen Sprachgebrauch als Schützenpanzerwagen oder kurz SPW bezeichnet) wurde während des Zweiten Weltkrieges kriegsentscheidend eingesetzt. Der Dualismus von Transportmittel und Kampffahrzeug blieb erhalten.

Das galt auch für die Entwicklung in den 50er- und 60er-Jahren. Hier sahen die sowjetischen Militärwissenschaftler die Tendenz zur Schaffung eines Standardkampfpanzers. Dieser sollte die Vielzahl bis dato eingesetzten Panzertypen überflüssig machen und so zu einer vereinfachten Logistik beitragen. Der Standardkampfpanzer sollte die Geschwindigkeit der leichten Panzer mit der Feuerkraft und dem Panzerschutz der schweren Panzer vereinen und das alles, wenn irgend möglich, in der Gewichtsklasse der mittleren Fahrzeuge.

Auch beim Transportmittel der Infanterie, so glaubte man, würden zukünftig deutliche Verbesserungen zu sehen sein. Um die Kampfpanzer auf dem Schlachtfeld nicht nur zu begleiten, sondern auch effektiv mit ihnen zusammenwirken zu können, würde der Infanterist der Zukunft auf gepanzerten Kampfmaschinen ins Gefecht ziehen. Diese Maschinen würden nicht mehr nur gepanzerten Mannschaftstransporter sein, sondern darüber hinaus auch in der Lage sein müssen den Kampf gegen jeden Gegner, inklusive Feindpanzer, erfolgreich zu führen. Ein solches Fahrzeug bezeichnete man als BMP, sprich »Bojewaja Maschina Pechota« (russ.: боевая машина пехота), was ins Deutsche übersetzt »Kampfmaschine der Infanterie« bedeutet. Im amerikanischen Sprachgebrauch bürgerte sich die Übersetzung »Infantery Fighting Vehicle«, kurz IFV, ein. Im Deutschen übersetzte man das Kürzel BMP mit SPz, was für Schützenpanzer steht.

Schützenpanzer sollten mit ihrer schweren Bewaffnung in der Lage sein jeden damals eingesetzten Panzertyp der Welt zu zerstören und gleichzeitig der Besatzung und zusätzlich aufgesessenen Infanteristen (mot. Schützen, Panzergrenadieren) Schutz vor Splittern und leichten Waffen bieten und natürlich mit hoher Geschwindigkeit weite Strecken überwinden können.

Michail Leontjewitsch Mil (Foto: Archiv Rostvertol PLC)

Standardpanzer und Schützenpanzer stellten aus Sicht der sowjetischen Militärwissenschaftler den vorläufigen Höhepunkt bei der Entwicklung bodengebundener Mittel zur Steigerung der Mobilität des Soldaten dar.

Der nächste revolutionäre Sprung bei der Verbesserung der Mobilität des Soldaten wurde durch die Erfindung des Hubschraubers möglich. Mit seiner Hilfe war es nun möglich Truppen, nahezu unabhängig vom Gelände, schnell über große Distanzen zu verlegen und sie auch an Orte zu bringen, die bisher nur schwer zugänglich gewesen waren.

Die von der sowjetischen Seite aufmerksam beobachteten Entwicklungen auf amerikanischer Seite und die dortige Schaffung von Luftkavallerieeinheiten schienen den prognostizierten revolutionären Sprung der Mobilität des Soldaten zu bestätigen.

Man glaubte in der Sowjetunion, dass die zukünftige Entwicklung der Hubschrauber in etwa parallel zur bisherigen Entwicklung landgestützter Transportmittel verlaufen würde. Zu den Transporthubschraubern würden sich Kampfhubschrauber gesellen. In einer späteren Stufe würden die Transporthubschrauber bewaffnet und gepanzert sein und die Kampfhubschrauber ein mit modernsten Mitteln ausgestattetes Pendant des Standardkampfpanzers darstellen. Ein Hauptverfechter dieser These war der geniale sowjetische Hubschrauberkonstrukteur Michail Leontjewitsch Mil.

AH-1G Cobra im Feuerkampf während des Vietnamkrieges. (Foto: US DoD)

AH-56 Cheyenne (Foto: Lockheed)

Objekt 764

Objekt 764 war der Urvater des modernen Schützenpanzers.

Bei der Beobachtung der amerikanischen Aktivitäten während der frühen Phase des Vietnamkrieges kamen die sowjetischen Militärexperten zum Schluss, dass sich die damals eingesetzten Hubschrauber noch auf dem Niveau des ungepanzerten Transportmittels befanden. Die zu ihrer Unterstützung nach Vietnam entsandten AH-1G Cobra-Kampfhubschrauber wurden als einfache Übergangslösungen auf dem Niveau des Panzerautos oder einfachen Kampfpanzers angesehen.

Als echten Kampfhubschrauber auf dem Niveau des Standardkampfpanzers betrachtete man die Helikopter, die im Rahmen des AAFSS-Wettbewerbs in den USA entstanden. Hier wurde der Kampfhelikopter AH-56 Cheyenne als Hauptkonkurrent ausgemacht. Ein zukünftiger sowjetische Kampfhubschrauber musste also in der Lage sein, der Cheyenne Paroli zu bieten.

Allerdings war man sich bewusst, dass die Entwicklung eines solchen fliegenden Standardpanzers ein langwieriger und teurer Prozess werden würde. Mit Entwicklungsverzögerungen war zu rechnen. Um den eigenen Truppen in absehbarer Zeit einen Kampfhubschrauber zur Verfügung stellen zu können, war es notwendig, einen oder mehrere Zwischenschritte zu unternehmen. So sollte zunächst ein gepanzerter und bewaffneter Transporthubschrauber als Pendant zum Schützenpanzerwagen entstehen (Mi-8TB). Dieser würde sich aber kaum zur Abwehr großangelegter feindlicher Panzerangriffe eignen.

Zur Lösung dieses Problems bot sich die Adaption des im Tscheljabinsker Traktorenwerk entwickelten Schützenpanzerkonzepts an. Dort wurde in den Jahren 1964–65 das Objekt 764 entwickelt, das der direkte Vorläufer des späteren BMP-1 war.

Es kombinierte eine leichte Panzerung mit einer für die damalige Zeit herausragenden Feuerkraft. Ein koaxiales Maschinengewehr diente zur Bekämpfung weicher Ziele, während die weitreichende Panzerabwehrlenkrakete Maljutka feindliche Panzer außerhalb deren effektiver Kanonenschussweite zerstören konnte. Auf kürzere Distanz konnte die 73-mm-Glattrohrkanone Grom zum Einsatz kommen. Ihre Hohlladungsgranate durchschlug die Frontpanzerung aller damals im Einsatz befindlichen Kampfpanzer problemlos.

So war es für Michail Leontjewitsch Mil, der vom BMP-Konzept begeistert war, ein logischer und naheliegender Schritt einen Kampfhubschrauber zu entwickeln, der eine vor leichten Infanteriewaffen schützende Panzerung mit einer leistungsstarken, panzerbrechenden Bewaffnung kombinieren sollte und der zudem in der Lage war die gleiche Zahl an Sol-

Der BMP-1 war für Michail L. Mil das konzeptionelle Vorbild für die Schaffung eines zukünftigen Kampfhubschraubers. (Foto: Konflikty.pl)

daten wie ein BMP-1 zu transportieren.

Sobald dieser fliegende Schützenpanzer einsatzbereit sein würde, könnte man mit der Entwicklung eines hochmodernen fliegenden Standardkampfpanzers beginnen. So der Plan.

Bereits 1963 hatte Michail L. Mil dem damaligen Partei- und Staatschef Nikita Chruschtschow und dessen Entourage die Idee eines Kampfhubschraubers vorgestellt. Während sich der Verteidigungsminister Malinowski vehement gegen Kampfhubschrauber sträubte, war dessen Stellvertreter Gretschko sofort von Mils Vorschlag begeistert. Der darauf einsetzenden Diskussion zwischen den beiden hochrangigen Militärs machte Chruschtschow ein baldiges Ende indem er befahl, beide sollten »gefälligst die Klappe halten«. Von der Idee eines Kampfhubschraubers hielt Chruschtschow nämlich genauso wenig wie von schweren Panzern und Flugzeugträgern.

Zwei Jahre später hatte Michail L. Mil die Gelegenheit den Pariser Luftfahrtsalon in Le Bourget zu besuchen. Hier sah er sich in seiner Einschätzung bestätigt, dass die Sowjetunion dem Westen auf dem Gebiet der zivilen Hubschrauberentwicklung drei bis vier Jahre voraus war. Bei militärischen Hubschraubern lag man jedoch hoffnungslos zurück. Während westliche Hubschrauberhersteller bereits Panzerabwehrlenkraketen (PALR) als Option für eine Hubschrauberbewaffnung umsetzten, trat man in der Sowjetunion, auf Grund von Chruschtschows Abneigung gegen bewaffnete Hubschrauber, auf der Stelle. Erst als Chruschtschow 1966 zum Rücktritt gezwungen wurde änderte sich das Bild. Mils Idee von der Schaffung eines Kampfhubschraubers bekam wieder eine Chance.

Projekt W-24

Die Schaffung luftbeweglicher Infanterieverbände in der US Army (Air Cavallerie) wurde von den sowjetischen Militärs aufmerksam verfolgt. Naturgemäß wuchs bei ihnen der Wunsch es dem Kontrahenten gleich zu tun und ähnliche Verbände selbst aufzustellen.

Der einfachste Ansatz zum Aufbau eigener Luftsturmtruppenteile sah vor das amerikanische Konzept der Air Cavallerie zu kopieren. Doch das war nicht möglich, weil es im sowjetischen Arsenal keinen Hubschrauber gab, der in der Leistungsklasse des amerikanischen Arbeitspferdes UH-1 Huey spielte.

Die AH-1G Cobra flogen regelmäßig Geleitschutz für amerikanische Transporthubschrauber. (Foto: US Army)

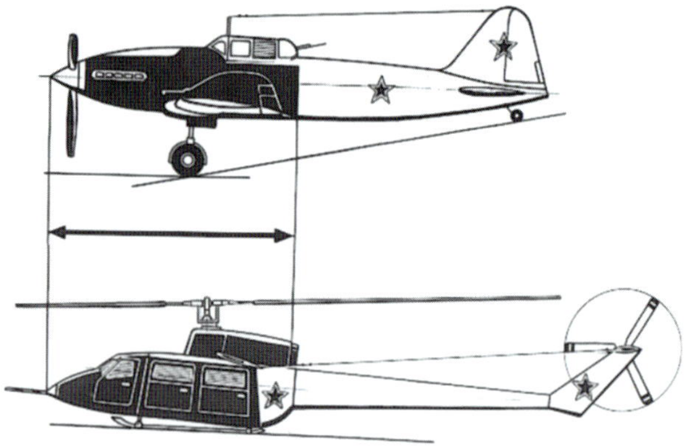

Vergleich des Panzerschutzes des Projektes W-24 mit der IL-2. (Grafik: OKB Mil)

Attrappe der W-24. (Foto: OKB Mil)

Wie im BMP-1 sollten auch im Kampfhubschrauber acht Soldaten Platz finden. (Foto: OKB Mil)

Das nächste Äquivalent zur UH-1 war die Mi-2, im NATO-Sprachgebrauch Hoplite genannt. Sie wurde aber als zu klein und zu leistungsschwach angesehen. Acht bis zehn Soldaten konnten niemals in einer Mi-2 untergebracht werden. Die nächste Alternative war die Mi-8. Sie war eine Klasse größer als die UH-1 und konnte nicht nur eine Infanteriegruppe befördern, sondern gleich einen ganzen Zug. Mit dem Riesenhubschrauber Mi-6, der auch zur Verfügung stand, konnte eine ganze Kompanie transportiert werden und die in Entwicklung befindliche W-12 vermochte ein ganzes Regiment aufzunehmen. Doch einen Hubschrauber in der Größenordnung der UH-1 gab es nicht.

Deshalb begannen im OKB Mil die Arbeiten am Projekt W-22. Das war im Prinzip ein Klon aus Mi-2 und UH-1. Als Mi-22 sollte dieser Hubschrauber die gleichen Aufgaben in zukünftigen sowjetischen Luftsturmverbänden übernehmen, wie sie die UH-1 bei der US Air Cavallerie innehatte.

Michail Leontjewitsch Mil war aber als führender Verfechter des Konzepts eines »fliegenden Schützenpanzers« nicht wirklich von der W-22 überzeugt. Die Erfahrungen des Vietnamkrieges zeigten, dass solche leichten, ungepanzerten Hubschrauber nur dann erfolgreich zum Einsatz kommen konnten, wenn der Gegner keinerlei organisierte Luftverteidigung besaß. Sobald der Feind in der Lage war auch nur die einfachsten Luftabwehrmittel aufzubieten, wurde es für die Besatzungen und Soldaten in den ungepanzerten Transporthubschrauber gefährlich. Selbst zusammengefasstes Feuer aus Sturmgewehren, wie der legendären AK-47 Kalaschnikow, war in der Lage ungepanzerten Helikoptern schwere Verluste zuzufügen. Die Unterstützung der Transporthubschrauberverbände durch begleitende Kampfhubschrauber wie der AH-1 Cobra half zwar die Verluste zu reduzieren, trotzdem blieben sie ungewöhnlich hoch. Während des Vietnamkrieges gingen über 6.000 amerikanische Hubschrauber verloren.

Michail L. Mil stellte sich also die Fragen, wieso man solch ungeschütztes Transportsystem kopieren sollte und ob es nicht besser wäre aus dem W-22-Konzept einen fliegenden Schützenpanzer abzuleiten? So entstand die Idee des Projektes W-24.

Mil entwarf eine Variante der W-22, fügte Stummelflügel und eine 8 mm starke Panzerung hinzu, hängte Pylone für Panzerabwehrlenkraketen an die Tragflächen und befestigte eine 23-mm-Zwillingskanone an der rechten Kufe des Hubschraubers. Eine Attrappe des Hubschraubers wurde gebaut und hochrangigen Militärs vorgeführt.

Acht Soldaten und zwei Piloten nahmen im W-24-Modell Platz und demonstrierten so die Transportkapazität des Helikopters. Die starke Bewaffnung suggerierte, dass sich diese Kampflibelle im Fall der Fälle ihren Weg selbst freischießen konnte und durchaus in der Lage war, ihren in einer umkämpften Landezone abgesetzten Soldaten effektive Feuerunterstützung zu gewähren. Die nur 8 mm starke Panzerung wurde mit dem Argument verteidigt, dass die IL-2 Sturmowik, das legendäre Schlachtflugzeug des Großen Vaterländischen Krieges, auch nicht besser gepanzert gewesen sei und sich diese Panzerung als vollkommen ausreichend erwiesen hätte.

Die Reaktion der Militärs war zwiegespalten. Junge Militärtheoretiker und Vertreter der Militärakademien von Luftstreitkräften und Armee waren vom Projekt W-24 mehr als angetan. Die Militärbürokraten des Verteidigungsministeriums unter Marschall Malinowski hatten jedoch andere, eher konservative, Ansichten wie die zukünftigen Verbände der Sowjetarmee auszurüsten seien, nämlich mit Standardkampfpanzern, weitreichender Artillerie und Schwenkflügeljagdbombern.

Trotzdem gelang es Michail Leontjewitsch Mil das Konzept des »fliegenden Schützenpanzers« soweit zu vermitteln, dass ein Entwicklungsauftrag erteilt wurde. Eine Ausschreibung wurde herausgegeben und den beiden Hubschrauberentwicklungsbüros der Sowjetunion der Auftrag erteilt jeweils ein Projekt eines Kampfhubschraubers mit zusätzlicher Truppentransportkapazität zu erstellen.

Während der Entwurf des OKB Kamow eher uninspiriert wirkte (man nahm hier einfach den bewährten Marinehubschrauber Ka-25, veränderte die Bugpartie ein wenig, ersetzte das Räderfahrwerk durch Kufen und »pappte« einen MG-Turm unter den Rumpf), ging man im Moskauer OKB Mil ernsthaft und mit großem Enthusiasmus zu Werke.

Das OKB Mil arbeitete mehrere Varianten eines zukünftigen Kampfhubschraubers aus, die sich hinsichtlich Größe und Motorisierung unterschieden. Neben einer etwa sieben Tonnen wiegenden einmotorigen Variante, die sich stark an die immer noch nicht realisierte W-22 anlehnte, gab es Überlegungen einen zweimotorigen Kampfhubschrauber in der zehn Tonnen-Gewichtsklasse zu entwickeln. Der zweimotorige Hubschrauber sollte in seiner generellen Auslegung dem damals aktuellen und bewährten Konzept der turbinengetriebenen Hubschrauber des OKB Mil entsprechen. Das heißt, es würde ein Hubschrauber in der konventionellen Auslegung mit Haupt- und Heckrotor werden. Seine beiden Triebwerke sollten eng nebeneinander liegen und vor dem Getriebe des Hauptrotors platziert werden. Als Antrieb wählte man das bereits für die Mi-14 in Entwicklung befindliche Turbinentriebwerk TW3-117, welches versprach in seiner Leistungsfähigkeit jedem westlichen Aggregat gleicher Größe Paroli bieten zu können.

Die Grafik zeigt eine Variante der W-24, die im OKB untersucht wurde. (Foto: OKB Mil)

Auf die Kufen verzichtete man zugunsten eines einziehbaren Dreipunktfahrwerks in der bewährten Bugfahrwerksauslegung.

Da das OKB beim Riesenhubschrauber Mi-6 gute Erfahrungen mit Stummelflügeln gemacht hatte, sollte auch der Kampfhubschrauber Stummelflügel bekommen. Mit den Stummelflügeln wollten die Konstrukteure zwei Fliegen mit einer Klappe schlagen. Zum einen sollten die Tragflächen beim Vorwärtsflug einen nicht unerheblichen Teil des Auftriebs erzeugen und somit den Hauptrotor entlasten und zum anderen war angedacht an den Stummelflügeln Pylonen zur Aufnahme von Bomben, ungelenkten Raketen oder Treibstoffzusatzbehältern anzubringen.

Als Bewaffnung stellte man sich vor, dass das Projekt W-24, das hausintern von Anfang an nur Mi-24 genannt wurde, neben den oben erwähnten Systemen, mit Panzerabwehrlenkraketen des Typs Falanga, sowie einer in einem Drehturm untergebrachten Bordkanone GScha-23 ausgerüstet werden würde.

Die Panzerabwehrlenkraketen sollten ihren Platz jeweils zu zweit auf Trägern beiderseits des Rumpfes finden. Für die Bordkanone nahm man eine Anleihe bei der amerikanischen Konkurrenz. Man plante, analog zur CH-56 Cheyenne, den Sitz des Bordschützen drehbar auszulegen. Jede horizontale Bewegung der Bordkanone sollte der Sitz nachvollziehen, so dass der Bordschütze stets in die Richtung schauen würde, in die die Waffe zeigte.

Damit der Bordschütze Sicht nach allen Seiten hatte, musste die Besatzungskabine als Tandemcockpit ausgelegt werden. Der Bordschütze wurde vorn platziert, der Pilot saß auf dem hinteren Sitz.

Über die genaue Auslegung der W-24 war man sich im OKB Mil lange Zeit nicht einig. Deshalb baute man drei unterschiedliche Attrappen (Mock-ups) des gesamten Hubschraubers und fünf unterschiedliche Varianten zur Gestaltung des Rumpfbugs. Gemein war allen Varianten, dass ihre Antriebs- und Rotorsysteme auf den bewährten dynamischen Systemen der Mi-8 basierten.

Unter den Varianten gab es mehr oder weniger elegante Auslegungen, die Befestigung der Panzerabwehrlenkraketen variierte zwischen einfachen Balkenträgern und kleinen Tragflächen in Entenflügelkonfiguration. Die Stummelflügel gab es als verkleinerte Varianten der Mi-6-Tragflächen oder als leicht angestellte Flügel.

Die Attrappen wurden den Militärs vorgeführt, welche sich für eine äußerlich wenig attraktive Auslegungsvariante entschieden. Es gab darüber hinaus noch weitere Änderungswünsche. So hielten die Vertreter des Verteidigungsministeriums die Bewaffnung mit einer 23-mm-Kanone für übertrieben. Sie wollten es lieber den Amerikanern, die im Vietnamkrieg Gatling-Maschinengewehre als Hubschrauberwaffen einsetzten, gleichtun und forderten die Verwendung solche eines Waffensystems, allerdings im Kaliber 12,7 mm. Die Panzerabwehrlenkrakete Falanga wurde ebenfalls verworfen. An ihre Stelle sollte das noch zu entwickelnde System Schturm treten.

Der Einwand, dass die geforderten Änderungen die Entwicklung des Hubschraubers verzögern könnten, wurde von den Vertretern der Militärbürokratie einfach beiseite gewischt.

Am 6. Mai 1968 erhielt das OKB Mil offiziell den Auftrag mit der Entwicklung eines Kampfhubschraubers zu beginnen. Als Generalkonstrukteur führten Michail Mil, und nach dessen Tod im Jahr 1970 Marat Tischtschenko, die Oberaufsicht über das Projekt W-24. Die direkten Entwicklungsarbeiten wurden vom stellvertretenden Generalkonstrukteur W. Kusnetzow, einem der erfahrensten Hubschrauberbauer der Sowjetunion, geleitet. W. Olschewez arbeitete als Chefdesigner am W-24. Für die Flugerprobung waren S. Sernow und W. Smuislow verantwortlich.

Die an die neue Maschine gestellten Anforderungen waren hoch. Sie sollte eine Höchstgeschwindigkeit erreichen, die nicht unter 320–350 km/h lag. Die statische Gipfelhöhe musste auch bei hohen Temperaturen im Bereich von 1.500 bis 2.000 m liegen und die maximale Nutzlast durfte 1,75 t nicht unterschreiten. Weiterhin verlangte der Auftraggeber, dass die Mi-24 eine herausragende Manövrierfähigkeit besitzen sollte und mit genügend Energiereserven ausgestattet war, um einen Manöverluftkampf gegen feindliche Hubschrauber bestehen zu können. Die Bewaffnung sollte aus der Standschwebe und während des Fluges präzise einsetzbar sein.

Außerdem verlangte der Auftraggeber, dass die Mi-24 Außenlasten befördern konnte und dabei Geschwindigkeiten zwischen 100 und 250 km/h erreichen sollte.

Die Projektierungsarbeiten gingen im Hause Mil zügig voran. Im August 1968 begannen die Arbeiter die Teile für den ersten Prototypen zuzuschneiden. Im Februar 1969 waren die Arbeiten bereits so weit fortgeschritten, dass die Attrappe des zukünftigen Kampfhubschraubers einer Partei- und Staatsdelegation vorgeführt werden konnte. Und im Laufe des gleichen Jahres konnte der erste Prototyp vollendet werden. Das ungewöhnlich hohe Tempo bei der Realisierung des Projektes war dem Umstand geschuldet, dass Michail Leontjewitsch Mil entschieden hatte bei der Entwicklung der Mi-24, soweit wie möglich, auf bewährte Elemente der Hubschrauber Mi-8 und Mi-14 zurückzugreifen. Das betraf in erster Linie die Triebwerke, das Getriebe, die Kraftübertragungsmechanismen, den Haupt- und Heckrotor. Auf diese Weise konnten die Entwicklungsrisiken reduziert und das -tempo gesteigert werden.

Als Antrieb diente das Turbinentriebwerk TW3-117 aus dem Hause Isotow. Dieses Triebwerk war aus dem TW2-117 der Mi-8 abgeleitet worden und brachte den gewünschten Zuwachs an Leistung, war jedoch nicht eigenstartfähig, so dass zum Anlassen des Triebwerks eine kleine Starthilfsturbine des Typs AI-9W notwendig war.

Das TW3-117 hatte eine normale Leistung von 1.700 PS. Im Notfall, z.B. beim Ausfall eines Triebwerks, sollte das verbliebene Triebwerk für kurze Zeit eine Notleistung von 2.200 PS abgeben können.

Die Integration des TW3-117 in das Gesamtsystem Mi-24 erwies sich anfangs als etwas knifflig, wie sich der Mi-24-Testpilot German Alfjorow, zurückblickend in einer russischen Fernsehdokumentation über die Mi-24, erinnerte. Die zunächst eingebauten Triebwerksprototypen hatten eine Lebensdauer von gerade einmal zwei(!) Stunden. Sie erwiesen sich als zickig und die Testpiloten mussten bei jedem Flug mit ungewöhnlichen Ereignissen rechnen. Mal reagierten die Triebwerke äußerst träge bei der Gasannahme, beim nächsten Mal soffen sie bei gleicher Behandlung einfach ab. Es gab Triebwerksstalls und andere unerquickliche Erscheinungen. Die Techniker hatten alle Hände voll zu tun. Doch als sie die Probleme nach einiger Zeit endlich in den Griff bekamen, stellte sich heraus, dass das TW3-117 eines der besten Hubschraubertriebwerke der Welt war.

Während der eigentliche Hubschrauber und die Triebwerke recht schnell entwickelt werden konnten und die Arbeiten deshalb zügig voranschritten, erwies sich die Entwicklung der

So stellte sich ein Künstler die W-22 vor. In der Truppe sollte sie als Mi-22 bezeichnet werden. (Foto: OKB Mil)

elektronischen und optischen Elemente, sowie des Waffensystems als kompliziert. Das hatte zum Teil mit Einmischung von »ganz oben« zu tun.

In besagter Fernsehdokumentation berichtete der ehemalige Mil Konstrukteur Jewgeni Jablonski von einer Konferenz beim Minister für Flugzeugbau Dementjew, bei der Vertreter des OKB Mil den erreichten Entwicklungsstand des Mi-24-Projektes vorstellen sollten. Nach gut zehn Minuten Vortrag wurden die Vertreter des OKB vom Minister abrupt unterbrochen und gefragt, wieso sie das Rad noch einmal erfinden wollten. Es gäbe bereits vergleichbare Sensor-, Navigations- und Waffensysteme in der Union[1] und diese sollten gefälligst in die Mi-24 integriert werden. Es sei nicht notwendig ein neues Navigationssystem zu erfinden, wenn man das für die Su-24 entwickelte System Puma abändern und in der Mi-24 verwenden würde. Ein spezielles Zielsystem für das Bord-MG sei unnötig, denn in der Tu-22 gäbe es bereits das KPS-53, welches in die Mi-24 übernommen werden müsse. Ein neuer Drehturm für die Waffe sei ebenfalls unnötig, denn den könne man von einem anderen Bomber nehmen. Und vieles anderes mehr.

Die Entscheidung war unsinnig, doch in der Sowjetunion war ein Befehl ein Befehl. Und ein Befehl musste umgesetzt werden, koste es was es wolle. So war das Mil-Kollektiv gezwungen mit Komponenten zurechtkommen, die weder für einen Kampfhubschrauber zugeschnitten waren, noch miteinander harmonierten. Erschwerend kam hinzu, dass die Hersteller und Entwickler der auf Ministerbefehl zu verwendenden Komponenten wenig Interesse zeigten diese für die Mi-24 zu modifizieren. In der Industrie der Sowjetunion herrschte damals die »Massenideologie« vor. Hersteller von Komponenten waren gut angesehen, wenn sie viel und in großer Stückzahl produzierten. Varianten von Produkten, die naturgemäß die Gesamtproduktionszahl drückten, wurden deshalb von den Herstellern möglichst vermieden und abgelehnt. Der Konflikt zwischen innovativen Entwicklungsbüros und konservativ agierenden Herstellern war quasi vorprogrammiert. Eine klare Systemführerschaft, die diese Probleme hätte überwinden können, fehlte fast vollständig.

Deshalb mussten im OKB Mil große Anstrengungen unternommen werden, um die nicht zueinander passenden Bauelemente irgendwie passend zu machen. Das kostete natürlich wertvolle Zeit.

Zurückblickend lässt sich sagen, dass die damalige Ministerentscheidung die Entwicklung des Kampfhubschraubers Mi-24 um einige Jahre verzögert hat.

[1] In der Sowjetunion verwendete man sehr oft den Begriff Union (Sojus), wenn man vom ganzen Land sprach. Sowjetski Sojus war für den normalen Sprachgebrauch zu lang, deshalb nutzte man häufig Sojus, wenn man die UdSSR meinte.

Mi-24-Versionen

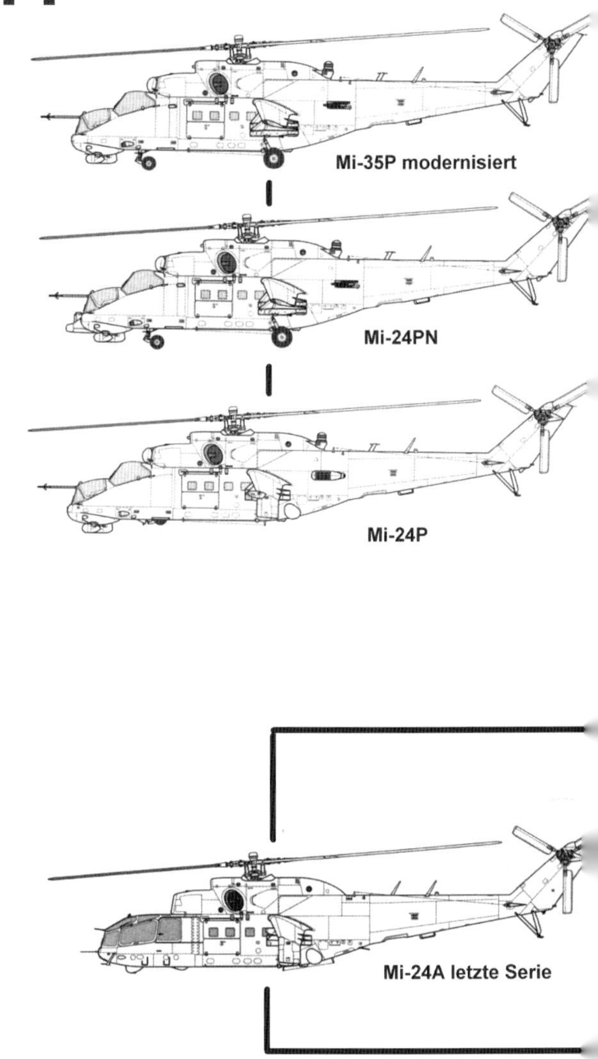

Kurzer Überblick

Die Entwicklung des Kampfhubschraubers Mi-24 war in der Anfangszeit durch einige ernsthafte Verzögerungen beeinträchtigt. Es waren vor allem Probleme bei der Entwicklung der Hauptwaffensysteme, die für den Zeitverzug sorgten und das OKB Mil zwangen Übergangslösungen zu schaffen, um eine Serienfertigung der Mi-24 überhaupt erst einmal in Gang zu bringen. Die geplante Reihenfolge der zu entwickelnden Einsatzversionen wich im Laufe der Zeit erheblich von der tatsächlich realisierten Reihenfolge ab.

Ursprünglich war vom OKB vorgesehen die erste Serienversion der Mi-24 mit einem 12,7-mm-Gatling-Maschinengewehr des Typs JakB, welches in einem fernbedienten Kinnturm untergebracht werden sollte, sowie mit dem damals sehr fortschrittlichen Panzerabwehrlenkraketensystem Falanga-P auszurüsten. Diese Version sollte die interne Bezeichnung isdelije 241 (Erzeugnis 241) erhalten.

Für eine weiterentwickelte Version mit der neuentwickelten PALR Schturm, wie sie vom Militär gefordert wurde, war die Bezeichnung Erzeugnis 242 (isdelije 242) vorgesehen. Danach würde perspektivisch eine Variante mit stärkerer Kanonenbewaffnung entstehen (isdelije 243). Eine Trainingsmaschine für die Pilotenausbildung sollte die Versionsfamilie der Mi-24 abschließen. Diese Variante wurde als isdelije 244 in Planung genommen.

Weitere Mi-24-Versionen waren nicht geplant, da das Nachfolgemodell W-28 bereits in den Startlöchern stand.

Doch die Realität sah ganz anders aus. Da weder JakB, noch Schturm verfügbar waren griff man im OKB Mil auf bereits vorhandene, bewährte, aber bei weitem nicht so leistungsfähige Waffensysteme zurück, um sie in die Mi-24 zu integrieren. So entstand als Verlegenheitslösung isdelije 245, das als Mi-24A in Dienst gestellt wurde. Als einige Zeit später das JakB endlich einsatzbereit war, wurde isdelije 241 als Mi-24B realisiert.

Zu einer Serienproduktion kam es jedoch nicht, weil die Arbeiten an einem neuen Rumpfbug zwischenzeitlich abgeschlossen werden konnten. Da Schturm immer noch nicht verfügbar war, implementierte man das Waffensystem der Mi-24B in isdelije 246, welches als Mi-24D in großer Stückzahl von den Fertigungsbändern rollte.

Die Abfolge der Versionsbezeichnung bei der Mi-24 sollte alphabetisch erfolgen. Deshalb stach es sofort ins Auge, dass zwischen der Mi-24B und der Mi-24D eine Lücke klaffte. Diese Lücke umfasst im kyrillischen Alphabet nicht einen Buchstaben, wie bei uns, sondern zwei Buchstaben, nämlich das W und das G.

Das W war bereits fest für isdelije 242, also die erste Mi-24-Variante mit PALR Schturm, vergeben. Demnach hätte das

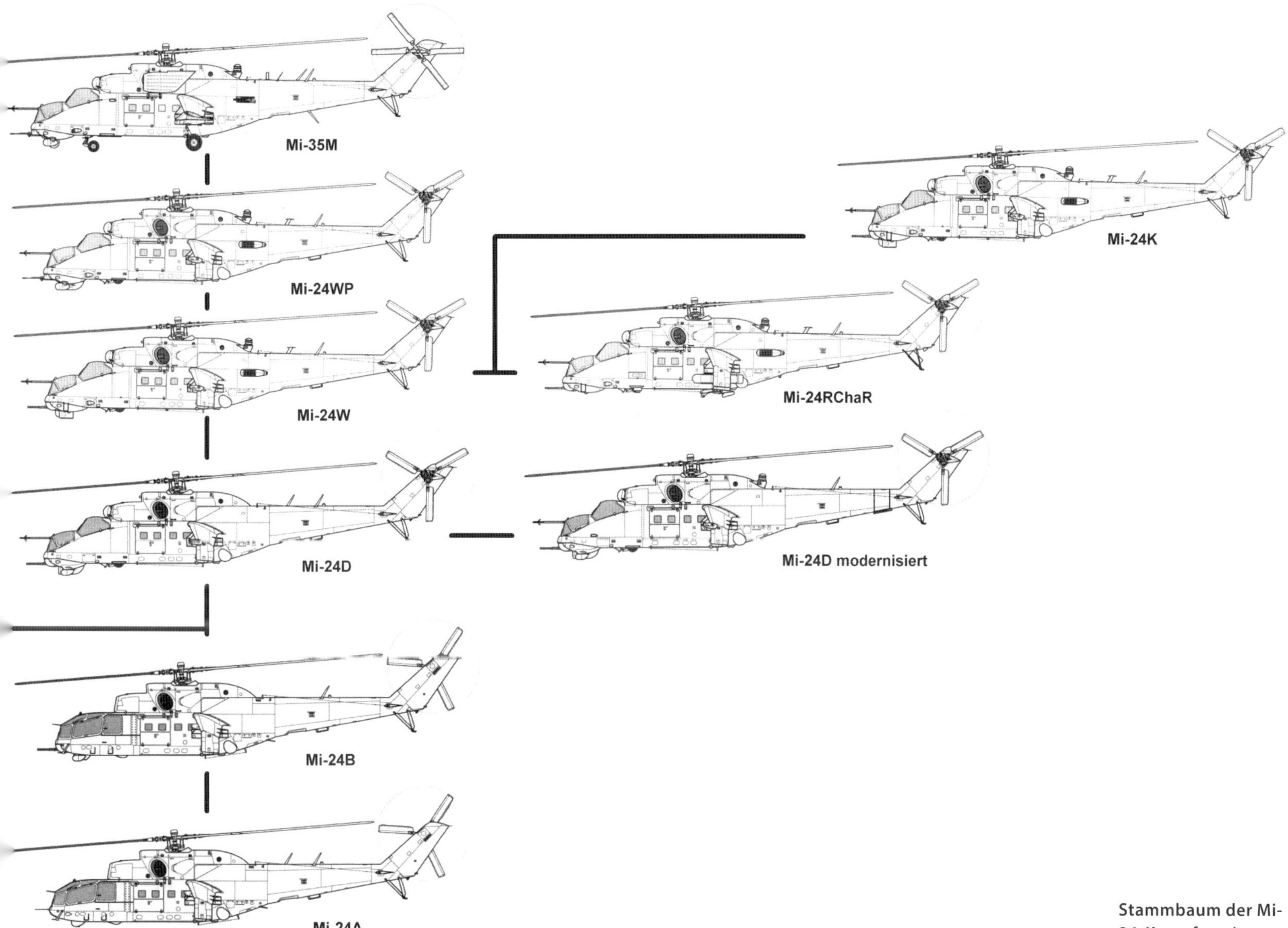

Stammbaum der Mi-24-Kampfversionen.

Interimsmodell logischerweise Mi-24G genannt werden müssen.

Auf die Verwendung des G verzichtete das OKB aber ganz bewusst, weil man vermeiden wollte, dass die Interimsvariante der Mi-24 im Soldatenjargon mit dem beleidigenden Spitznamen »Gowno!« belegt würde. »Gowno!« ist ein in der deutschen Sprache nicht ganz druckreifer Kraftausdruck, den man im Fernsehen gern mit einem »Piep« übertönt und den die Franzosen elegant mit »Merde!« umschreiben. Also machte man aus ästhetischen Gründen aus der Mi-24G kurzerhand eine Mi-24D. Nach Beginn der Serienfertigung der Mi-24D wurde aus ihr der Schulhubschrauber Mi-24DU (isdelije 249) abgeleitet.

Als Mitte der 70er-Jahre endlich Schturm verfügbar war konnte isdelije 242 realisiert und als Mi-24W in Dienst gestellt werden.

Ein paar Jahre später hatte man mit der bisherigen Tradition die Versionsbezeichnung alphabetisch zu ordnen gebrochen. Deshalb wurde isdelije 243 mit dem Index P versehen. P stand für »Puschka« (Kanone) oder »puschetschnij« (kanonenbestückt).

Aus der Mi-24W wurden verschiedene Spezialversionen zur Aufklärung, Feuerkorrektur und für den chemischen Dienst abgeleitet, ehe man Ende der 80er-Jahre die Mi-24WP schuf.

Für den Export gab es vereinfachte Versionen, die als Mi-25 und Mi-35 bezeichnet wurden. Nach dem Zerfall der Sowjetunion wurde erfolgreich an einer Weiterentwicklung der Mi-24 gearbeitet.

Im Folgenden sollen die einzelnen Mi-24-Versionen vorgestellt werden.

Prototyp Mi-24 (isdelije 240)

Der zweimotorige Kampfhubschrauber W-24 besaß ein klassisches Rotorsystem mit fünfblättrigem Hauptrotor und dreiblättrigem Heckrotor. Der Hauptrotor war zur Längsachse des Hubschraubers um 2,3° nach rechts geneigt. Dadurch sollte ein ruhigerer Flug ermöglicht werden und sich die Treffgenauigkeit beim Einsatz des Bord-MGs und der ungelenkten Raketen steigern.

Die Stummelflügel erzeugten währen des Vorwärtsfluges je nach Geschwindigkeit 19–25% des Auftriebs und verringerten dadurch die Belastung des Hauptrotors. Sie waren nicht nur als Auftriebseinheiten konzipiert, sondern auch für den Transport eines Teils der Bewaffnung vorgesehen.

Die Hubschrauberzelle erhielt eine aerodynamisch günstige, stromlinienförmige, schlanke Gestalt um einen möglichst geringen Luftwiderstand zu generieren.

Die Besatzungskabine wurde als Tandemcockpit ausgelegt. Der Bordschütze saß vorn, der Pilot, leicht nach links versetzt, hinter ihm. Im OKB Mil nannte man die Besatzungskabine mehr oder weniger scherzhaft »Veranda«. Zum einen, weil die großen Glasflächen an eine Veranda erinnerten, zum anderen auch, weil bei hoher Sonneneinstrahlung in der Kabine Temperaturen wie im Glashaus entstehen konnten. Die Front der Besatzungskabine war durch eine dicke Panzerglasscheibe geschützt. Für die Seiten gab es Panzerplatten. Außerdem waren die Sitze der Besatzungsmitglieder gepanzert. Trotzdem wurde von Anfang an eine Art Körperpanzerung für die Besatzung als notwendig erachtet. Schutzwesten kamen aber erst Jahre später, während des Afghanistanfeldzugs, zum Einsatz.

Die Aufgaben des Bordschützen einer W-24 bestanden darin, Ziele zu suchen, zu finden und zu identifizieren. Zur ihrer Bekämpfung konnte er wahlweise das bewegliche Bord-MG benutzen, Bomben abwerfen oder die Panzerabwehrlenkraketen einsetzen. Der Platz des Bordschützen war bei den Prototypen noch nicht mit allen Steuerinstrumenten ausgestattet, die es ihm ermöglicht hätten im Notfall den Hubschrauber zu fliegen.

Der auf dem hinteren Sitz platzierte Pilot steuerte den Flug des Hubschraubers. Er konnte Ziele mit Hilfe der ungelenkten Raketen attackieren. Im Fall des Falles war er auch in der Lage das Bord-MG abzufeuern. Dazu war es aber notwendig das MG in seiner Nullstellung zu fixieren.

Im Frachtraum der W-24 konnten bis zu acht Soldaten un-

Die ersten Mi-24-Prototypen waren mit Stummelflügel ausgestattet, die jenen ähnelten, die beim Riesenhubschrauber Mi-6 zum Einsatz kamen. (Foto: OKB Mil)

tergebracht werden. Für sie gab es zwei Reihen von Bänken, die in der Mitte des Raumes fixiert waren. Die Soldaten saßen hier Rücken an Rücken. Vier Soldaten schauten nach Backbord, die anderen vier blickten nach Steuerbord. Sie konnten den Hubschrauber schnell und einfach über große, nach oben und unten öffnende Klapptüren auf beiden Seiten des Rumpfes betreten oder verlassen. Die unteren Türhälften waren mit Tritthilfen zum leichten Einstieg versehen. Die Höhe des Frachtraumes war gering. Ein aufrechtes Stehen war nicht möglich.

Zum Schutz der Soldaten waren die Türen gegen Beschuss aus leichten Waffen gepanzert. Die Fenster ließen sich öffnen, um den Soldaten die Möglichkeit zu geben mit ihren persönlichen Waffen ins Gefecht eingreifen zu können. Für Sturm- und Maschinengewehre war an jedem Fenster eine Halterung vorhanden. Für Waffen der AK-47-Waffenfamilie gab es Rauchabsauger, die auf dem Gehäusedeckel der Kalaschnikows angebracht werden konnten und Pulvergase über einen flexiblen Schlauch nach außen transportierten.

Cockpit und Frachtraum waren so ausgelegt, dass sie im Notfall hermetisiert werden konnten. Bei geschlossenen Fenstern wurde im Raum ein gewisser Überdruck erzeugt, der das Eindringen von radioaktivem Staub und giftigen Gasen verhindern sollte. Die dazu notwendige komprimierte Luft wurde aus der siebten Verdichterstufe des Triebwerks abgezweigt und über einen Filter in die Kabine geleitet.

In der Frachtkabine konnten, wie bereits erwähnt, acht vollausgerüstete Soldaten mitfliegen. Alternativ war es möglich vier liegende Verwundete oder Fracht bis zu einem Gewicht von 1.500 kg mitzuführen.

Die Kabine der W-24-Prototypen war mit einer Seilwinde ausgestattet. An der Unterseite der Kabine gab es einen Aufhängepunkt, an dem Stahlseile zum Außentransport von Lasten befestigt werden konnten. Im Außenlastflug war die W-24 in der Lage ein maximales Gewicht von 2.000 kg zu transportieren.

An der Außenseite des Rumpfes waren auf Höhe der Unterkante der Einstiegstüren des Frachtraums Balkenträger zur Aufnahme von jeweils zwei Panzerabwehrlenkraketen des Typs Falanga-M befestigt. Sie waren allerdings so unglücklich platziert, dass sie das schnelle Auf- und Absitzen der Soldaten erheblich beeinträchtigten.

Im Rumpfheck und im Heckausleger wurden Teile der Elektro- und Funkausrüstung untergebracht.

Die W-24 war mit dem Autopiloten WUAP-1 (russ.: ВУАП-1), sowie dem Nahnavigationssytem SAU-W24 (САУ-В24) ausgerüstet. Zur Navigationsausrüstung gehörte auch das Dopplernavigationsystem DISS-15 (russ.: ДИСС-15), welches mit Hilfe eines Radarhöhenmessers und unter Beachtung des

Ein früher Mi-24-Prototyp während eines Testfluges. (Foto: Russkije Wertoljoty)

Dopplereffektes die Position des Hubschraubers bestimmen und auf einer Karte im Cockpit anzeigen konnte.

Zur Entlastung des Heckrotors bei hohen Geschwindigkeit war die Heckflosse relativ groß dimensioniert und mit einem asymmetrischen Profil versehen. So generierte die 2,8 m² große Heckflosse bei maximaler Fluggeschwindigkeit zwei Drittel der zum Drehmomentausgleich notwendigen Kraft.

Die W-24 war der erste sowjetische Hubschrauber, der über ein Einziehfahrwerk verfügte. Das Bugfahrwerk zog nach hinten ein, wobei es nicht vollständig versenkt wurde, um im Fall einer Bruchlandung als Stoßdämpfer fungieren zu können. Die Räder des Hauptfahrwerkes wurden in den Rumpf eingezogen und waren im eingezogenen Zustand vollständig von großdimensionierten Fahrwerksklappen bedeckt.

Das Treibstoffvolumen der W-24 betrug 2.125 Liter. Der Treibstoff wurde in fünf selbstdichtenden Tanks mitgeführt. Zur Vergrößerung der Reichweite war es möglich im Frachtraum Treibstoff in zwei Zusatzbehältern mitzuführen. Diese steigerten den Treibstoffvorrat um weitere 1.630 Liter.

Das Hydrauliksystem der W-24 war dreifach redundant ausgelegt, um die Überlebensfähigkeit des Hubschraubers bei Beschuss zu erhöhen.

Da die avisierten Waffensysteme Sturm und JakB noch nicht verfügbar waren wurden die W-24-Prototypen mit dem Waffenkomplex K4W (russ.: К4В), der sich bereits bei den bewaffneten Varianten der Mi-4 und Mi-8 bewährt hatte, ausgerüstet. Dazu gehörte u.a. der Panzerabwehrlenkraketenkomplex 9M17 Falanga-M (russ.: ракет 9M17 комплекса »Фаланга-М«), bei dem die Raketen vom Bordschützen noch manuell gesteuert werden mussten. Dazu verfügte er über das Visier 9Scha121 (russ.: 9Ш121), dessen Optik eine bis zu achtfache Vergrößerung besaß. Die Steuerbefehle wurden per Funk an die Rakete weitergeleitet.

In der Rumpfnase war das Bord-MG Afanasiew A-12,7 in der Waffenstation NUW-1 (russ.: НУВ-1) untergebracht.

Die Waffenpylone unter den Stummelflügeln konnten jeweils einen Raketenbehälter UB-32 für ungelenkte Raketen des Typs S-5 tragen. Alternativ war es auch möglich Bomben der Kaliber 100 und 250 kg mitzuführen. Pro Stummelflügel konnten eine 500 kg Bombe oder ein Brandmittelbehälter angebracht werden.

Zum Einsatz ungelenkter Bomben war im Cockpit des Bordschützen ein Bombenvisier des Typs OPB-1R (russ.: ОПБ-1Р) vorhanden. Der Pilot des W-24 war für den Einsatz der ungelenkten Raketen zuständig. Als Zielhilfe nutzte er ein einfaches Kreisvisier des Typs PKW (russ.: ПКВ).

Die Werkserprobung der W-24 begann am 15. September 1969. Bei den ersten Aufstiegen war der Hubschrauber noch durch Leinen mit dem Boden verbunden. Nach Absolvierung der gefesselten Flüge wurde am vierten Versuchstag der erste Freiflug gewagt. Am Steuerknüppel der W-24 saß Testpilot German Alfjorow.

Zum Zwecke der Flugerprobung wurden im Moskauer Hubschrauberwerk zwei Prototypen gebaut. Ihnen folgten zehn Vorserienexemplare, von denen fünf in Moskau entstanden und die restlichen im für die Serienproduktion vorgesehenen Hubschrauberwerk Nr. 116 in der ostsibirischen Stadt Arsenjew. Einige der in Arsenjew hergestellten Prototypen verblieben vor Ort, alle anderen Hubschrauber wurden zur Flugerprobung ins Moskauer Flugerprobungszentrum gebracht. Sie wurden zunächst zur Flug- und Waffenerprobung der W-24 genutzt, später testete man an ihnen verschiedene Modifikationen und nutzte sie als Ausgangsbasis zur Schaffung neuer Versionen des Hubschraubers.

Der Werkserprobung schloss sich die staatliche Erprobung an. Diese begann im Juni 1970 und dauerte ein halbes Jahr. Die Flugerprobung war sehr intensiv. In der übergroßen Mehrzahl aller Tests bestätigten die mit den Prototypen erflogenen Werte die errechneten Leistungsdaten.

Es traten aber auch Probleme auf. Die Lebensdauer einiger Komponenten war zunächst unbefriedigend. Das gleiche traf auch auf die Festigkeit mancher Baugruppen zu. Durch Nacharbeiten, wie etwa die Verwendung von Titan statt Stahl in hochbelasteten Baugruppen, konnten diese Probleme gelöst werden. Die Ursache für das Auftauchen übermäßiger Vibrationen während einiger Flugregime konnte ebenfalls gefunden werden. Danach waren die Rumpfvibrationen der W-24, im Vergleich zur Mi-8, trotz deutlich höherer Fluggeschwindigkeiten, verhältnismäßig gering.

Doch es gab auch Schwierigkeiten, die sich nicht so einfach und auf die Schnelle lösen ließen. Zu nennen wäre da das Auftauchen eines Phänomens das in der russischen Sprache »Gollandskij Schag« (russ.: голландский шаг) genannt wurde, was wortwörtlich übersetzt in etwa »holländischer Schritt« bedeutet. Im englischen Sprachraum ist das Phänomen als »dutch roll« bekannt. Bei diesem Phänomen oszilliert ein Fluggerät gleichzeitig um die Längs- und um die Querachse, was zu einem ungemütlichen Flugzustand führt, der von außen betrachtet so wirkt, als ob ein Betrunkener das Fluggerät steuern würde. Man könnte es laienhaft auch so ausdrücken: der Hubschrauber flog dann keinen geraden Kurs mehr, sondern eierte wild durch die Luft. Um in einen ruhigen Flugzustand zurückzukehren war der Pilot gezwungen die Bewegungen des Hubschraubers ständig auszugleichen und gegenzusteuern. Bei der W-24 tauchte das Problem des »Gollandskij Schag« bei Geschwindigkeiten größer 200 km/h auf, wenn der Hubschrauber ohne Unterstützung durch den Autopiloten gesteuert wurde.

Um diesem Stabilitätsproblem entgegenzuwirken beschlossen die Konstrukteure die Stummelflügel der W-24 zu überarbeiten. Man ersetzte die geraden Tragflächen a la Mi-6 durch Flügel mit einem deutlich negativen Querwinkel (-12°). Auch die neuen Stummelflügel waren mit jeweils zwei Pylonen zur Aufnahme von Bomben und Raketenbehältern bestückt. Während der Waffenerprobung kamen Befürchtungen auf, dass es bei starken Flugbewegungen und gleichzeitigem Abschuss ungelenkter Raketen möglicherweise zu einer Kollision der ungelenkten Raketen mit den auf Balkenträgern am Vorderrumpf befindlichen Panzerabwehrlenkraketen kommen könne. Auch argwöhnte man, dass die PALR nach dem Start möglicherweise mit dem Rumpf des Hubschraubers zusammenstoßen könnten. Deshalb wurden die Startschienen nicht mehr auf Balkenträgern am Rumpf befestigt, sondern an den Tragflächenenden platziert. Dazu wurden an den Tragflächenenden Pylonen angebracht, an denen die Rahmen mit den Startschienen der Panzerabwehrlenkraketen befestigt wurden. So bekam die W-24 ihre charakteristische frontale Silhouette.

Während der Erprobung zeigte es sich, dass die Bauelemente des zum Panzerabwehrlenkraketenkomplexes Falanga gehörenden Zielssystems Raduga-F zu groß waren, um im Cockpit der W-24 untergebracht zu werden. Das sich ebenfalls noch in der Erprobung befindliche Maschinengewehr JakB und vor allem sein ferngesteuerter Turm USPU-24 erwiesen sich auch als deutlich größer als im Projekt angenommen. Deshalb waren die Konstrukteure des OKB Mil gezwungen die

Kabine der Prototypen zu verlängern. Bei der Umgestaltung der Kabine wurde der Bordschützenplatz mit Steuerknüppel, Gassteigerungshebel (collective) und Pedalen ausgestattet um dem Bordschützen die Möglichkeit zu geben bei Ausfall des Piloten den Hubschrauber selbst steuern zu können.

Die Umbauarbeiten wurden parallel zur Montage der neuentwickelten Tragflächen vorgenommen und Ende 1970 abgeschlossen. Die gleichen Modifikationen wurden an einigen Prototypen und allen Vorserienmaschinen durchgeführt.

Da weder JakB, noch die avisierte PALR Schturm zu diesem Zeitpunkt verfügbar waren, wurde die staatliche Flugerprobung mit den vorhandenen Waffensystemen durchgeführt und bestanden.

1971 übernahmen die sowjetischen Streitkräfte den Hubschrauber W-24 offiziell in ihren Kampfbestand. Er erhielt fortan die Bezeichnung Mi-24A (russ.: Ми-24А). Die werksinterne Bezeichnung lautete Isdelije 245 (russ.: Изделие 245).

Mi-24A (isdelije 245)

Noch vor Abschluss der staatlichen Erprobung wurde der neue Hubschrauber Ende 1970 im Werk Nr. 116 Arsenjew in die Serienproduktion übernommen und ab 1971 an die Streitkräfte ausgeliefert. Bis zur Einstellung der Produktion im Jahr 1974 verließen etwa 240 Maschinen die Fertigungshallen.

Sowohl Konstruktionsbüro, als auch Hersteller und Streitkräfte betrachteten die Mi-24A (russ.: Ми-24А, Изделие 245) als reines Übergangsmuster. Ursprünglich war vorgesehen nach den Prototypen (isdelije 240) ein Modell in Serie zu fertigen, welches mit der PALR Falanga und dem schnellfeuernden Maschinengewehr JakB-12,7 bestückt war (isdelije 241). Ihm sollte eine Version mit der neuen PALR Schturm folgen (isdelije 242) und danach war geplant eine Variante mit verstärkter Kanonenbewaffnung (isdelije 243) in Serie gehen zu lassen. Als reine Trainings- und Schulversion der Mi-24Varianten sollte isdelije 244 von den Produktionsbändern rollen.

Als noch vor Abschluss der Flugerprobung absehbar war, dass das JakB nicht rechtzeitig serienreif werden würde, entschloss man sich eine Interimsvariante der Mi-24 fertigen zu lassen. Diese Verlegenheitslösung erhielt der Sequenz folgend die Erzeugnisnummer isdelije 245.

Die ersten fertiggestellten Maschinen des Typs Mi-24A wurden an das Hubschrauberausbildungszentrum der sowjetischen Streitkräfte nahe der Stadt Woronesch ausgeliefert. Die erste Fronteinheit, die die Mi-24A erhielt, war im Fernen Osten in der Nähe von Wladiwostok stationiert, ein Standort, der nach sowjetischen Maßstäben sehr nah am Herstellerwerk Arsenjew gelegen war.

Während einer Präsentation für die Partei- und Staatsführung der UdSSR wurde ein Mi-24-Prototyp mit seiner geplanten Waffenpalette vorgestellt. (Foto: OKB Mil)

Diese Standortwahl entsprach einer sowjetischen Tradition, nach der sehr oft Einheiten, die in der Nähe des Herstellerwerkes stationiert waren, als erste mit neuer Kampftechnik ausgerüstet wurden. Das hatte den Vorteil, dass im Falle des Auftretens schwerwiegender technischer Probleme, die während der Einführungsphase der Technik noch nicht von den Technikern der Streitkräfte bewältigt werden konnten, die Spezialisten des Herstellerwerkes schnell vor Ort waren.

Die Mi-24A wurde von den Piloten der aktiven Hubschraubereinheiten mit gemischten Gefühlen betrachtet. Auf der einen Seite waren sie von den atemberaubenden Flugleistungen und dem hervorragenden Handling des neuen Kampfhubschraubers begeistert. Die Mi-24A erwies sich als deutlich schneller und wesentlich agiler als die bis dato genutzten Mi-4M und Mi-8TB. Für viele Piloten war es deshalb ein Traum die Mi-24 zu fliegen. Vom Waffensystem waren sie hingegen alles andere als angetan. Es war im Prinzip dasselbe wie in der Mi-4M und im Vergleich zur Mi-8TB wurde es sogar als Rückschritt angesehen. Die Mi-8TB konnte jeweils sechs Raketenbehälter UB-32 und PALR Maljutka tragen. Die Mi-24A kam hingegen nur auf vier UB-32 und die gleiche Zahl von PALR Falanga-M.

Die Falanga-M hatte zwar eine deutlich größere Reichweite als die Maljutka, doch war die Treffgenauigkeit des Systems vergleichsweise gering und sehr stark von den Fähigkeiten des Bordschützen abhängig. Im Durchschnitt trafen gerade einmal drei von zehn gestarteten Raketen ihr Ziel.

Das in der Mi-24A verwendete MG A-12,7 galt als zuverlässige Waffe, hatte aber eine viel zu geringe Feuergeschwindigkeit. Der Schwenkbereich der Waffe stellte sich ebenfalls als zu klein heraus und das Zielsystem war schlichtweg rudimentär.

Noch deutlichere Kritik gab es an der Gestaltung des Cockpits. Die Sichtbedingungen waren für die Besatzung suboptimal. Es gab erstaunlich große tote Winkel, die daher rührten, dass Pilot und Bordschütze seitlich leicht versetzt hintereinander untergebracht waren. Diese Anordnung hatte man gewählt, um dem Piloten eine bessere Sicht nach vorn einzuräumen. Es führte aber dazu, dass für den Piloten die Sicht nach vorn und nach rechts eingeschränkt war und für den Bordschützen die Sicht nach links.

Obwohl die Cockpithaube sehr stark verglast war, wurde das Sichtfeld durch die vielen Verstrebungen beeinträchtigt. Außerdem zeigten sich bei Sonneneinstrahlung immer wieder Lichtreflektionen auf der Verglasung, die sich störend bemerkbar machten. Auch spiegelte sich beim Tiefflug gelegentlich die Bodenoberfläche auf den Glasscheiben und irritierte die Besatzung.

Bei starker, längerer Sonneneinstrahlung heizte sich das Cockpit so stark auf, dass die Piloten den Eindruck hatten in einem Glashaus zu sitzen. Nicht umsonst nannten sie das Mi-24A-Cockpit »Veranda«.

Der größte Kritikpunkt am Cockpit war allerdings der als viel zu schwach empfundene ballistische Schutz für die Besatzung. Durch die starke Verglasung bedingt fühlten sich Bordschütze und Pilot wie auf einem Präsentierteller. Nach vorn schützte sie eine nicht sonderlich große Panzerglasscheibe, alle anderen Scheiben waren jedoch aus Plexiglas gefertigt und boten somit keinerlei Schutz vor Infanteriewaffen. Die untere Cockpitpanzerung wurde zwar als ausreichend betrachtet, doch reichte diese nicht sonderlich weit nach oben, so dass kein wirkliches Sicherheitsgefühl aufkommen konnte.

Im Truppendienst zeigte die Mi-24 einige technische Schwächen. So hatten die Triebwerke der ersten Serien nur eine sehr begrenzte Lebensdauer. Nach 100 Betriebsstunden waren sie verbraucht. Verbesserte Triebwerksvarianten erhöhten die Lebensdauer auf zunächst 300, später auf 750 Betriebsstunden.

Weiterhin zeigte sich, dass der Heckrotor bei manchen Flugmanövern nicht effektiv genug arbeitete. Das Problem trat vor allem bei starken Seitenwinden von links auf, welche die Richtungsstabilität negativ beeinflussten. Deshalb änderte man den Aufbau des Heckträgers und verlegte den Heckrotor von der rechten auf die linke Seite. Er arbeitete fortan nicht mehr als Druckrotor, sondern befand sich als Zugrotor direkt im Windstrom des Hauptrotors. Auf diese Weise konnte seine Wirksamkeit deutlich verbessert werden.

Die Mi-24A war die erste Einsatzversion. (Foto: Russkije Wertoljoty)

Diese Aufnahme einer Mi-24A wurde durch Angehörige der amerikanischen Militärverbindungsmission (MVM) in der Nähe von Retzow gemacht. Es war das erste Mal, dass die Mi-24A durch »Westler« fotografisch dokumentiert wurde. (Foto: Bill Burhans US MLM, US DoD)

Ab 1973 liefen die Mi-24A mit der neuen Heckrotorkonfiguration vom Band. Bereits im Truppendienst stehende Mi-24A wurden jedoch nicht modifiziert.

Ein ähnliches Problem hatten die Amerikaner mit ihren AH-1G Cobras in Vietnam. Auch hier wurde es durch den Umstieg vom Druck- zum Zugrotor gelöst, indem man den Heckrotor auf die andere Seite des Heckauslegers umrüstete. Allerdings erfolgte der Tausch genau entgegengesetzt zur Mi-24A. Das war nötig, weil die Hauptrotoren der beiden Hubschraubertypen in die entgegengesetzte Richtung drehten.

In der Anfangsphase der Mi-24-Nutzung mussten etliche Piloten ein ungewöhnliches Lehrgeld zahlen. Sie waren bis

Das Cockpit der Mi-24A war geräumig. Durch Panzerglas wurde aber nur das kleine Fenster direkt vor dem Bordschützen gesichert. (Foto: USMLM via www.16va.be)

Die Mi-24A gehörte zur Ausstattung der 16. Luftarmee der GSSD in der DDR. (Foto: Wladimir Sergejew via www.16va.be)

dato nicht gewohnt ein Fluggerät mit Einziehfahrwerk zu fliegen und so wurde gelegentlich vergessen beim Landeanflug die Räder auszufahren, was für gewöhnlich in einer Bauchlandung endete. Doch dank der robusten Konstruktion des Hubschraubers hatten solche Pannen kaum Auswirkungen, die sich nicht mit Hilfe eines Krans beheben ließen.

Die Mi-24A wurde in den sowjetischen Streitkräften nur für eine relativ kurze Zeit genutzt. Sobald modernere Versionen verfügbar waren wurde sie aus dem Truppendienst abgezogen und später an Länder der Dritten Welt verkauft. Sie kamen fortan u.a. in den Streitkräften Vietnams, Algeriens und Afghanistans zum Einsatz. Ein paar wenige Exemplare wanderten ins Museum.

Die Mi-24A war die erste Mi-24-Variante, die in Kampfhandlungen verwickelt wurde. Das war 1977 im Ogadenkrieg zwischen Somalia und Äthiopien. 1979 kam sie in vietnamesischen Diensten bei der Befreiung Kambodschas von der Tyrannei der Khmer Rouge und zur Abwehr einer chinesischen Aggression zum Einsatz und nahm im selben Jahr an der Besetzung Afghanistans durch die Truppen der Sowjetarmee teil. Die NATO bezeichnete die Mi-24A als Hind-A.

Diese mit ukrainischen Hoheitszeichen versehene Mi-24 steht heute in einem Museum. (Foto: Igor Bubin)

Technische Daten der Mi-24A

Abmessungen	
Rotorkreisdurchmesser	17,30 m
Rumpflänge	17,51 m
Länge über alles	19,79 m
Spannweite	6,54 m
Höhe	4,44 m
Rotorkreisfläche	235,06 m²
Rotorblattzahl	Fünfblatthaupt-/ Dreiblattheckrotor
Massen	
Leermasse	8.675 kg
Startmasse	10.600 kg
Max. Startmasse	11.500 kg
Treibstoffmenge	2.125 l + 2 x 815 l Zusatzbehälter
Antrieb	2 x TW3-117
Startleistung	2 x 1.471 kW
Flugleistungen	
Höchstgeschwindigkeit	320 km/h in 1.000 m
Marschgeschwindigkeit	280 km/h
Reichweite	485 km
Standschwebe bis Höhe	1.600 m
Gipfelhöhe	5.100 m
Steiggeschwindigkeit	bis 12,5 m/s
Bewaffnung	
Bug-MG	1 x 12,7-mm-MG A-12,7 mit 700 Schuss
Waffenstationen	4 x UB-32 je 32 Raketen S-5 4 x Bomben 4 x PALR Falanga-M
Nutzlast	2.400 kg 8 Passagiere
Besatzung	2–3

Mi-24U (isdelije 244)

Die Mi-24U (russ.: Ми-24У, Изделие 244) war die Schulvariante, die aus der Mi-24A abgeleitet war. Das Kürzel U stand für »utschebnui« (russ.: учебны), was im übertragenen Sinn so viel wie »Ausbildung oder Lehre« bedeutet.

Da die Mi-24U primär für die Ausbildung von Hubschrauberpiloten gedacht war besaß sie keine Waffen, die bei der Mi-24A vom Bordschützen bedient wurden. Das heißt, sie wurde ohne Bug-MG ausgeliefert und ohne die Fähigkeit PALR einzusetzen. Waffen, für deren Einsatz der Hubschrauberpilot selbst zuständig war, konnten dagegen an den Pylonen der Stummelflügel mitgeführt werden. So war die Mi-24U in der Lage ungelenkte Raketen, Kanonenbehälter und Bomben zum Einsatz zu bringen. In der Regel wurde dies aber nie praktiziert.

Im Cockpit der Mi-24U gab es im Vergleich zur Mi-24A einige Unterschiede, die auf ihre Rolle als Trainingshubschrauber zurückzuführen waren.

Der vordere Cockpitplatz wurde bei der Mi-24U nicht vom Bordschützen, sondern vom Fluglehrer genutzt. Im Gegensatz zur Mi-24A war der vordere Cockpitplatz mit vollwertigen Steuerelemente und einem kompletten Satz Fluginstrumente ausgestattet.

Bei der Mi-24A gab es an dieser Stelle nur eine rudimentäre Ausstattung, die dem Bordschützen im Notfall das Steuern des Hubschraubers ermöglichte. Der Flugschüler saß auf dem hinteren Platz, der sich in keiner Weise vom dem der Mi-24A unterschied.

Die Mi-24U wurde im Jahr 1972 erprobt und im Zeitraum von 1973 bis 74 in relativ geringer Stückzahl in Serie gefertigt. Die NATO gab der Mi-24U die Bezeichnung Hind-C.

Technische Daten der Mi-24U

Abmessungen	
Rotorkreisdurchmesser	17,30 m
Rumpflänge	17,51 m
Länge über alles	19,79 m
Spannweite	6,54 m
Höhe	4,44 m
Rotorkreisfläche	235,06 m^2
Rotorblattzahl	Fünfblatthaupt-/ Dreiblattheckrotor
Massen	
Leermasse	8.625 kg
Startmasse	10.600 kg
Max. Startmasse	11.500 kg
Treibstoffmenge	2.125 l + 2 x 815 l Zusatzbehälter
Antrieb	2 x TW3-117
Startleistung	2 x 1.471 kW
Flugleistungen	
Höchstgeschwindigkeit	320 km/h in 1.000 m
Marschgeschwindigkeit	280 km/h
Reichweite	485 km
Standschwebe bis Höhe	1.600 m
Gipfelhöhe	5.100 m
Steiggeschwindigkeit	bis 12,5 m/s
Bewaffnung	
Waffenstationen	4 x UB-32 je 32 Raketen S-5 4 x Bomben
Nutzlast	2.400 kg 8 Passagiere
Besatzung	2

Mi-24B (isdelije 241)

In manchen Veröffentlichungen ist zu lesen, dass die Mi-24B (russ.: Ми-24Б, Изделие 241) eine weitere Übergangsvariante gewesen sei. Doch dem ist nicht ganz so, denn mit der Mi-24B entstand eine Version des Kampfhubschraubers, wie sie Michail Mil von Anfang an im Auge gehabt hatte. Sie verfügte endlich über das langerwartete, schnellfeuernde und nach dem Gatling-Prinzip arbeitende Maschinengewehr JakB und zur Panzerbekämpfung war der PALR-Komplex Falanga-PW vorhanden.

Die Rakete Falanga-P war ein großer Fortschritt, da sie im Gegensatz zum Vorgängermodell nicht mehr manuell gelenkt werden musste, sondern nach dem halbautomatischen Lenkverfahren funktionierte. Die Wirksamkeit der PALR war zwar immer noch stark von den Fähigkeiten des Bordschützen abhängig, doch stieg die durchschnittliche Trefferwahrscheinlichkeit, beim Einsatz unter optimalen Bedingungen, von vormals 30 auf bis zu 80%.

Da die zur Lenkung der PALR benötigte Ausrüstung nicht vollständig im Cockpit des Hubschraubers untergebracht werden konnte, entschlossen sich die Konstrukteure Teile der Ausrüstung außerhalb zu platzieren. Dazu gehörten die schwenkbare Antenne des Raketenlenksystems Raduga-F, die in einem tropfenförmigen Behälter links unter der Rumpfnase Platz fand, sowie die kreiselstabilisierte und mit Schutzklappen versehene Optik, die in einem Turm rechts unterhalb der Rumpfnase untergebracht wurde. Um den zusätzlichen Anbauten eine ausreichende Bodenfreiheit zu verschaffen war es

In dieser frühen Mi-24B befindet sich ein einläufiges MG A-12,7 im Drehturm USPU-24. (Foto: OKB Mil)

Dieser Mi-24B-Prototyp ist mit dem JakB-12,7-mm-MG, vier Raketenbehältern UB-32 und vier PALR Falanga-P bewaffnet. (Foto: OKB Mil)

notwendig das Bugfahrwerk ein wenig zu verlängern.

Von der Mi-24A konnte man die B leicht durch das schnellfeuernde Maschinengewehr JakB-12,7 unterscheiden. Das JakB war in einem beweglichen Kinnturm USPU-24 montiert und wurde vom Bordschützen mit Hilfe des Visiersystems KPS-53AW (russ.: КПС-53АВ) ferngesteuert. Das Ausrichten der Waffe auf das anvisierte Ziel erfolgte entsprechend der Richtbefehle, die der Analogrechner SPSW-24 (russ.: СПСВ-24), nach Analyse der Sensorwerte von Anstellwinkelgeber und Staurohr, lieferte.

Die Prototypen der Mi-24B wurden in den Jahren 1971 und 72 intensiv erprobt, und als gut und der Mi-24A deutlich überlegen bewertet.

Eine großangelegte Serienfertigung fand trotzdem nicht statt, weil sich das OKB bereits im selben Zeitraum mit der Neukonstruktion des Rumpfbugs der Mi-24 beschäftigte, um den von den Einsatzpiloten dringend eingeforderten verbesserten ballistischen Schutz für die Besatzungen zu realisieren.

Ausgangspunkt der Neukonstruktion war die Einschätzung, dass das ursprüngliche, stark verglaste Cockpit schwerwiegende Mängel aufwies. Obwohl die Kabine relativ geräumig war, machten tote Blickwinkel der Besatzung zu schaffen. Der Bordschütze blockierte einen Teil des vorderen und rechten Sichtfeldes des Piloten, während er selber nicht in der Lage war die linke hintere Seite im Blick zu behalten. Außerdem barg die Unterbringung beider Besatzungsmitglieder innerhalb eines gemeinsamen Cockpits die Gefahr, dass ein Treffer im Kabinenraum beide Piloten gleichzeitig ausschalten konnte und somit der Hubschrauber verloren ging. Die Lösung dieses Problems wurde in getrennten, stark gepanzerten Cockpits gesehen. Die Cockpits wurden genau auf der Längsachse des Hubschraubers positioniert, was die Sichtbedingungen der Crew verbesserte und die toten Winkel deutlich reduzierte. Außerdem waren die

Cockpits nun vertikal gestaffelt, so dass der Pilot problemlos über den Bordschützen hinwegsehen konnte. Beide Kabinen waren frontal mit je einer dicken Panzerglasscheibe versehen, deren Stärke so bemessen war, dass sie dem direkten Beschuss aus 12,7-mm-Waffen standhielt. Die Panzerplatten der Rumpfbugpanzerung reichten nun bis zur Schulter der Besatzungsmitglieder und boten einen sehr guten Schutz vor leichten Infanteriewaffen. Die Überlebensfähigkeit der Besatzung wurde weiterhin dadurch erhöht, dass man die Munition des Bug-MGs aus der Kabine verbannte. Der Kampfsatz des MGs wurde bei der neuen Buggestaltung in ein Munitionsmagazin rechts unterhalb des Cockpits verlegt.

Im Frühsommer 1972 wurden zwei W-24-Prototypen auf die neue Bugsektion umgerüstet und erprobt. Es war vorgesehen sie mit der neuen PALR Schturm-W, deren Verfügbarkeit für das Jahr 1973 avisiert war, auszustatten.

Da die Kombination von Schturm-W und des neugestalteten Rumpfbugs einen deutlich besseren Kampfhubschrauber versprach, als es die Mi-24B jemals sein konnte, wurde auf die Serienfertigung der Mi-24B verzichtet. Stattdessen entschloss man sich im OKB gleich Nägel mit Köpfen zu machen und sofort zur dritten Mi-24-Variante überzugehen. Diese Variante erhielt die Bezeichnung isdelije 242 (russ.: Изделие 242). Für den Truppendienst war Mi-24W (russ.: Ми-24В) vorgesehen. (W ist der dritte Buchstabe im kyrillischen Alphabet.)

Als sich 1973 abzeichnete, dass die PALR Schturm-W immer noch nicht einsatzbereit sein würde, wurde isdelije 242 vorerst auf Eis gelegt und eine weitere Übergangsvariante ins Auge gefasst. Diese sollte den überarbeiteten Rumpfbug erhalten und mit dem Waffensystem der Mi-24B bestückt werden. Diese Variante erhielt die Bezeichnung isdelije 246. Aus zwei Mi-24B (Mi-24A nach anderer Quelle) wurden Testexemplare von isdelije 246 gefertigt, welche erprobt wurden und das Prädikat »sehr gut« erhielten. Entsprechend der gängigen Praxis die Versionen der Mi-24 entsprechend des kyrillischen Alphabets zu benennen, hätte isdelije 246 die Bezeichnung Mi-24G erhalten müssen. (G ist der vierte Buchstabe im kyrillischen Alphabet.) Mit dem Kürzel G war man aber alles andere als glücklich, weil man befürchtete, dass das G im doch gelegentlich recht rüden Soldatenjargon als »Gowno« (russ.: говно) gedeutet würde. Um diesem Fäkalausdruck vorzubeugen bekam die neue Kampfhubschrauberversion den nächsten Buchstaben des kyrillischen Alphabets verpasst und so entstand die Mi-24D.

Die NATO vergab für die Mi-24B keinen Erkennungscode, weil der westlichen Aufklärung die Existenz dieser Version lange Zeit verborgen blieb.

Technische Daten der Mi-24B

Abmessungen	
Rotorkreisdurchmesser	17,30 m
Rumpflänge	17,51 m
Länge über alles	19,79 m
Spannweite	6,54 m
Höhe	4,44 m
Rotorkreisfläche	235,06 m²
Rotorblattzahl	Fünfblatthaupt-/ Dreiblattheckrotor
Massen	
Leermasse	8.800 kg
Startmasse	11.000 kg
Max. Startmasse	11.500 kg
Treibstoffmenge	2.125 l + 2 x 815 l Zusatzbehälter
Antrieb	2 x TW3-117
Startleistung	2 x 1.471 kW
Flugleistungen	
Höchstgeschwindigkeit	320 km/h in 1.000 m
Marschgeschwindigkeit	280 km/h
Reichweite	485 km
Standschwebe bis Höhe	1.600 m
Gipfelhöhe	5.100 m
Steiggeschwindigkeit	bis 12,5 m/s
Bewaffnung	
Drehturm	1 x 12,7-mm JakB mit 1.470 Schuss
Waffenstationen	4 x UB-32 je 32 Raketen S-5 4 x Bomben 4 x PALR Falanga-P
Nutzlast	2.400 kg 8 Passagiere
Besatzung	2-3

Mi-24D (isdelije 246)

Wie bereits mehrfach erwähnt war die Mi-24D (russ.: Ми-24Д, Изделие 246) als nächste Übergangsvariante quasi eine Notlösung, die die Zeit bis zur Einsatzreife der Mi-24W überbrücken sollte. Doch wie viele Provisorien vor und nach ihr erwies sich auch die Mi-24D als langlebiger als erwartet. Sie wurde zehn Jahre lang hergestellt, viele Jahre davon parallel zum Nachfolgemuster Mi-24W.

Die ersten Mi-24D wurden noch ohne Staubschutzkappen vor den Triebwerkseinläufen ausgeliefert. (Foto: OKB Mil)

Die Mi-24D entstand als Kombination des Mi-24B-Waffensystems mit der durch die neuentwickelte Frontsektion veränderten Hubschrauberzelle. Im Juni 1972 wurden zwei Prototypen gebaut, die durch den Umbau zweier früher Mi-24A (Mi-24B nach anderer Quelle) entstanden. Die Prototypen sahen den späteren Serienmodellen bereits sehr ähnlich, besaßen jedoch noch die alte Heckrotorauslegung, bei der sich der Rotor auf der rechten Seite (steuerbord) der Heckflosse befand.

Die Flugerprobung der Mi-24D wurde im Spätsommer 1972 aufgenommen und dauerte bis in den Herbst des Jahres 1974.

Bereits 1973 nahm das Hubschrauberwerk Arsenijew die Serienfertigung der Mi-24D auf. Sie lief eine Zeitlang parallel zur Fertigung der alten Mi-24A. Wenig später startete auch im Hubschrauberwerk Nr.168 in Rostow am Don die Serienproduktion. Die Fertigung in Arsenijew lief bis 1977. Nach etwa 350 produzierten Einheiten stellte das Werk auf die Mi-24W um. In Rostow am Don wurde die Mi-24D bis 1983 (1985 nach anderer Quelle) hergestellt. Hier entstanden vor allem Mi-24D, die für den Export bestimmt waren.

Die in die Staaten des Warschauer Vertrages exportierten Mi-24D waren, bis auf wenige Details, mit denen identisch, die für die sowjetischen Streitkräfte gefertigt wurden. Eine »entfeinerte«, sprich vereinfachte Exportversion wurde als Mi-25 in »befreundete Staaten«, die nicht der Warschauer Vertragsorganisation angehörten, geliefert.

Interessant ist der Umstand, dass der Mi-24D lange Zeit die offizielle Übernahme in die sowjetischen Streitkräfte verweigert wurde. Und das, obwohl die Serienproduktion in vollen Zügen lief und die Fronteinheiten zügig mit der neuen Mi-24-Variante ausgerüstet wurden. Die offizielle Übernahme erfolgte erst am 29. März 1976, am selben Tag, an dem die Mi-24W offiziell in den Bestand der sowjetischen Fliegerkräfte überging. Es ist zu vermuten, dass der Grund für diese Herangehensweise darin zu suchen ist, dass man versuchte die alphabetische Reihenfolge einzuhalten. (W = 3. Buchstabe im kyrillischen Alphabet, G als 4. Buchstabe wurde aus »ästhetischen« Gründen ausgelassen, D = 5. Buchstabe.)

Zu diesem Zeitpunkt befanden sich bereits gut 200 Mi-24D im Truppendienst.

Die Mi-24D wurde im Laufe ihrer Geschichte immer weiter verbessert. Ab 1975 erhielt sie Staubkappen vor den Lufteinlässen, um die Triebwerke vor Beschädigungen durch aufgewirbelte und dann angesaugte Fremdkörper zu schützen. Ab 1977 wurde die 3. Serie des Triebwerks TW3-117 verwendet. Diese Triebwerke hatten eine längere Lebensdauer und eine gesteigerte Funktionssicherheit. Die letzten, in den 80er-Jahren für den Export gebauten Mi-24D erhielten die leistungsgesteigerte Triebwerksvariante TW3-117W.

Eine modernisierte polnische Mi-24D im schnellen Tiefflug. (Foto: Rocha)

Die »Hörner« beiderseits des Cockpits deuten an, dass bei dieser Mi-24D ein modernes Radarwarnsystem nachgerüstet wurde. (Foto: Sammlung Scheffler)

Polen nutzte die Mi-24D während des ISAF-Einsatzes in Afghanistan. Man beachte die aufgemalten Augen auf den Staubkappen der Triebwerke, das nachgerüsteten IR-Störgerät Ispanka und die Leuchtköderwerfer unter dem Heckausleger. (Foto: US DoD)

Diese Mi-24D der NVA ist heute im Flugplatzmuseum Cottbus ausgestellt. Im Hintergrund ist eine Mi-9 zu sehen. (Foto: Normann)

Ab 1980 nahm die Mi-24D an der Besetzung Afghanistans durch die sowjetischen Streitkräfte teil. Der sich aus einer handstreichartigen Aktion entwickelnde zehnjährige Krieg wurde zur Härteprobe für den Hubschrauber. Von den dort kämpfenden sowjetischen Einheiten wurde die Mi-24D dank ihrer hohen Beschussfestigkeit und überwältigenden Feuerkraft gern gesehen. In der Truppe erhielt der Hubschrauber den Spitznamen »Krokodil«. Oft reichte das pure Auftauchen der Krokodile aus, um den Feind in die Defensive zu treiben.

Bei den Feinden, Duschmanen (tadschikisch: Feind) nach sowjetischer Lesart, Mujaheddin (arabisch: Gotteskrieger) nach westlicher Lesart, war die Mi-24D gefürchtet und verhasst. Sie nannten die Mi-24 »Sheitan Arba«, was so viel wie »Streitwagen des Satans« bedeutet. Mit Handfeuerwaffen war der Mi-24D kaum beizukommen. Lediglich seitlicher Beschuss des Cockpits konnte zum Erfolg führen. Das änderte sich erst, als westliche Staaten begannen tragbare Fla-Raketenkomplexe (Manpads) an die Aufständischen zu liefern. Für eine gewisse Zeit waren die sowjetischen Hubschrauberkräfte paralysiert, die Verluste stiegen deutlich an. Doch der Erfolg war nur von zeitweiliger Art.

Um der Gefahr, die von infrarotgelenkten Raketen ausging, begegnen zu können wurden die Mi-24D zunächst mit zwei, später mit vier Leuchtköderwerfern nachgerüstet. Die Werferkassetten wurden mit Spannbändern am Heckausleger befestigt, die dazugehörigen Bedienteile im Cockpit installiert.

Mitte der 80er-Jahre kam zusätzlich das IR-Störgerät Lipa (Ispanka) zum Einsatz.

Im Afghanistanfeldzug bewährte sich die Mi-24D gut. Sie war robust und beschussfest. Sie zeigte aber Schwächen bei Flügen in großen Höhen. Ihre Gipfelhöhe war zu gering, so dass sie hochaufragende Gebirgsmassive nicht überfliegen konnte. Die Besatzungen waren deshalb gezwungen durch die

Technische Daten der Mi-24D

Abmessungen	
Rotorkreisdurchmesser	17,30 m
Rumpflänge	17,51 m
Länge über alles	19,79 m
Spannweite	6,54 m
Höhe	4,44 m
Rotorkreisfläche	235,06 m²
Rotorblattzahl	Fünfblatthaupt-/ Dreiblattheckrotor
Massen	
Leermasse	8.450 kg
Startmasse	11.200 kg
Max. Startmasse	11.500 kg
Treibstoffmenge	2.125 l + 2 x 850 l Zusatzbehälter
Antrieb	2 x TW3-117 3. Serie
Startleistung	2 x 1.641 kW
Flugleistungen	
Höchstgeschwindigkeit	320 km/h in 1.000 m
Marschgeschwindigkeit	260 km/h
Reichweite	500–750 km
Standschwebe bis Höhe	1.300 m
Gipfelhöhe	4.500 m
Steiggeschwindigkeit	bis 12,5 m/s
Bewaffnung	
Drehturm	1 x 12,7-mm JakB mit 1.470 Schuss
Waffenstationen	4 x UB-32 je 32 Raketen 57 mm 4 x Bomben 4 x PALR Falanga-P 2 x Kanonenbehälter
Nutzlast	2.400 kg 8 Passagiere
Besatzung	2–3

Täler zu fliegen, was Umwege und Zeitverlust bedeutete und sie der Gefahr von Feindfeuer aussetzte. Außerdem erwies sich die verfügbare Waffenpalette zum Teil als nicht effektiv genug.

In Mitteleuropa, wo die Mi-24D die Masse der Kampfhubschrauber der Warschauer Vertragsstaaten stellte, begann sie spätestens ab Mitte der 80er zu veralten. Das PALR-System Falanga P war nicht in der Lage in einem Frontalgefecht die Bugpanzerung der neuesten Panzergeneration der NATO-Armeen zu durchdringen. Deshalb begannen Ende der 80er-Jahre Bestrebungen die vorhandenen Mi-24D auf den Mi-24W-Standard zu modernisieren. In der DDR war die Modernisierung in den frühen 90er-Jahren vorgesehen. Für 1990 war die Lieferung einer einzelnen Mi-24W avisiert, die als Anschauungsobjekt für die zukünftige Modernisierung dienen sollte.

Die im März 1990 gewählte neue Regierung der DDR stornierte auf Anraten westdeutscher Berater diese Bestellung und zahlte stattdessen eine nicht unerhebliche Konventionalstrafe an den Hersteller.

Die Mi-24D der NVA wurden zunächst von der Bundeswehr übernommen, getestet und bis 1993 eingeschränkt betrieben. Danach gab man die Hubschrauber an andere Staaten ab oder legte sie still.

Die Mi-24D bzw. Mi-25 wurden in großer Stückzahl exportiert. Sie kamen in vielen Konflikten zum Einsatz. Neben dem Afghanistanfeldzug sei hier vor allem der Libanonkrieg von 1982 erwähnt, in dem eine Handvoll syrischer Mi-25 über 90 israelische Fahrzeuge, darunter Exemplare des damals hochmodernen und sehr gut geschützten Merkava 1-Kampfpanzers, vernichten konnten. In Angola und Mosambik bekämpften die Regierungstruppen mit der Mi-25 Rebellengruppen, die von Südafrika gesteuert wurden. Im Dienste der Sandinisten Nicaraguas wurde die Mi-25 bei der Abwehr der von den USA finanzierten und ausgerüsteten Contra Rebellen eingesetzt. Gaddafi verwendete die Mi-25 bei seinen Kriegsabenteuern im Tschad und Saddam Hussein schickte seine Mi-25 gegen den Iran ins Feld.

Bei der NATO hatte man sehr großen Respekt vor der Mi-24D. Man führte sie unter dem Codenamen Hind-D.

Mi-24DU (isdelije 249)

Die Schulvariante, die aus der Mi-24D abgeleitet wurde, bekam die Bezeichnung Mi-24DU (russ.: Ми-24ДУ, Изделие 249). Sie lief ab 1980 vom Band und wurde für die Ausbildung von Hubschrauberpiloten aller weiteren Mi-24-Versionen verwendet, da von der Mi-24W und Mi-24P keine eigenen Schulvarianten abgeleitet wurden.

Die Mi-24DU besaß im Gegensatz zu den Kampfversionen keine MG-Bewaffnung und auch nicht die Fähigkeit PALR einzusetzen. Im vorderen Cockpit der Mi-24DU war der Fluglehrer untergebracht. Das Cockpit verfügte über einen vollständigen Satz vollwertiger Flugsteuerelemente, sowie Flug- und Navigationsanzeigen. Im hinteren Cockpit nahm der Flugschüler Platz. Es war mit dem einer Mi-24-Kampfvariante identisch. Für den Export wurde die Mi-24DU als Mi-25U angeboten.

Technische Daten der Mi-24DU

Abmessungen	
Rotorkreisdurchmesser	17,30 m
Rumpflänge	17,51 m
Länge über alles	19,79 m
Spannweite	6,54 m
Höhe	4,44 m
Rotorkreisfläche	235,06 m^2
Rotorblattzahl	Fünfblatthaupt-/ Dreiblattheckrotor
Massen	
Leermasse	8.400 kg
Startmasse	11.100 kg
Max. Startmasse	11.500 kg
Treibstoffmenge	2.125 l + 2 x 850 l Zusatzbehälter
Antrieb	2 x TW3-117 3. Serie
Startleistung	2 x 1.641 kW
Flugleistungen	
Höchstgeschwindigkeit	320 km/h in 1.000 m
Marschgeschwindigkeit	260 km/h
Reichweite	500–750 km
Standschwebe bis Höhe	1.300 m
Gipfelhöhe	4.500 m
Steiggeschwindigkeit	bis 12,5 m/s
Bewaffnung	
Waffenstationen	4 x UB-32 je 32 Raketen 57 mm 4 x Bomben 2 x Kanonenbehälter
Nutzlast	2.400 kg 8 Passagiere
Besatzung	2

Mi-24W (isdelije 242)

Von Anfang an hatte das sowjetische Militär auf die Verwendung der neuentwickelten PALR Schturm-W beim Kampfhubschrauber Mi-24 bestanden. So wurde bereits einer der ersten in Arsenjew gebauten W-24-Prototypen speziell für die Erprobung dieser Waffe vorbereitet und genutzt. Trotz aller Bemühungen wurde die PALR nicht rechtzeitig einsatzreif, so dass, wie bereits mehrfach erwähnt, mehrere Mi-24-Übergangsvarianten entstehen mussten.

1972 hatte das OKB Mil, nach Auswertung der ersten Einsatzerfahrungen, eine neue Cockpitsektion für die Mi-24 entworfen, welche 1973 erprobt wurde. Die neue Frontpartie war ein großer Wurf und fand die einhellige Zustimmung der Testpiloten. Mit ihr sollten alle zukünftigen Mi-24-Versionen ausgerüstet werden, allen voran die für die PALR Schturm auserkorene Einsatzversion Mi-24W (russ.: Ми-24В, Изделие 242).

Die Einsatzreife der Rakete war für 1973 avisiert. Dieser Termin konnte aber nicht gehalten werden, so dass die Mi-24D als Zwischenvariante entstand.

Eine der ersten Mi-24D-Serienmaschinen wurde aber für die weitere Erprobung der PALR Schturm-W herangezogen und übernahm die Aufgaben des W-24-Prototypen. Die Erprobung des neuen Waffensystems an Bord der Mi-24W-Prototypen begann 1973 und konnte 1975 abgeschlossen werden. Nach Abschluss der staatlichen Erprobung wurde die Serienproduktion in den Werken Arsenijew und Rostow am Don aufgenommen.

In die Bewaffnung der sowjetischen Streitkräfte wurde die Mi-24W am 29. März 1976, demselben Tag wie die Mi-24D, übernommen.

Die ersten Mi-24W unterschieden sich äußerlich kaum von der Mi-24D. Unter der Haut war der größte Teil der Ausrüstung ebenfalls gleich geblieben. Man hatte im Wesentlichen nur das bisherige Hauptwaffensystem Falanga-P durch das deutlich modernere, überschallschnelle System Schturm-W ersetzt. Hierzu waren auch die Startvorrichtungen an den Stummelflügelendpylonen überarbeitet worden. Die äußeren Unterflügelpylonen konnten nun ebenfalls mit Doppelstarter für PALR bestückt werden, was die Gesamtzahl der mitführbaren Panzerabwehrlenkwaffen auf acht steigerte.

Das bisher verwendete Lenksystem Raduga-F wurde durch das neue Raduga-Scha ersetzt, welches speziell für die Rakete Schturm-W entwickelt worden war, jedoch die älteren Raketensysteme nicht mehr steuern konnte.

Ein weiterer Unterschied zur Mi-24D war die Fähigkeit der Mi-24W an den Pylonen Treibstoffzusatzbehälter mitführen zu können. Bei Überführungsflügen konnte deshalb auf die bisher üblicherweise im Frachtraum installierten Zusatzbehälter verzichtet werden und stattdessen Ausrüstungsgegenstände, Ersatzteile oder Personen befördert werden. Die Installation von Treibstoffzusatzbehältern im Frachtraum war aber trotzdem immer noch möglich.

Die Mi-24W war der Mi-24D dank ihres modernen Lenkwaffensystems in taktischer Hinsicht deutlich überlegen. Flugtechnisch jedoch waren beide Versionen zunächst nahezu identisch, weil die Maschinen in etwa die gleiche Startmasse hatten und mit denselben Triebwerken der 3. Serie des TW3-117 ausgerüstet waren.

Die frühen Mi-24W unterschieden sich im Wesentlichen nur durch das PALR-System Schturm-W von der Mi-24D. (Foto: OKB Mil)

Eine modernisierte Mi 24W beim Start. Störkörperwerfer, IR-Störgerät und Radarwarnempfänger SPO-15 wurden nachgerüstet. (Foto: Butowski via Rostvertol PLC)

Das änderte sich 1980 mit Beginn des Afghanistanfeldzuges. Bereits in den ersten Kriegswochen bemerkten die Einsatzpiloten, dass die Höhenleistung der Mi-24 nicht ausreichte. Der Kampfhubschrauber war für den Einsatz über den flachen Tiefebenen Mitteleuropas ausgelegt, eines potenziellen Kriegsschauplatzes, der mit Fla-Waffen nur so gespickt sein würde. Da in einer solchen Umgebung das Überleben eines Kampfhubschraubers nur durch extremen Tiefflug erreicht werden konnte, war die Mi-24 für genau dieses Einsatzszenario optimiert. Im afghanischen Gebirgsland wurde aber die Fähigkeit zum Flug in großen Höhen benötigt und der war mit den vorhandenen Triebwerken nicht möglich.

Deshalb wurde 1980 die auf Höhenleistung getrimmte Triebwerksvariante TW3-117W geschaffen und in die Serienfertigung überführt. Alle für den afghanischen Kriegsschauplatz vorgesehenen Mi-24W erhielten fortan dieses Triebwerk, der Rest musste zunächst mit dem TW3-117 der 3. Serie auskommen. Nach Ausweitung der Triebwerksproduktion erhielten alle neugebauten Mi-24W das TW3-117W. 1986 wurden die nochmals verbesserten Triebwerke TW3-117WM und WMA eingeführt.

Die Mi-24W durchlief einen ständigen Veränderungs- und Verbesserungsprozess. Die Waffenpalette wurde entsprechend der Kriegserfahrungen erweitert. Stärkere ungelenkte Raketen, Flächenwaffensysteme und neue Kanonenbehälter wurden verfügbar gemacht, ein Laserentfernungsmesser integriert.

1986 erprobte das OKB Mil Vierfachstarter für die PALR Schturm-W. Die Gesamtzahl der verfügbaren Lenkwaffen steigerte sich somit auf 16. In der Truppe nutzte man diese Konfiguration vorerst nicht. Sie kam später, bei modernisierten Versionen der Mi-24, zum Einsatz.

Mitte der 80er-Jahre wurde das bisherige Radarwarngerät durch den modernen SPO-15-Empfänger ersetzt. Dieser Warnempfänger zeigte nicht nur die Herkunftsrichtung einer Radaranstrahlung deutlich genauer an als das Vorgängermodell, er unterschied auch, ob die Anstrahlung von oben, unten oder aus der gleichen Höhe erfolgte. Er konnte die Stärke der Radaranstrahlung anzeigen und auch einen Hinweis geben welcher Bedrohungskategorie das emittierende Radargerät zuzuordnen war. Erkennbar waren solcherart ausgerüstete Mi-24W an den hörnerartigen Empfangsantennen in der Nähe des hinteren Cockpits.

Mit dem Auftauchen tragbarer Fla-Raketen wurde die Mi-24W mit Abwehr- und Schutzmechanismen bestückt. Zunächst behalf man sich damit Störkörperwerfer mit Spannbändern am Heckausleger zu befestigen. In der ersten Zeit wurden zwei Werferkassetten, je eine für jede Seite, montiert. Später erhöhte man die Zahl auf vier. Die entsprechenden Bedienteile wurden im vorderen Cockpit nachgerüstet.

Bei neugefertigten Mi-24W wurden jeweils drei Werferkassetten beiderseits des Rumpfes montiert. Zunächst erfolgte dies ohne, später jedoch mit aerodynamischer Verkleidung.

Diese tschechische Mi-24W ist mit 23-mm-Kanonenbehälter, 80-mm-Raketenbehälter und Schturm-W PALR bewaffnet. (Foto: Schaposchnikowa Rostvertol PLC)

Hauptmittel zur Abwehr von tragbaren Fla-Raketen wurde das IR-Störgerät Lipa (Ispanka). Es wurde bei bereits im Einsatz befindlichen Mi-24W nachgerüstet, bei neugebauten Maschinen ab Werk montiert.

Ab 1984 wurden die Triebwerke serienmäßig so modifiziert, dass das Schutzsystem ÄWU (russ.: ЭВУ) installiert werden konnte. ÄWU schirmte die direkte Sicht auf die heißen Triebwerksauslässe ab und leitete die Abgase nach oben in den Rotorstrom, wo sie verwirbelt und gekühlt wurden. Allein betrieben war ÄWU nur gegen Raketen der ersten Generation, wie Redeye und Strela 2, wirksam. Gegen damals moderne Raketen, wie die FIM-92A Stinger, war es nicht effektiv genug. Im Zusammenwirken mit Leuchtködern und dem IR-Störgerät Lipa vermochte es jedoch die Überlebensfähigkeit der Mi-24W signifikant zu steigern.

Weitere Modifikationen, wie z.B. eine partielle Verbesserung des Panzerschutzes für das Cockpit wurden bis zur Einstellung der Serienfertigung im Jahr 1989 durchgeführt.

Die Mi-24W war die am weitesten verbreitete Version der Mi-24. In beiden Herstellerwerken baute man über 1.500 Maschinen dieses Typs. Außerdem modernisierten verschiedene Betreiber von Mi-24D diese auf den Mi-24W-Standard.

Die Mi-24W wird bis zum heutigen Tag eingesetzt und bildet vielerorts das Rückgrat der Kampfhubschrauberverbände, wie z.B. in Polen und der Tschechischen Republik.

Eine vereinfachte Exportversion für Staaten außerhalb des Warschauer Vertrages wurde als Mi-35 angeboten. Sie wurde unter anderem von Indien, Syrien, Libyen und dem Irak beschafft.

Eine Trainingsvariante, analog zur Mi-24DU, bzw. Mi-25U wurde an Indien geliefert. Eine spezielle Versionsbezeichnung hatte dieser Trainingshubschrauber aber nicht.

Blick auf die Frontpartie einer tschechischen Mi-24W. Gut zu erkennen sind die Gehäuse des Schutzsystem ÄWU vor den Triebwerksauslässen und die hörnerartigen Antennen des Radarwarnempfängers auf Höhe des Pilotencockpits. (Foto: Normann)

Polnische Mi-24W während des ISAF-Einsatzes in Afghanistan (Foto: US Army Jim Hinnant)

Wenn Mi-24W auf Luftfahrtmessen und -shows präsentiert wurden durften farbenfrohe Sonderbemalungen nicht fehlen. So auf der ILA 2014. (Foto: Normann)

Technische Daten der Mi-24W

Abmessungen	
Rotorkreisdurchmesser	17,30 m
Rumpflänge	17,51 m
Länge über alles	19,79 m
Spannweite	6,54 m
Höhe	4,44 m
Rotorkreisfläche	235,06 m^2
Rotorblattzahl	Fünfblatthaupt-/ Dreiblattheckrotor
Massen	
Leermasse	8.620 kg
Startmasse	11.200 kg
Max. Startmasse	11.500 kg
Treibstoffmenge	2.125 l + 4 x 425 l Zusatzbehälter
Antrieb	2 x TW3-117W
Startleistung	2 x 1.546 kW (bis 2.060 kW)
Flugleistungen	
Höchstgeschwindigkeit	330 km/h in 1.000 m
Marschgeschwindigkeit	260 km/h
Reichweite	500–1.000 km
Standschwebe bis Höhe	2.200 m
Gipfelhöhe	4.600 m
Steiggeschwindigkeit	bis 12,5 m/s
Bewaffnung	
Drehturm	1 x 12,7-mm-JakB mit 1.470 Schuss
Waffenstationen	4 x UB-32 je 32 Raketen 57 mm 4 x B-8 je 20 Raketen 80 mm 4 x Bomben oder KMGU 2 x Kanonenbehälter 8 x PALR Sturm-W
Nutzlast	2.400 kg 8 Passagiere
Besatzung	2–3

Die Mi-24W erlebte ihre Feuertaufe in Afghanistan. Erst nach dem Zerfall der Sowjetunion kam sie in weiteren Konflikten, wie in Kroatien oder in Makedonien zum Einsatz. Die Exportvariante Mi-35 hingegen war bereits im Krieg zwischen dem Irak und dem Iran aktiv und kam bei indisch-pakistanischen Auseinandersetzungen zum scharfen Schuss. Hind-E war der NATO-Code für die Mi-24W.

Hungary Airshow 2007. (Foto: József Süveg)

Eine andere tschechische Bunte Kuh. (Foto: Johan Wieland)

Mi-24P (isdelije 243)

Die Entwicklung des Schützenpanzers BMP-1 auf sowjetischer Seite führte bei der NATO zu einer Gegenreaktion, die darin bestand besser gepanzerte Gefechtsfahrzeuge für den Mannschaftstransport zu bauen. So entstanden in der Bundesrepublik der SPz Marder, in Frankreich der AMX-10P, während die Amerikaner am XM723 werkelten, der viele Jahre später zum M2 Bradley mutieren sollte.

Im OKB Mil argwöhnte man bereits Mitte der 70er-Jahre, dass die Feuerkraft des 12,7-mm-MGs der Mi-24 in Zukunft nicht mehr ausreichend sein würde, um feindliche Schützenpanzer erfolgreich bekämpfen zu können. Eine Maschinenwaffe mit größerer Durchschlagskraft schien dringend notwendig.

Zur Wahl standen Waffen der Kaliber 23 und 30 mm. Die Entwickler des OKB Mil votierten für die 23-mm-Kanone GScha-23, doch das Militär legte sich auf eine Waffe im Kaliber 30 mm fest. 30 mm schien den Militärbürokraten eine optimale Kalibergröße, die bei allen Teilstreitkräften Verwendung finden sollte. Damals gab es in der Sowjetunion Bestrebungen die Logistik der Munitionsbevorratung zu vereinfachen, indem alle Waffen des Kalibers 30 mm für eine neue, einheitliche Standardpatrone eingerichtet sein sollten. Egal ob eine Maschinenkanone in einem Kampfflugzeug, Hubschrauber, Schützenpanzer, Flaksystem oder Kampfschiff verbaut sein würde, die Munition wäre überall gleich, und die Herstellung und Versorgung der Truppen einfacher zu bewerkstelligen, als beim bis dato üblichen Durcheinander verschiedenster Granatpatronen für ein und dasselbe Kaliber.

Mi-24P von vorn. (Foto: Ablogin via Rostvertol)

Die Mi-24P der russischen Kunstflugstaffel Berkuty beim Start. (Foto: Ablogin via Rostvertol)

Entsprechend der Kalibervorgabe durch das Militär wurde für die kanonenbewaffnete Variante der Mi-24 die Doppelrohrkanone GScha-30-2 (alias GScha-2-30, alias GScha-302, alias GSh-302 usw.) ausgewählt. Sie basierte auf der weitverbreiteten, bewährten und zuverlässigen GScha-23, weshalb die Moskauer Hubschrauberentwickler zu Recht davon ausgingen, dass die 30-mm-Kanone die positiven Eigenschaften ihrer Vorgängerin geerbt haben würde.

1974 begannen die ersten Vorarbeiten am Projekt. 1975 wurde die GScha-30-2 erstmalig in eine Mi-24 eingebaut. Als Testobjekt musste ein Mi-24W-Prototyp herhalten, dem man das 12,7-mm-JakB-Bord-MG entfernt hatte. Die Unterbringung der GScha-30-2 in einem Drehturm war auf Grund des Gewichts und der zu erwartenden hohen Rückstoßkräfte der Maschinenkanone nicht möglich. Deshalb platzierte man die Waffe starr zur Längsachse, direkt über dem auf der rechten Rumpfseite befindlichen Munitionsmagazin. Die so modifizierte Maschine erhielt die Bezeichnung Mi-24P (isdelije 243) (russ.: Ми-24П, Изделие 243). Das P stand für Puschka (russ.: пушка), d.h. Kanone, konnte aber auch als puschetschnij (russ.: пушечный), kanonenbestückt gedeutet werden.

Bei der Erprobung dieser Waffenvariante stießen die Entwickler auf eine Reihe unerwarteter Probleme.

Der Mündungsdruck der GScha-30-2 war so heftig, dass er die Außenhaut der Mi-24P beschädigte. Die Mündungen der Waffe waren so ungünstig platziert, dass die grellen Mündungsblitze Bordschütze und Pilot blendeten, was vor allem bei Flügen in der Nacht und der Dämmerung ein großes Problem darstellte. Die durch das Abfeuern der Waffe erzeugten heftigen Erschütterungen ließen in schöner Regelmäßigkeit elektronische Bauelemente versagen und zu guter Letzt erwies sich die Durchschlagskraft der Waffe als bei weitem nicht so gut wie erwartet.

Technische Daten der Mi-24P

Abmessungen	
Rotorkreisdurchmesser	17,30 m
Rumpflänge	17,51 m
Länge über alles	19,79 m
Spannweite	6,54 m
Höhe	4,44 m
Rotorkreisfläche	235,06 m^2
Rotorblattzahl	Fünfblatthaupt-/ Dreiblattheckrotor
Massen	
Leermasse	8.570 kg
Startmasse	11.300 kg
Max. Startmasse	11.800 kg
Treibstoffmenge	2.125 l + 4 x 425 l Zusatzbehälter
Antrieb	2 x TW3-117W
Startleistung	2 x 1.546 kW (bis 2.060 kW)
Flugleistungen	
Höchstgeschwindigkeit	330 km/h in 1.000 m
Marschgeschwindigkeit	260 km/h
Reichweite	450–1.000 km
Standschwebe bis Höhe	2.000 m
Gipfelhöhe	4.500 m
Steiggeschwindigkeit	bis 12,5 m/s
Bewaffnung	
Bordkanone	1 x GScha-30-2K mit 250 Schuss
Waffenstationen	4 x UB-32 je 32 Raketen 57 mm 4 x B-8 je 20 Raketen 80 mm 4 x Bomben oder KMGU 2 x Kanonenbehälter 8 x PALR Sturm-W
Nutzlast	2.400 kg 8 Passagiere
Besatzung	2–3

Die russische Hubschrauberkunstflugstaffel Berkuty flog in ihrer Anfangszeit serienmäßige Mi-24P. (Foto: Michejew via Rostvertol PLC)

Vor allem der letzte Punkt wurde mit Erstaunen zur Kenntnis genommen, da die gleiche Waffe im Schlachtflugzeugprototypen Suchoi T-8, der späteren Su-25, verwendet wurde und dort keinerlei Probleme mit der Durchschlagsleistung aufgetaucht waren. Des Rätsels Lösung lag darin, dass die T-8 im Zielanflug eine deutlich höhere Geschwindigkeit als eine Mi-

Mi-24P der russischen Streitkräfte. (Foto: Butowski via Rostvertol PLC)

24P hatte. Da sich die Eigengeschwindigkeit des Flugzeugs zur Mündungsgeschwindigkeit der Waffe addiert, besaß eine Granate, die aus einer mit 720 km/h anfliegenden T-8 eine um 200 m/s größere Geschwindigkeit als eine Granate, die von einer in der Standschwebe feuernden Mi-24P auf den Weg geschickt wurde. Dementsprechend variierten die Durchschlagsleistungen.

Um die Mi-24P mit der notwendigen Durchsetzungskraft versehen zu können war es notwendig die Leistungen der Maschinenkanone zu verbessern. Vertreter des OKB Mil nahmen Kontakt zu den Tulaer Waffenschmieden auf und deren Chefkonstrukteur Grjasew versprach Abhilfe. Die Läufe der Waffe sollten um etwa 1 m verlängert werden.

Die Arbeiten zur Modifizierung der Kanone dauerten einige Jahre. Und als die nun als GScha-30-2K bezeichnete Waffe einsatzbereit war verging noch eine geraume Zeit bis das Problem der starken Erschütterungen gelöst werden konnte.

Die Mi-24P war lange Zeit eine der Hauptstützen der russischen Kampfhubschrauberverbände. (Foto: Soldatkin via Rostvertol)

Die Mi-24P wurde während des Tschetschenienkrieges im Kaukasus eingesetzt. (Foto: Russisches Verteidigungsministerium)

Diese Mi-24P trägt Treibstoffzusatzbehälter zur Reichweitensteigerung. (Foto: Romanenko via Rostvertol)

1980 wurden die staatlichen Erprobungen der Mi-24P erfolgreich abgeschlossen. Ab 1981 lief diese Version in beiden Mi-24-Herstellerwerken in Serie aus den Fertigungshallen. Bis zur Einstellung der Produktion im Jahr 1989 entstanden 623 Maschinen dieses Typs.

Die Mi-24P durchlief, genau wie die parallel dazu gebaute und bis auf die Kanonenbewaffnung identische Mi-24W, einen ständigen Weiterentwicklungsprozess.

Die ersten Mi-24P hatten noch das Triebwerk TW3-117 der 3. Bauserie. Alle für den Afghanistan Feldzug bestimmten

Zypern beschaffte sich neugebaute Mi-35P. Diese haben ein starres Fahrwerk und gekürzte Stummelflügel. (Foto: Rostvertol PLC)

Peru erhielt modernisierte Mi-35P. (Foto: Romanenko via Rostvertol)

Diese russische Mi-24P trägt einen modernen grauen Tarnanstrich. (Foto: Romanenko via Rostvertol)

Mi-24P erhielten bald das TW3-117W und ab 1986 das TW3-117WMA. Die neuen Triebwerke wurden später für alle Mi-24P verwendet.

Auch die Mi-24P hatte zunächst keinerlei Schutzausrüstung vor infrarotgelenkten Raketen. Störkörperwerfer wurden während des Afghanistankrieges nachgerüstet, indem man sie mit Spannbändern unter dem Heckausleger befestigte. Später wurde die Mi-24P ab Werk mit jeweils drei Startkassetten auf jeder Rumpfseite bestückt. Die Kassetten waren zunächst ein fach am Rumpf angeschraubt, später wurden sie mit einer aerodynamischen Verkleidung ummantelt.

Ab 1984 erhielten alle neugebauten Mi-24P die Möglichkeit das Abgaskühlsystem ÄWU (russ.: ЭВУ) zu tragen. Der Infrarotstörer Lipa (Ispanka) wurde ebenfalls nachgerüstet und bei späteren Serien ab Werk eingebaut.

Für den Export ins nichtsozialistische Wirtschaftsgebiet wurde die Mi-24P in vereinfachter Ausführung als Mi-35P angeboten.

Die Mi-24P erwies sich als sehr brauchbarer Kampfhubschrauber und wird auch heute noch weltweit eingesetzt. Die Mi-24P kämpfte in den letzten Jahren auf dem afrikanischen Kontinent, trug für die ukrainischen Regierungstruppen die Hauptlast der Kämpfe im Donbass und wurde 2015 von den russischen Verbänden in Syrien zum Schutz der dortigen Militärstützpunkte verwendet.

Nach einer langen Phase in der alte Mi-24P lediglich kampfwertgesteigert wurde nahm im Jahr 2009 das Hubschrauberwerk »Rostvertol« aus Rostow am Don die Serienproduktion wieder auf. In die neugebauten Mi-24P, bzw. Mi-35P wurden viele für die Mi-28 entwickelte Bauelemente integriert. Der NATO-Code für die Mi-24P lautete Hind-F.

Mi-24RChaR (isdelije 2462)

Die Mi-24RChaR[2] (russ.: Ми-24РХР) war eine aus der Mi-24W abgeleitete hochspezialisierte Variante, die zum Zwecke der ABC-Aufklärung geschaffen wurde. (ABC stand für Atomar, Biologisch, Chemisch). Aus Vereinfachungsgründen wurde diese Variante oft als Mi-24R bezeichnet. Das war ein wenig irreführend, weil das Kürzel R in der Regel für Raswjedtschik (russ.: разведчик), d.h. Aufklärer verwendet wurde. Die RChaR war aber kein Aufklärer im herkömmlichen Sinne, sondern ein stark spezialisierter chemischer Aufklärer.

Für diese Aufgabe war sie mit Vorrichtungen zum Sammeln von Luft- und Bodenproben, sowie zur Analyse dieser Proben ausgestattet. Die auffälligsten dieser Vorrichtungen waren die kleinen Greifbagger an den Außenpylonen, die anstelle der sonst üblichen PALR-Startvorrichtungen montiert waren. Mit ihrer Hilfe konnten die chemischen Aufklärungsspezialisten Bodenproben nehmen, ohne den schützenden Hubschrauber verlassen zu müssen. Eine weitere leicht zu identifizierende Vorrichtung war der auf der linken Rumpfseite unterhalb der Frachtkabine befindliche Luftansaugstutzen, mit dem Luftproben gesammelt werden konnten.

Im Inneren der Frachtkabine waren zwei Arbeitsstationen für ABC-Aufklärungsspezialisten vorhanden. Hier wurden die gesammelten Proben auf radioaktive, chemische oder biologische Spuren untersucht. Die Untersuchungsergebnisse konnten mittels einer Datenfernübertragungsanlage an eine Bodenstation weitergeleitet werden.

Zum Schutz der Besatzung und der Aufklärungsspezialisten waren Besatzungskabinen und Frachtraum mit einem ver-

[2] Der kyrillische Buchstabe X wird in der englischen Literatur mit dem Kürzel Kh übersetzt. Die deutsche Übertragung lautet Cha, wobei das Ch kehlig, wie im Wort »suchen« ausgesprochen wird.

ABC-Aufklärer Mi-24RChaR, alias Mi-24R. (Foto: Mambour)

Technische Daten der Mi-24RChaR

Abmessungen	
Rotorkreisdurchmesser	17,30 m
Rumpflänge	17,51 m
Länge über alles	19,79 m
Spannweite	6,54 m
Höhe	4,44 m
Rotorkreisfläche	235,06 m^2
Rotorblattzahl	Fünfblatthaupt-/ Dreiblattheckrotor
Massen	
Leermasse	8.550 kg
Startmasse	11.200 kg
Max. Startmasse	11.500 kg
Treibstoffmenge	2.125 l + 4 x 425 l Zusatzbehälter
Antrieb	2 x TW3-117W
Startleistung	2 x 1.546 kW (bis 2.060 kW)
Flugleistungen	
Höchstgeschwindigkeit	330 km/h in 1.000 m
Marschgeschwindigkeit	260 km/h
Reichweite	500–1.000 km
Standschwebe bis Höhe	2.200 m
Gipfelhöhe	4.600 m
Steiggeschwindigkeit	bis 12,5 m/s
Bewaffnung	
Drehturm	1 x 12,7-mm-JakB mit 1.470 Schuss
Waffenstationen	4 x UB-32 je 32 Raketen 57 mm 4 x B-8 je 20 Raketen 80 mm 4 x Bomben oder KMGU 2 x Kanonenbehälter
Nutzlast	ABC-Analyselabor 2 Spezialisten
Besatzung	2

Greifkrallen zur Entnahme von Bodenproben. (Foto: Mambour)

Luftansaugstutzen zur Entnahme von Luftproben. (Foto: Mambour)

besserten Schutz gegen Radioaktivität, sowie chemische und biologische Kampfstoffe versehen.

Der Prototyp der Mi-24RChaR entstand Ende 1978. Die Serienfertigung lief von 1983 bis 89. Je nach Quelle entstanden 110, 152 oder 160 Mi-24RChaR.

1986 wurden Hubschrauber des Typs Mi-24RChaR bei der Bekämpfung der Reaktorkatastrophe von Tschernobyl eingesetzt. Sie flogen regelmäßig über dem zerstörten Reaktorblock und sammelten Luft- und Bodenproben. Da die Strahlenbelastung sehr hoch war wurden die Besatzungen der Mi-24RChaR im Laufe des Einsatzes abgezogen. Die neuen Besatzungen wurden aus allen Mi-24-Einheiten der UdSSR herangeholt, teilweise sogar aus dem Kriegseinsatz in Afghanistan, um sie in Tschernobyl einzusetzen.

1995 testete man in Russland eine als Mi-24RA bezeichnete Weiterentwicklung der Mi-24RChaR. Sie war mit einer verbesserten Analysetechnik ausgestattet, so dass nur noch ein Spezialist für ABC-Aufklärung an Bord benötigt wurde. Bei der NATO wurde die Mi-24RChaR als Hind-G1 geführt.

Mi-24K (isdelije 201)

Die Mi-24K (russ.: Ми-24К Изделие 201) war eine stark spezialisierte Untervariante der Mi-24W.

Sie sollte als fliegender Artillerieführungspunkt das Gefechtsfeld observieren, die Position feindlicher Truppenverbände aufklären, das Feuer der eigenen Artillerie und Raketentruppen beobachten, bewerten und falls notwendig Daten zur Korrektur der Feuerführung liefern. Dazu war sie mit einem hochentwickelten optischen Sensorsystem, welches an Stelle der PALR-Leitoptik »Raduga« unterhalb der Bugnase platziert war und einer leistungsfähigen Aufklärungskamera im Frachtraum ausgerüstet.

Das optische Sensorsystem, welches die klangvolle Bezeichnung »Iris« (russ.: Ирис) trug, war mit einer schwenkbaren Weitwinkeloptik bestückt. Es wurde vom Operateur aus der vorderen Besatzungskabine heraus bedient. »Iris« war Teil des Aufklärungspaketes »Ruta« (russ.: Рута), welches weiterhin ein optisches Zielidentifizierungssystem und einen Digitalrechner umfasste. Laut einiger Quellen konnten die ermittelten Daten mit Hilfe einer Datenfernübertragungsanlage (Data-Link) in Echtzeit an eine Bodenstation weitergeleitet werden. Definitiv waren an Bord der Mi-24K-Speichermedien vorhanden um die erlangten Daten aufzubewahren.

Mi-24K während der Flugvorbereitung. (Foto: Mambour)

Die schwenkbare Weitwinkeloptik »Iris«, hier mit einer Schutzkappe abgedeckt, ermöglichte eine genaue Gefechtsfeldbeobachtung. (Foto: Mambour)

Technische Daten der Mi-24K

Abmessungen	
Rotorkreisdurchmesser	17,30 m
Rumpflänge	17,51 m
Länge über alles	19,79 m
Spannweite	6,54 m
Höhe	4,44 m
Rotorkreisfläche	235,06 m^2
Rotorblattzahl	Fünfblatthaupt-/ Dreiblattheckrotor
Massen	
Leermasse	8.600 kg
Startmasse	11.200 kg
Max. Startmasse	11.500 kg
Treibstoffmenge	2.125 l + 4 x 425 l Zusatzbehälter
Antrieb	2 x TW3-117W
Startleistung	2 x 1.546 kW (bis 2.060 kW)
Flugleistungen	
Höchstgeschwindigkeit	330 km/h in 1.000 m
Marschgeschwindigkeit	260 km/h
Reichweite	500–1.000 km
Standschwebe bis Höhe	2.200 m
Gipfelhöhe	4.600 m
Steiggeschwindigkeit	bis 12,5 m/s
Bewaffnung	
Drehturm	1 x 12,7-mm-JakB mit 1.470 Schuss
Waffenstationen	4 x UB-32 je 32 Raketen 57 mm 4 x B-8 je 20 Raketen 80 mm 4 x Bomben oder KMGU 2 x Kanonenbehälter
Nutzlast	Aufklärungskamera AFA-100 2 Spezialisten
Besatzung	2

Eine lichtstarke Aufklärungskamera AFA-100 mit langer Brennweite (f8/1.300 mm) war fest in der rechten Rumpfseite, an Stelle der rechten Kabinentür, installiert. Das für die Kameraoptik vorhandene große Fenster auf dieser Seite konnte als sicheres Erkennungsmerkmal für die Mi-24K gelten.

Mi-24K der GSSD rollen zum Start. (Foto: Sammlung Scheffler)

Die Bewaffnung der Mi-24K entsprach der einer Mi-24W, war aber um die Fähigkeit zum Einsatz von PALR reduziert.

Der erste Mi-24K-Prototyp entstand 1979. Ab 1983 wurde die Variante in Serie gefertigt. Wie viele Mi-24K bis zur Einstellung der Produktion im Jahr 1989 entstanden ist nicht ganz sicher. Die verfügbaren Zahlen differieren je nach Quelle zwischen 92, 163 und 180 Exemplaren.

Bei der Nato erhielt die Mi-24K die Kennbezeichnung Hind-G2. In den sowjetischen Streitkräften wurde das Kürzel K als Korrektirowschtschik (russ.: корректировщик), d.h. Korrektor oder Artilleriebeobachter bezeichnet.

Mi-24WP (isdelije 258)

Während des Afghanistanfeldzuges hatte sich gezeigt, dass das 12,7-mm-Gatling-MG JakB nicht immer zuverlässig arbeitete. Deshalb wurden Alternativen untersucht um diese Waffe austauschen zu können. Die bereits bei der Mi-24P-Erprobung getestete 30-mm-Kanone GScha-30-2 schied für eine bewegliche Kinnmontage aus, weil sie zu groß war und einen viel zu starken Rückstoß erzeugte.

Der Einsatz der bei der Mi-24P festinstallierten GScha-30-2K in Afghanistan zeigte außerdem, dass eine 30-mm-Waffe bei der Bekämpfung weicher oder nur schwach gepanzerter Ziele oftmals überdimensioniert war.

Technische Daten der Mi-24WP

Abmessungen	
Rotorkreisdurchmesser	17,30 m
Rumpflänge	17,51 m
Länge über alles	19,79 m
Spannweite	6,54 m
Höhe	4,44 m
Rotorkreisfläche	235,06 m^2
Rotorblattzahl	Fünfblatthaupt-/ Dreiblattheckrotor
Massen	
Leermasse	8.500 kg
Startmasse	11.200 kg
Max. Startmasse	11.500 kg
Treibstoffmenge	2.125 l + 4 x 425 l Zusatzbehälter
Antrieb	2 x TW3-117W
Startleistung	2 x 1.546 kW (bis 2.060 kW)
Flugleistungen	
Höchstgeschwindigkeit	320 km/h in 1.000 m
Marschgeschwindigkeit	270 km/h
Reichweite	450–1.000 km
Standschwebe bis Höhe	2.200 m
Gipfelhöhe	4.600 m
Steiggeschwindigkeit	bis 12,5 m/s
Bewaffnung	
Drehturm	1 x GScha-23L mit 450 Schuss
Waffenstationen	4 x UB-32 je 32 Raketen 57 mm 4 x B-8 je 20 Raketen 80 mm 4 x Bomben oder KMGU 2 x Kanonenbehälter 8 x PALR Sturm-W
Nutzlast	2.400 kg 8 Passagiere
Besatzung	2-3

Als Ausweg bot es sich ein eine Waffe zu wählen deren Kaliber zwischen 12,7 und 30 mm angesiedelt war. Und diese Waffe war die GScha-23L, eine Kanone, die Michail Leontjewitsch Mil bereits in der Projektphase der Mi-24 als Bewaffnung favorisiert hatte. In den 80er-Jahren bekamen die Nachfolger M. Mils endlich die Gelegenheit diese Waffe bei der Mi-24 zu verwenden.

Um die aus dem Jagdflugzeugbau bekannte, präzise und zuverlässige GScha-23L in die Mi-24W-Struktur integrieren zu können waren einige Änderungen am Rumpfbug notwendig.

Der Spant 1N musste verstärkt werden, um die größeren Kräfte der zukünftig montierten doppelläufigen Waffe aufnehmen zu können. Außerdem musste ein neuer ferngesteuerter Drehturm entwickelt werden. Er erhielt die Bezeichnung NPPU-24 (russ.: НППУ-24). Er war für die Aufnahme der luftgekühlten GScha-23L vorgesehen. Eine Abwandlung wurde NPPU-23 genannt. Diese Variante war für die wassergekühlte GScha-23W gedacht.

Der Kampfsatz der Mi-24WP betrug 450 Granatpatronen. Alle anderen Waffenoptionen entsprachen denen, die bei einer

Mi-24WP der Baltischen Flotte Russlands. (Foto: Michejew)

Die Mi-24PS wurde durch Umrüstung militärischer Maschinen geschaffen. (Foto: Sammlung Scheffler)

Ende der 80er-Jahre gefertigte Mi-24W vorhanden waren.

Der erste Mi-24WP-Prototyp wurde 1985 gebaut. Bedingt durch die sich stetig verschärfende ökonomische Krise in der Zeit von Perestroika und Glasnost konnte die Serienfertigung der Mi-24WP erst 1989 aufgenommen werden. Es entstanden etwa 25 Maschinen, die im Bestand der Baltischen Rotbannerflotte eingesetzt wurden. Noch im selben Jahr stellte man die Serienfertigung aus finanziellen Gründen jedoch wieder ein.

Trotz dieses Misserfolgs bildete die Mi-24WP den Ausgangspunkt für die Weiterentwicklung der Mi-24. Aus ihr entstand nach der wirtschaftlichen Konsolidierung Russlands die dramatisch modernisierte Mi-24WM, die heute unter der Bezeichnung Mi-35M in Rostow am Don gefertigt und weltweit exportiert wird. Die NATO bezeichnete die Mi-24WP als Hind-H.

Die Mi-24WP fliegt auch heute noch im Bestand der Baltischen Flotte Russlands. Sie wurde 2016 im Raum Kaliningrad, dem früheren Königsberg beobachtet.

Mi-24PS

Die Mi-24PS war eine Sonderversion für das russische Innenministerium. Das Kürzel PS stand für Patrulno-Spasatelnij (russ.: патрульно-спасательный), was wortwörtlich mit »Patrouillieren und Retten«, frei mit »Suchen und Retten«, kurz SAR, übersetzt werden kann.

Der erste Mi-24PS-Prototyp entstand 1995 durch den Umbau einer serienmäßigen Mi-24P, die vollständig demilitarisiert wurden. Ein zweiter Prototyp wurde aus einer Mi-24W abgeleitet.

Äußere Kennzeichen dieser Hubschraubervariante waren extrem kurze Stummelflügel mit nur einem Pylon zur Mitführung von Treibstoffzusatzbehältern, mehrere leistungsstarke Lautsprecher am Bug der Maschine, sowie das Fehlen jeglicher Bewaffnung. Die militärischen Zielsuchoptiken und Feuerleitsysteme der Mi-24 wurden entfernt und durch moderne zivile Optiken ersetzt. Das militärische Kommunikationssystem wurde ebenfalls durch ein ziviles System ausgetauscht.

Für Such- und Rettungseinsätze waren der Einbau leistungsstarker Suchscheinwerfer und das Vorhandensein von Seilwinden unverzichtbar. An der Hubschrauberzelle wurden zusätzliche Haltegriffe montiert. Es war möglich gleichzeitig vier Personen abzuseilen.

Im Inneren der Frachtkabine installierte man sechs relativ bequeme Sitzplätze für mitfliegende Polizisten.

Die Mi-24PS wurden weiß lackiert und trugen am Heckausleger den Schriftzug »Miliz«.

Mi-24PN

Die Mi-24 wurde von Anfang an als allwettertauglich und nachtkampffähig bezeichnet. Verglichen mit westlichen Kampfhubschraubern der späten 80er-Jahre war ihre Nachtkampffähigkeit jedoch eher rudimentär ausgeprägt. Dieses Problem wurde während des Afghanistanfeldzugs erkannt und Mitte der 80er-Jahren begannen in der Sowjetunion Entwicklungen mit dem Ziel den Rückstand in der Nachtsichttechnik aufzuholen.

Der Zusammenbruch der UdSSR und das Chaos der Nachwendejahre verhinderten die Umsetzung der Modernisierungspläne. Erst ab dem Jahr 2000 hatte sich Russland soweit stabilisiert, dass für eine zielgerichtete Weiterentwicklung der Mi-24 genügend Gelder vorhanden waren.

Mit der Mi-24PN wurde eine nachtkampffähige Übergangsvariante geschaffen, die bereits etliche Neuerungen beinhaltete. Wichtigste Neuerung war die Integration des vollstabilisierten und mit einem zusätzlichen Laserentfernungsmesser bestückten Nachtsichtsystems »Sarjewo« (russ.: Зарево). Sarjewo war eine Weiterentwicklung des ursprünglich aus dem Panzerbau stammenden Wärmebildgerätes »Noktjurn« (russ.: Ноктюрн). Es war zunächst geplant dieses Gerät in einen Zusatzbehälter zu integrieren und es unter einem Tragflächenpylon mitzuführen. Diese Option wurde aber verworfen, da der Behälter einen wertvollen Waffenaufhängungspunkt blockiert hätte. Außerdem wäre das Blickfeld des Nachtsichtgerätes durch den Rumpf des Hubschraubers naturgemäß auf einer Seite begrenzt worden.

Deshalb entschloss man sich das Sarjewo Nachtsichtsystem direkt in den Rumpfbug einzubauen. Dies führte zur unverkennbare spitzen Nase der Mi-24PN.

Um die Nachtkampffähigkeit weiter zu verbessern wurde das Cockpit der Mi-24PN für die Nutzung der Nachtsichtbrille ONW-1 Skosok (russ.: ОНВ-1 »Скосок«) ausgelegt. Mit Hilfe der Nachtsichtbrille konnten nächtliche Terrainfolgeflüge bis zu einer Mindesthöhe von 50 m über Grund durchgeführt werden. Damit die Nachtsichtbrille genutzt werden konnte mussten die Anzeigen des Cockpits so überarbeitet werden, dass sie die Piloten nachts nicht blendeten. Im Cockpit selbst gab es einige Verbesserungen. Die augenfälligste war der Einbau eines Multifunktionsdisplays. Weitere Änderungen betrafen Fahrwerk und Stummelflügel.

Während des Afghanistanfeldzuges hatte sich herausgestellt, dass es vollkommen ausreichend war einen Kampfhubschrauber mit nur einem Paar Startbehälter für ungelenkte Raketen zu beladen. In den meisten Kampfeinsätzen in Afghanistan waren die äußeren Unterflügelpylonen leer geblieben. Deshalb war man im OKB Mil auf die Idee gekommen die Stummelflügel der Mi-24 zu kürzen und sie um die Tragflächenendpylone zu verringern. Zu einer Verringerung der Panzer-

Suchbild: eine Mi-24PN inmitten von drei Mi-24P. (Foto: Rostvertol PLC)

Technische Daten der Mi-24PN

Abmessungen	
Rotorkreisdurchmesser	17,30 m
Rumpflänge	17,51 m
Länge über alles	19,79 m
Spannweite	6,54 m
Höhe	4,44 m
Rotorkreisfläche	235,06 m^2
Rotorblattzahl	Fünfblatthaupt-/ Dreiblattheckrotor
Massen	
Leermasse	8.350 kg
Startmasse	10.900 kg
Max. Startmasse	11.800 kg
Treibstoffmenge	2.125 l + 4 x 425 l Zusatzbehälter
Antrieb	2 x TW3-117WMA
Startleistung	2 x 1.765 kW
Flugleistungen	
Höchstgeschwindigkeit	315 km/h in 1.000 m
Marschgeschwindigkeit	260 km/h
Reichweite	460–1.000 km
Standschwebe bis Höhe	3.000 m
Gipfelhöhe	5.500 m
Steiggeschwindigkeit	bis 12,5 m/s
Bewaffnung	
Bordkanone	1 x GScha-30-2K mit 250 Schuss
Waffenstationen	4 x UB-32 je 32 Raketen 57 mm 4 x B-8 je 20 Raketen 80 mm 4 x Bomben oder KMGU 2 x Kanonenbehälter 16 x PALR Sturm-W oder Ataka-W
Nutzlast	2.400 kg 8 Passagiere
Besatzung	2-3

abwehrfähigkeit führte diese Änderung nicht, da alle Pylone der Mi 24PN in der Lage waren PALR zu tragen. Bereits 1986 waren bei der Mi-24W-Vierfachstarter für PALR erfolgreich getestet worden. Diese Vierfachstarter konnten auch an der Mi-24PN montiert werden, so dass die Zahl der mitführbaren Lenkwaffen bei der Mi-24PN im Vergleich zum Vorgänger-

Das Erkennungsmerkmal der Mi-24PN war die »Buratinonase«. Buratino ist der Name der russischen Variante der Märchengestalt Pinoccio. (Foto: Ablogin via Rostvertol PLC)

Eine Mi-24PN beim Start. Gut erkennbar sind die spitze Nase des Sarjewo Nachtsichtsystems, die gekürzten Tragflächen und das starre Fahrwerk. (Foto: Ablogin via Rostvertol PLC)

Die Mi-24PN wurde nur in geringer Stückzahl gebaut. Sie gilt als Übergangsmuster bis zum Eintreffen der modernen Mi-35M. (Foto: Ablogin via Rostvertol PLC)

modell Mi-24P gleichgehalten werden konnte. Das Waffensystem der Mi-24PN war so modernisiert worden, dass nun auch die moderne PALR Ataka-W einsetzbar war.

Die Verkleinerung der Stummelflügel führte zu einer Masseeinsparung, außerdem erleichterte die Reduzierung der Tragflächen das Fliegen in der Standschwebe, da die Stummelflügel dem Rotorwind nun weniger Widerstand entgegensetzten.

Während des Afghanistanfeldzugs hatte sich auch gezeigt, dass die Verwendung eines Einziehfahrwerks bei Kampfhubschraubern nicht unbedingt als optimale Lösung anzusehen war. Zwar verringerte ein Einziehfahrwerk den Luftwiderstand und ermöglichte somit eine höhere Fluggeschwindigkeit, doch Tests zeigten, dass dieser Vorteil lediglich rund 11 km/h betrug. Der Nachteil von Einziehfahrwerken zeigte sich in Gefahrensituationen. Bei einer Notlandung musste das Fahrwerk erst ausgefahren werden. Dies kostete Zeit, die oft genug nicht vorhanden war, weil Kampfhubschrauber in der Regel nah am Erdboden operierten. Oft kam die Bodenberührung eher, als das Fahrwerk ausgefahren war. Damit waren Dämpfungseigenschaften der Fahrwerksbeine wirkungslos. Deshalb wurde bei der Mi-24PN ein starres Dreipunktfahrwerk verwendet, das leichter und robuster als das vorherige Einziehfahrwerk war.

Die Summe aller Änderungen verbesserte den Gefechtswert der Mi-24PN im Vergleich zur Mi-24P ganz erheblich. Dennoch wurde die Mi-24PN nur in geringer Stückzahl gebaut. Sie galt als Übergangsmodell zu den deutlich kampfstärkeren Nachfolgeversionen Mi-24WK und Mi-35M.

Die Mi-24PN wurde bei Kampfeinsätzen in Tschetschenien und in der Auseinandersetzung um Südossetien gegen Georgien eingesetzt.

Mi-24PU1

Die Mi-24PU1 war eine lokale ukrainische Weiterentwicklung der Mi-24P. Hauptziel dieser Entwicklung war es so weit wie möglich russische Bauteile durch im eigenen Land hergestellte Komponenten zu ersetzen.

Der Hauptunterschied zwischen der Mi-24PU1 und der originalen P bestand im Einbau eines modifizierten Triebwerks. Es kam nun das TW3-M117WMA-SBM1W-02 des Herstellers Motor Sitsch zum Einsatz. Modifikationen gab es auch im Cockpit, wo ein neues GPS gestütztes Navigationssystem und ein verbessertes Funkgerät Einzug hielt. Oberhalb des optischen Zielsuchsystems, direkt neben der Mündung der Bordkanone, wurde ein neuer Laserzielsucher angebracht.

Außerdem wurde zur Verbesserung des Schutzes vor infrarotgelenkten Raketen das neuentwickelte Selbstschutzsystem Adros-KT-01AW installiert.

Kriegserfahrungen in der Ostukraine zeigten aber, dass auch dieses System den Hubschrauber nicht 100% vor modernen tragbaren Fla-Raketen (Manpads) schützen konnte. Allerdings erwies sich Adros-KT in Kombination mit den bekannten Wärmetauschern ÄWU vor den Triebwerksauslässen und einem extremen Tiefflug als ausreichend wirksam.

Mi-35M

Der Zusammenbruch der Sowjetunion stellte für die Luftfahrtindustrie des Landes eine gewaltige Zäsur dar. Quasi über Nacht sahen sich die Hersteller- und Zulieferwerke mit der Situation konfrontiert in verschiedenen Staaten existieren zu müssen. Langjährige und bewährte Kooperationen waren plötzlich erschwert oder gar nicht mehr möglich. Nationale Egoismen dominierten.

Der bisherige Hauptauftraggeber, die sowjetischen Streitkräfte, existierte nicht mehr. Die Nachfolgestaaten der Sowjetunion befanden sich allesamt in einer tiefen ökonomischen Krise und hatten kein Geld für kostspielige Rüstungsprojekte.

In den Herstellerwerken Arsenjew und Rostow am Don standen die Fertigungslinien still. Hochqualifizierte Arbeitskräfte mussten entlassen werden. Ein unvorstellbarer Zustand für die Menschen in den Staaten, die noch vor kurzem die große und mächtige Sowjetunion gebildet hatten.

In Arsenjew entschloss sich die Werksleitung fortan nur noch die von der neuen russischen Führung unter Boris Jelzin favorisierten Kamow Kampfhubschrauber zu produzieren und veranlasste die Demontage der Mi-24-Fertigungsstrecke.

Im Gegensatz dazu setzte man in Rostow am Don auf das Prinzip Hoffnung und versuchte das Werk mit Reparaturaufträgen und kleineren Modernisierungen bereits im Einsatz stehender Mi-24 am Leben zu erhalten.

Doch es gab auch positive Entwicklungen. Die Mikroelektronik machte Anfang der 90er-Jahre eine stürmische Entwicklungsphase durch. Plötzlich standen auch den russischen Hubschrauberbauern Computer mit bis dato unglaublicher Rechenleistung zur Verfügung. Vieles, was bisher nur im Traum möglich erschien, war plötzlich machbar geworden. Das Know How für die Umsetzung dieser Träume war sowohl im Konstruktionsbüro Mil, als auch im Herstellerwerk Rostow am Don vorhanden. Die Arbeiten begannen.

1995 konnte die erste Umsetzung der Ideen präsentiert werden, die Mi-24WM. Sie basierte auf der nur in geringer Stückzahl gebauten Mi-24WP. Moderne Bordrechner erlaub-

Russische Mi-35M
(Foto: Michejew PLC)

Erkennungsmerkmale der Mi-35M sind kurze Tragflächen und ein starres Fahrwerk. (Foto: Michejew via Rostvertol PLC)

Technische Daten der Mi-35M

Abmessungen	
Rotorkreisdurchmesser	17,20 m
Rumpflänge	17,51 m
Länge über alles	19,19 m
Spannweite	4,77 m
Höhe	4,16 m
Rotorkreisfläche	232,35 m²
Rotorblattzahl	Fünfblatthaupt-/ Vierblattheckrotor
Massen	
Leermasse	8.354 kg
Startmasse	10.900 kg
Max. Startmasse	11.500 kg (12t bei Überführung)
Treibstoffmenge	2.125 l + 4 x 425 l Zusatzbehälter
Antrieb	2 x WK-2.500
Startleistung	2 x 1.985 kW
Flugleistungen	
Höchstgeschwindigkeit	310 km/h
Marschgeschwindigkeit	260 km/h
Reichweite	460–1.000 km
Standschwebe bis Höhe	3.100 m
Gipfelhöhe	5.750 m
Steiggeschwindigkeit	bis 12,5 m/s
Bewaffnung	
Drehturm	1 x GScha-23L mit 450 Schuss
Waffenstationen	4 x B-8 je 20 Raketen 80 mm 4 x B-13 je 5 Raketen 122 mm 4 x Bomben oder KMGU 2 x Kanonenbehälter 16 x PALR Sturm-W oder Ataka-W
Nutzlast	2.400 kg 8 Passagiere
Besatzung	2-3

ten die Umgestaltung des Cockpits zum Glascockpit. Moderne Multifunktionsanzeigen ersetzten die bis dato eingesetzte Analogtechnik mit ihren Rundinstrumenten. Neue Optiken zur Lenkung der PALR wurden eingeführt, die Bewaffnungsoptionen um Vierfachstarter für PALR erweitert. Zur Gewichtseinsparung verzichtete man auf das Einziehfahrwerk und ersetzte

RF-91277
ВВС РОССИИ

Weitere Erkennungsmerkmale sind eine neue Optik, die doppelläufige Kanone im Drehturm und der X-förmige Heckrotor. (Foto: Michejew via Rostvertol PLC)

Diese Mi-35M sind mit Treibstoffzusatzbehältern bestückt. (Foto: Michejew via Rostvertol PLC)

Mi-35M geleitet Transportkampfhubschrauber Mi-17. (Foto: Michejew via Rostvertol PLC)

Venezuelanische Mi-35M. (Foto: Schaposchnikowa Rostvertol PLC)

Venezuela war der erste Exportkunde der Mi-35M. (Foto: Schaposchnikowa Rostvertol PLC)

Diese Mi-35M ist mit einem Achtfachstarter für Panzerabwehrraketen ausgerüstet. (Foto: Schaposchnikowa Rostvertol PLC)

Brasilien gehört zu den Nutzern der Mi-35M. (Foto: Moralez via Rostvertol PLC)

es durch ein starres Fahrwerk. Die Stummelflügel wurden gekürzt.

Unter der Bezeichnung Mi-35M wurde der Hubschrauber auf verschiedenen Luftfahrtmessen präsentiert, darunter auch bei der ILA in Berlin.

Doch der Erfolg blieb zunächst aus. Obwohl das Militär verschiedener Staaten Interesse an der Mi-35M zeigte, fanden sich keine Käufer, denn es galt als riskant ein Produkt zu kaufen, das die Streitkräfte des Herstellerlandes selbst nicht bereit waren einzuführen.

Ende der 90er-Jahre, mit der allmählichen wirtschaftlichen Erholung Russlands, änderte sich das Bild. Die russischen Streitkräfte, mehr oder weniger geheilt von der zeitweiligen Euphorie für die Kamow Ka-50, zeigten nun auch ein Interesse an einer modernen Variante der bewährten Mi-24 und gaben so die Initialzündung für die Weiterentwicklung.

Im Jahr 2000 entschloss sich die Führung von Rostvertol, des Herstellerwerkes aus Rostow am Don, auf eigenes Risiko, aber mit Unterstützung durch das Moskauer Hubschrauberwerk Mil, eine verbesserte Variante der Mi-35M zu entwickeln. In diese Version flossen alle Erfahrungen ein, die man in den letzten Jahren mit der Mi-28N gemacht hatte. Eine Attrappe wurde gebaut und noch im selben Jahr dem Militär vorgeführt.

2002 gab der Mi-35M-Prototyp auf der Pariser Luftfahrtausstellung in Le Bourget sein Debut. Seine allen bisherigen Mi-24-Varianten deutlich überlegenen Fähigkeiten riefen ein großes Interesse bei Fachleuten und Militärs aus den Ländern, die die Mi-24 in irgendeiner Weise betrieben, hervor.

2003 bekam Rostvertol vom Kreml grünes Licht und die offizielle Flugerprobung konnte beginnen. Während der Tests zeigte die Mi-35M eine deutlich verbesserte Manövrierfähigkeit und eine bessere Steigleistung. Der Einführung in die Truppe stand nichts mehr in Wege. Auch für den Export war die Mi-35M zugelassen.

Die Mi-35M wurde zunächst als Modernisierungspaket in fünf unterschiedlichen Modulen angeboten. Modul 1 beinhaltete Maßnahmen die die Lebensdauer der Hubschrauberzelle verlängerten. Modul 2 umfasste die Integration des Mi-28-Rotorsystems und leistungsgesteigerte Triebwerke. Im Modul 3 wurde die Umrüstung

Brasilianische Mi-35M (Foto: Lucchesi via Rostvertol PLC)

Blick aus dem Cockpit einer brasilianischen Mi-35M über dem Amazonasbecken. (Foto: Lucchesi via Rostvertol PLC)

Triebwerksstart. Man erkennt die typische Flamme des Start-hilfsaggregats. (Foto: Lucchesi via Rostvertol PLC)

(Foto: Lucchesi via Rostvertol PLC)

(Foto: Moralez via Rostvertol PLC)

vom Einziehfahrwerk auf ein starres Fahrwerk angeboten. Modul 4 befasste sich mit der Integration modernster russischer Waffensysteme wie der PALR Ataka, inklusive Achtfachstarter für PALR, und der Luft-Luft Rakete Igla mit Sechsfachstartern. Im Modul 5 wurden ein modernes Cockpit, sowie die Verbesserung der Nachtkampffähigkeit angeboten.

Erstkunde für die Mi-35M war Venezuela, das seine Hubschrauber ab 2006 erhielt. Weitere Kunden folgten. Die Nachfrage nach der Mi-35M war so groß, dass der Hersteller Rostvertol die Mi-35M nicht mehr nur in Form von Modernisierungspaketen anbot, sondern 2004 mit der Serienproduktion neu gebauter Hubschrauber begann. Die russischen Streitkräfte kauften ebenfalls Mi-35M und führten sie in den Kampfbestand der Truppe ein. Die Bezeichnung Mi-24MW wurde nicht genutzt. Es ist anzunehmen, dass dies aus Marketinggründen geschah und zeigen sollte, dass es keinen Leistungsunterschied mehr zwischen Exportmaschinen und den Kampfhubschraubern, die für den russischen Eigengebrauch gebaut wurden, gab.

Mi-35M gehörten zu den 2016 in Syrien eingesetzten russischen Verbänden. Sie waren mit modernster Sensorik und leistungsgesteigerten Systemen zur Abwehr infrarotgelenkter Raketen ausgestattet.

Die Mi-35M wird kontinuierlich weiterentwickelt und wird neben der Mi-28N auch in näherer Zukunft das Rückgrat der russischen Frontfliegerkräfte bilden.

Mi-35M-Frontpartie (Foto: Michejew via Rostvertol PLC)

Mi-24WK / Mi-24PK

Die Mi-24WK war eine Entwicklung mit der die Nachtkampffähigkeit der Mi-24 weiter gesteigert werden sollte. Während geplant war die Variante Mi-24WK-1 mit französischer Technik auszustatten, verließ man sich bei der Version Mi-24WK-2 auf einheimische Komponenten.

Den russischen Streitkräften wurde die Mi-24WK bzw. das auf der Mi-24P basierende Pendant Mi-24PK angeboten. Da aber mit der Mi-35M bereits eine ähnlich leistungsfähige Version in die Truppe eingeführt wurde, lehnten die russischen Streitkräfte die Mi-24WK ab. Exporterfolge hat es bisher ebenfalls nicht gegeben.

Russlands Gegenstück zur Marine One des US-Präsidenten. (Foto: Chortos via Wiki)

Mi-35MS

Eine der mysteriösesten Varianten der Mi-24-Familie ist die Mi-35MS. Sie wurde erstmalig 2013 beobachtet, als sie ihre Flugerprobung im Herstellerwerk Rostvertol in Rostow am Don absolvierte. Insgesamt sollen nur drei Maschinen dieses Typs gebaut worden sein, deren Einsatzzweck lange ungeklärt war. So wurde vermutet, dass es sich um Führungshelikopter für hohe Stäbe handeln könnte, vergleichbar mit der Mi-9 aus den 80er-Jahren des letzten Jahrhunderts. Andere Beobachter glaubten, dass die Mi-35MS ein hochspezialisierter Hubschrauber zur elektronischen Kriegführung sei. Wiederum andere vermuteten, dass die Mi-35MS als persönlicher Hubschrauber des russischen Präsidenten dienen sollte und damit quasi das Gegenstück zum Marine One-Helikopter des US-Präsidenten darstellte.

Dass es sich bei der Mi-35MS um eine Sonderversion für den russischen Präsidenten handeln könnte wurde aus der besonderen Bemalung der Hubschrauber geschlussfolgert. Die Maschinen wurden nur in einem eigenwilligen Grünton und mit der russischen Flagge am Heck gesichtet. Die beobachteten Registriernummern waren stets ziviler Herkunft, militärische Insignien wurden bisher nicht entdeckt.

Größere Fenster, als bei allen anderen Mi-24-Versionen, ließen ebenfalls darauf schließen, dass es sich bei der Mi-35MS um eine VIP-Version handeln könnte.

Mitte 2015 publizierten russische Medien Fotos die den russischen Präsidenten Wladimir Putin an Bord einer Mi-35MS zeigten. Damit war bewiesen, dass es sich bei der Mi-35MS um eine Sondervariante für den russischen Präsidenten handeln musste.

Die Mi-35MS basierte im Wesentlichen auf der Kampfhubschraubervariante Mi-35M. Sie hatte die gleichen verkürzten Stummelflügel, ein starres Fahrwerk und ein Hauptrotorsystem, welches ursprünglich vom Mi-28N stammte.

Auffällig waren große aerodynamische Verkleidungen, die in ihrer Form entfernt an die Radarnasen der Marinekampfflugzeuge Tu-95 erinnerten. Ob unter dieser Verkleidung ein Radargerät sitzt oder ob sich darunter Kommunikationsantennen verbergen ist unbekannt. Unbekannt ist ebenfalls der Zweck der röhrenförmigen Behälter die sich an den Enden der Stummelflügel befinden.

Erkennbar ist, dass die Mi-35MS mit modernen Selbstschutzeinrichtungen zur Abwehr gelenkter Raketen ausgerüstet wurde.

Super Hind

Die Südafrikanische Republik unterlag wegen der Apartheid genannten Rassentrennungspolitik lange Jahre einem internationalen Waffenembargo. Aus der Not geboren entstand daher eine eigenständige, leistungsfähige südafrikanische Flugzeugindustrie. Diese Industrie entwickelte entsprechend der Bedürfnisse der südafrikanischen Armee den Kampfhubschrauber AH-2 Rooivalk, der optimal an die rauen Bedingungen des Buschkrieges angepasst war.

In den späten 90er-Jahren begann die Firma ATE einige für den Rooivalk entwickelte moderne Komponenten in die Mi-24 einzurüsten und die so entstandenen Modernisierungspakete am Markt anzubieten.

Das Modernisierungspaket Mk.II integrierte moderne Optiken und Beobachtungsgeräte in die Mi-24P, bzw. deren Exportvariante Mi-35P. Mk.III war für die Mi-24W bzw. Mi-

Mi-24 Superhind neben AH-1 Rooivalk. (Foto: Bob Adams)

Indische Mi-35 wurden von israelischen Firmen modernisiert. (Foto: Indian Air Force)

35 zugeschnitten. Beiden Paketen gemein war, dass südafrikanische PALR der Typen ZT35 Ingwe und ZT-6 Mokopa ins Waffensystem integriert, die Cockpits kompatibel zu Nachtsichtbrillen gemacht wurden und ein moderner Bordcomputer eingebaut wurde. Die optionalen Staubschutzfilter für die Triebwerke wurden direkt von der Rooivalk adaptiert.

Bei der Mk.III ersetzte man das 12,7-mm-MG JakB durch die 20-mm-Kanone M693 (F2). Diese Waffe hatte einen Munitionsvorrat von 840 Schuss.

Eine als Super Hind Mk.IV bezeichnete Variante wurde nach Algerien und Aserbaidschan verkauft. In Aserbaidschan erhielten die so modifizierten Maschinen die Bezeichnung Mi-24G, wobei G als Abkürzung für das aserbaidschanische Wort für Nacht (Geka) steht.

Interessanterweise beschaffte sich Aserbaidschan in letzter Zeit das russische Konkurrenzmodell Mi-35M anstatt weitere eigene Mi-24 auf den Mi-24G-Standard zu modernisieren.

Die modernste Variante war Super Hind Mk.V. Sie hatte einen neugestalteten Rumpfbug, bei dem der Pilot im vorderen Cockpit saß und der Bordschütze im hinteren Cockpit untergebracht war. Die Verteilung der Hubschrauberpanzerung wurde verändert, so dass die Super Hind Mk.V etwa 1.800 kg leichter war als eine vergleichbare originale Mi-24.

Allen südafrikanischen Mi-24-Modernisierungspaketen war gemein, dass sie eine breite Palette sowohl südafrikanischer, als auch sowjetischer Waffensysteme einsetzen konnten.

Israelische Hind-Upgrades

Die israelische Luftfahrtindustrie war und ist für ihre Fähigkeit zur effektiven Modernisierung ausländischer Fluggeräte bekannt. Es begann alles mit der Kfir, die eine eigenständige Weiterentwicklung der Mirage 5 war, ging über die Kurnass 2000, die auf der F-4E Phantom basierte, bis hin zu den Modernisierungspaketen der MiG-21, die ab den 1990er-Jahren erfolgreich angeboten wurden. So verwunderte es nicht, dass zwei israelische Firmen konkurrierende Modernisierungspakete für die Mi-24 auf den Markt brachten. Israel Aerospace Industries (IAI) offerierte sein »mission 24« genanntes Paket, das ein modernisiertes, nachtsichtbrillentaugliches Cockpit, moderne Optiken, ein Helmvisier für das Bord-MG, GPS-Navigation und verbesserte Selbstschutzsysteme beinhaltete. Es wurde unter anderem an die indischen Streitkräfte verkauft.

Das Konkurrenzunternehmen Elbit erarbeitete ein Modernisierungspaket, das die Nachtkampffähigkeit deutlich verbesserte und ein modernes Raketenannäherungswarngerät beinhaltete. Elbit bot auch eine Cockpitmodifikation an die es möglich machte den Hubschrauber beim Einsatz von Nachtsichtbrillen zu fliegen. Es gab die Möglichkeit NATO kompatible Funksysteme zu integrieren, ein GPS gestütztes Navigationssystem zu nutzen und das Bord-MG mit Hilfe eines Helmvisiers aufs Ziel zu richten. Sri Lanka, Mazedonien und Georgien ließen einige ihrer Mi-24 mit Hilfe von Elbit modernisieren.

Nicht erfolgreiche Mi-24-Varianten

Die Liste der Mi-24-Varianten, die nicht in die Serienfertigung übernommen wurde ist lang. Einige seien an dieser Stelle erwähnt.

Während der Erprobung der W-24 wurde der Versuch unternommen einen ummantelten Heckrotor zu verwenden. Heckrotoren dieser Art waren das Markenzeichen französischer Hubschrauber, wie der Gazelle, und sind auch heute noch vielfach bei Maschinen der Hubschraubersparte von Air-

Mi-24-Prototyp mit Fenestron-Heckrotor. (Foto: OKB Mil)

bus (vormals Eurocopter) zu finden. Für Heckrotoren dieser Bauart hat sich der französische Begriff Fenestron durchgesetzt.

Mindestens ein W-24-Prototyp wurde 1975 mit einem Fenestron-Heckrotor ausgestattet. Die Flugerprobung zeigte aber, dass dieser Heckrotor nicht effektiv genug für einen Hubschrauber in der Gewichtsklasse der Mi-24 arbeitete, weshalb die Entwicklungslinie eingestellt wurde.

Eine andere nicht erfolgreiche Variante war die Mi-24BMT (isdelije 248). Sie wird nur in der Literatur erwähnt, dem Autor ist kein Bild dieser Version bekannt. Es soll sich bei der BMT um eine Version der Mi-24B gehandelt haben, die ein Schleppgerät zur Minenräumung ziehen sollte.

Für die Seekriegsflotte wurde die Mi-24M (isdelije 247) entwickelt. Da sich die Marine traditionsgemäß für Kamow-Helikopter entschied, kam die Mi-24M nicht über das Reißbrettstadium hinaus.

Während des Afghanistanfeldzuges erkannten die sowjetischen Militärs, dass der Gegner eine potenziell erfolgreiche Taktik bei der Bekämpfung von Mi-24-Kampfhubschraubern entwickelt hatte. Die Duschmanen blieben solange gut getarnt im Gelände verborgen bis die Hubschrauber ihre Positionen überflogen hatten und eröffneten dann von hinten das Feuer. Um dieser Taktik begegnen zu können, wurde versucht in die Mi-24 einen Heckstand zu integrieren. Es wurde ein schmaler Kriechgang geschaffen, der zu einer verglasten Kanzel führte in der ein 12,7-mm-MG NSWT »Utjos« schwenkbar montiert war. Der Bordmechaniker musste sich auf dem Bauch liegend zur Kanzel vorarbeiten und die Waffe auch noch liegend bedienen. In der Erprobung erwies sich dieser Aufbau als unpraktisch.

Letztendlich wurde das Problem taktisch gelöst. Mi-24 handelten fortan im Verbund mit speziellen Mi-17-Transporthubschraubern. Diesen Mi-17 hatte man die Hecktore ausgehängt und an der Stelle eine Maschinenwaffe, wahlweise JakB 12,7 oder GschaG 7,62 installiert. Heckschützen deckten nun den Rücken der Formation und unterdrückten jegliche Feindaktivität mit massivem Sperrfeuer.

LL-PSW

Vom Projekt LL-PSW, alias Mi-PSW, alias Mi X-1, erfuhr die Öffentlichkeit während der Moskauer Luftfahrtausstellung MAKS 2015. Der vorgestellte neue Hubschrauber erinnerte an eine Mi-24 ohne Stummelflügel und sein ziviler Anstrich gab Raum für verschiedenste Spekulationen. So wurde unter anderem gemutmaßt, dass das Moskauer Hubschrauberwerk Mil mit dieser Maschine einen schnellen Reisehubschrauber für reiche Privatkunden schaffen wolle.

Dem war aber nicht so. Die LL-PSW war als Technologiedemonstrator gedacht und wurde vom Moskauer Herstellerwerk als »fliegendes Laboratorium für einen zukünftigen Hochgeschwindigkeitshubschrauber« bezeichnet. (russ.: летающая лаборатория перспективного скоростного вертолета (ЛЛ ПСВ))

Am 29. Dezember 2015 startete die neuentwickelte Hubschraubervariante LL-PSW zu ihrem Erstflug. Die Besatzung des Jungfernfluges bestand aus Testpilot Wladimir Kutanin und der Testingenieurin Tatjana Demjanenko. Nach dem Flug bescheinigte die Testbesatzung der LL PSW gute Flugeigen schaften.

Das Hauptziel des vom russischen Staats mit 630 Mio. Rubel finanzierten Projektes LL-PSW war und ist die Erforschung der wissenschaftlichen und technologischen Grundlagen, um die Fluggeschwindigkeit von Hubschraubern auf das Anderthalbfache im Vergleich zu heutigen Serienmaschinen zu erhöhen.

In der Anfangsphase der Flugerprobung soll der Prototyp eine Maximalgeschwindigkeit von 400 km/h erreichen. In einer zweiten Phase soll versucht werden die Höchstgeschwindigkeit auf 450 km/h und mehr zu steigern.

Die LL-PSW basierte auf dem Kampfhubschrauber Mi-24, weil sich, nach Ansicht der Entwickler, die aerodynamische Auslegung der Mi-24 von allen verfügbaren Hubschraubermodellen am besten für Hochgeschwindigkeitsflüge eignete. Dies hatte der Hubschrauber bereits 1978 bewiesen, als die spezielle Rekordvariante A-10 mit 368,4 km/h einen Geschwindigkeitsweltrekord für Hubschrauber aufstellte.

Das Design der LL-PSW basierte zwar auf der Mi-24 unterschied sich jedoch auch beträchtlich von dieser. So wurde die Zelle überarbeitet um einen geringeren Luftwiderstand zu erzeugen und das Flugverhalten bei hohen Geschwindigkeiten zu verbessern.

Der Hauptrotor wurde komplett überarbeitet. Er erhielt neuartige Rotorblätter aus Verbundwerkstoff, die im Moskau er Hubschrauberwerk Mil entwickelt und in einer Pilotanlage gebaut wurden. Die Rotorblätter wiesen eine verbesserte ae-

(Foto oben: Russkije Wertoljoty)

(Foto rechts: MinPromTorg Rossij)

rodynamische Charakteristik auf und wurden entsprechend der neuesten Erkenntnisse auf dem Gebiet der Aerodynamik gestaltet.

Während der Flugerprobung erhoffen die Entwickler Daten zu erhalten, die die im Windkanal erarbeiteten Modelle bestätigen. Sollte sich das Projekt LL-PSW als erfolgreich herausstellen, könnten die gewonnenen Erkenntnisse bei der Weiterentwicklung bereits im Einsatz stehenden Hubschraubertypen Verwendung finden.

Der Prototyp LL-PSW entstand aus einem Mi-24K-Gefechtsfeldaufklärer, dessen Bugsektion vollkommen neu gestaltet wurde. Die bisher verwendeten TW3-117W-Triebwerke ersetzte man durch eine neuentwickelte Variante mit der Bezeichnung WK-2500M.

Auf die Stummelflügel verzichtete man während der Vorführung auf der MAKS-2015 und auch noch beim Erstflug. Im Frühjahr 2016 aufgenommene Bilder zeigten die LL-PSW jedoch wieder mit Stummelflügeln, deren Pylonen mit Treibstoffzusatzbehältern bestückt waren.

Weltrekordhubschrauber A-10

Im Jahr 1975 erhielt das OKB Mil den Auftrag den Geschwindigkeitsweltrekord für Hubschrauber in die Sowjetunion zu holen.

Für diese Aufgabe wurde ein früher, noch mit kurzem Cockpit ausgestatteter, W-24-Prototyp ausgewählt und zur Weltrekordmaschine Mi-24A-10 umgebaut.

Um die gestellte Aufgabe erfüllen zu können hielten es die Entwickler für vorrangig Gewicht einzusparen. Deshalb wurden alle nicht unbedingt notwendigen Bauelemente entfernt. Die Panzerung, die Bewaffnung und die mit ihr verbundene Sensorik, selbst die Stummelflügel wurden abmontiert. Weiter war es wichtig die Triebwerksleistung zu erhöhen. Deshalb wurden die bisherigen frühen TW3-117-Triebwerke gegen leistungsgesteigerte TW3-117 der 2. Serie ausgetauscht.

So vorbereitet ging die Mi-24A-10 am 16. Juli 1975 an den Start. Die Besatzung bestand aus zwei Pilotinnen. Auf dem Pilotensitz saß Galina Rastorgujewa, ihr zur Seite stand Ljudmilla Poljanskaja. Sie erreichten eine Spitzengeschwindigkeit von 341,35 km/h auf einem geschlossenen 15/25 km Rundkurs. Am 18. Juni 1975 erreichten sie mit einer Durchschnittsgeschwindigkeit von 336,464 km/h auf einem 100 km Rundkurs ebenfalls einen Frauenweltrekord.

Am 1. August durfte Ljudmilla Poljanskaja den Hubschrauber zu einem neuen Frauenweltrekord über die 500 km Distanz steuern. Sie erreichte eine Durchschnittsgeschwindigkeit von 331,023 km/h.

Am 8. August 1975 wurde ein neuer Steigrekord aufgestellt. Galina Rastorgujewa erreichte die 3.000 m Marke in zwei Minuten 33,5 Sekunden.

Am 13. August bewältigten die Pilotinnen die 1.000 km Distanz mit einer Durchschnittsgeschwindigkeit von 333 km/h und am 26. August gelang es in sieben Minuten 43 Sekunden auf 6.000 m Höhe zu steigen.

In den der Internationalen Aeronautischen Föderation (FAI) zugestellten Rekordunterlagen wurde die Mi-24A-10 aus Tarnungsgründen lediglich mit A-10 bezeichnet. Die Pilotinnen wurden aus denselben Gründen im Cockpit einer Mi-8 fotografiert.

Um den absoluten Geschwindigkeitsrekord für Hubschrauber zu brechen waren noch einige Veränderungen am Hauptrotor und am Triebwerk notwendig. Drei Jahre später, am 21. September 1978, stellte Mil Testpilot Gurgen Karapetjan mit einer Spitzengeschwindigkeit von 368,4 km/h einen absoluten Geschwindigkeitsweltrekord für Hubschrauber auf.

Dieser Rekord hielt bis 1986, als er durch eine modifizierte Westland Lynx überboten wurde.

Der Weg zum Nachfolgemodell

Michail Leontjewitsch Mil hatte die These aufgestellt, dass es günstiger wäre bei der Entwicklung eines vollwertigen Kampfhubschraubers, der quasi das fliegende Gegenstück zum modernen Standardkampfpanzer sein würde, in Etappen vorzugehen. Zunächst sollte man einen technologisch weniger komplexen »fliegenden Schützenpanzer«, den er oft als LBMP bezeichnete, schaffen und danach den »fliegenden Panzer« entwickeln.

Der Blick in die USA, wo der Versuch, mit der AH-56A Cheyenne, aus dem Stand heraus, einen technologisch höchst anspruchsvollen Kampfhubschrauber zu entwickeln, grandios scheiterte, bewies die Richtigkeit dieser These. Die USA mussten sich aufgrund dieser Fehlleistung lange Zeit mit der AH-1 Cobra begnügen, einem Notbehelf, der sich im Truppendienst letztendlich als gar nicht schlecht herausstellte, jedoch dem Anspruch der Amerikaner die technologische Führungsmacht der Welt zu sein nicht genügen konnte.

In der Sowjetunion entstand mit der Mi-24 der »fliegende Schützenpanzer« nach Mils Vorstellungen und damit war der erste Schritt auf dem Weg zum »fliegenden Panzer« erfolgreich getan.

1968, die Arbeiten am Mi-24-Prototypen isdelije 240 hatten gerade begonnen, fing Michael L. Mil an sich Gedanken über die Gestaltung des »fliegenden Panzers« zu machen. Er fixierte seine Ideen in mehreren Skizzen und gab dem Projekt die Bezeichnung W-28, bzw. Mi-28.

Zu einer Ausarbeitung seiner Skizzen zu einem vollwertigen Projekt kam es nicht mehr, da das OKB mit anderen Projekten mehr als ausgelastet war. Die Kapazitäten waren einfach nicht vorhanden. Hinzu kam, dass Mil stressbedingt erkrankte und sich von dieser Krankheit auch nicht mehr vollständig erholte.

Erst drei Jahre nach seinem Tod wurde das Projekt des »fliegenden Panzers« wieder hervorgeholt. Es wurde diesmal unter der Leitung von Marat Tischtschenko vorangetrieben. 1973, die Mi-24 befand sich in der Truppeneinführung und die Mi-24D entstand, wusste man weder beim Militär, noch im OKB genau, wie ein »fliegender Panzer« auszusehen hatten. Also orientierte man sich wieder an den amerikanischen Entwicklungen, wo das AAFSS-Programm abgebrochen worden war und das AAH-Projekt zum Leben erwachte.

Darauf aufbauend wurden Anforderungen an die Mi-28 spezifiziert. Sie sollte schneller als die Mi-24 werden. Die Maximalgeschwindigkeit hatte im Bereich zwischen 380 und 420 km/h zu liegen. Allwetterfähigkeit wurde gefordert, genau

(Foto: OKB Mil)

(Foto: OKB Mil)

wie Nachtkampffähigkeit. Die Panzerung war so zu dimensionieren, dass der neue Hubschrauber gegen panzerbrechende 12,7-mm-Geschosse und 20-mm-Splitter-Sprenggranaten geschützt war. Zur Bewaffnung sollten mindestens acht PALR Schturm-W und eine bewegliche 30-mm-Kanone gehören und die Waffenlast nicht unter 1.200 kg liegen.

Ein großes Gewicht wurde auf die Überlebensfähigkeit der Besatzung gelegt, der Einbau von Schleudersitzen war vorgesehen.

Die Mi-28 sollte als schneller Kampfhubschrauber den eigenen Bodentruppen Luftunterstützung leisten und dabei in der Taktik der früheren Schlachtflieger agieren. Darüber hin aus sollte die Mi-28 Geleitschutz für Transporthubschrauber fliegen und den Luftkampf gegen feindliche Hubschrauber

Mi-28A bei der Luftfahrtmesse in LeBourget 1988. (Foto: US DoD)

führen. Und das alles bei einem Gewichtslimit von maximal 11.500 kg.

Im OKB wurden zwei grundsätzlich verschiedene Ansätze gewählt. Der erste Ansatz basierte auf der Mi-24, die man um die Frachtkabine erleichterte und deren Rumpf man deshalb deutlich schlanker gestalten konnte. Die Triebwerke wurden nicht mehr paarweise direkt nebeneinander angeordnet, sondern getrennt, seitlich am Rumpf befestigt. Die Stummelflügel waren nun in Tiefdeckeranordnung platziert und besaßen nur noch vier Pylonen, die aber mit Vierfachstartern für PALR bestückt werden konnten. Bei diesem Projekt ging man vom Bugfahrwerk der Mi-24 ab und gab der Mi-28 ein Heckfahrwerk. Die Hauptfahrwerke waren einziehbar gestaltet, das Heckrad war starr montiert.

Die Cockpitanordnung erinnerte stark an die Mi-24. Im hinteren Cockpit saß wieder der Pilot, während im vorderen Cockpit der Bordschütze Platz nehmen sollte.

Der zweite Projektansatz sah vollkommen futuristisch aus. Er zeichnete ein Bild der Mi-28, das sich von allen anderen Hubschraubern der Welt dramatisch unterschied.

Bei diesem Entwurf erinnerte nur noch die Bugsektion entfernt an die Mi-24. Auch hier gab es getrennte Cockpits für Pilot und Bordschütze, die in ihrer äußeren Form an ein Mi-24-Cockpit erinnerten. Der Bordsektion schloss sich ein langer schlanker Rumpf an, der in einem Kreuzleitwerk, das an eine Do-335 erinnerte, endete. Wie beim Do-335-Heck gab es auch hier einen Druckpropeller.

Kurz hinter der Bugsektion schlossen sich an den schlanken Rumpf Tragflächen an. Diese waren keine Stummelflügel mehr, sondern vollwertige Tragflächen, die in Schulterdeckeranordnung am Rumpf befestigt waren. An den Tragflächenenden war jeweils ein Getriebe montiert. Oberhalb des Getriebes befand sich ein Rotor mit einem Durchmesser von 10,3 m. Unterhalb des Getriebes hatte man das Triebwerk angeordnet.

Von den Getrieben gingen Wellen zu einem Zentralgetriebe im Rumpf, das seinerseits über eine Fernwelle den Heckpropeller antrieb und eine Kraftverbindung zum Rotorgetriebe der anderen Tragfläche herstellte. So sollte die Mi-28 auch bei Ausfall eines Triebwerkes flugfähig bleiben.

Unter den Tragflächen gab es jeweils drei Pylone zur Aufnahme von Waffen oder Treibstoffzusatzbehältern. Das Hauptfahrwerk fuhr rückwärts in die Tragflächen ein, das Heckfahrwerk war starr montiert.

Von beiden Mi-28-Varianten wurden Attrappen hergestellt. Letztendlich entschied man sich für die erste Variante, da auch in den USA mit dem Hughes Modell 77 ein ähnlich konfigurierter Hubschrauber das Rennen im AAH-Wettbewerb machte.

1976 hatte man sich für das vorläufig endgültige Design der Mi-28 entschieden und am 16. Dezember 1976 erteilten das ZK der KPdSU und der Ministerrat der Sowjetunion einen Entwicklungsauftrag.

Am selben Tag bekam auch das OKB Kamow die Erlaubnis sein Projekt W-80 bis zum Prototypenstatus zu entwickeln. Aus dem Konkurrenzmodell W-80 sollte im Laufe der Zeit der

Mi-28N vor einer Mi-35M. (Foto: Anna Parchomenko Rostvertol PLC)

Feuerkampf mit Bordkanone. (Foto: Soldatkin via Rostvertol PLC)

(Foto: Anna Parchomenko Rostvertol PLC)

Kampfhubschrauber Ka-50 werden.

Im OKB Mil gingen die Arbeiten an der Mi-28 nun erst richtig los. Bis Ende 1977 hatte man sich mit den Zulieferern über die Größe und Leistungsfähigkeit der zu liefernden Komponenten weitgehend geeinigt. 1979 begannen die Arbeiten am endgültigen Design, das sich von der vormaligen Attrappe doch um einiges unterschied.

Im August 1980 begann der Bau der ersten beiden Prototypen, ohne dass das OKB zuvor die offizielle Bestätigung der endgültigen Attrappe durch Partei und Militär abwartete. Erst Ende 1981 gab die politische und militärische Führung grünes Licht. Da war der erste Prototyp halb fertig und die Zelle für die strukturellen Bruchversuche befand sich bereits in der Erprobung.

Im Juli 1982 war der erste Prototyp komplett fertiggestellt. Am 10. November desselben Jahres hob die Mi-28 zum ersten Mal ab. Am 19. Dezember wurde der erste richtige Flug über eine größere Distanz durchgeführt. Am 20. Dezember begann die staatliche Erprobung, die sich bis 1984 hinzog. Sie verlief so zufriedenstellend, dass der Minister für Flugzeugbau im

Februar 1984 anordnete das Hubschrauberwerk Arsenijew auf die Produktion der Mi-28 umzustellen. Die Serienproduktion sollte 1987 beginnen.

Bis dahin waren noch einige Verbesserungen an der Mi-28 notwendig, die bis zur ersten Serienversion Mi-28A umgesetzt werden mussten. 1986 erreichte die Mi-28 alle geforderten Flugparameter und übertraf sogar einige der gestellten Forderungen. Der Serienproduktion sollte eigentlich nichts mehr im Wege stehen.

Doch im Militär regte sich Opposition. Eine starke Kamow Lobby arbeitete daran die futuristische Ka-50 durchzusetzen und hatte Erfolg. Das Verteidigungsministerium stellte sich 1984 gegen das Flugzeugbauministerium und befahl die Umrüstung des Werkes Arsenijew auf die Produktion der Ka-50. Daraufhin begann im Werk Rostow am Don der Aufbau einer Mi-28-Fertigungslinie.

Im April 1986 fand ein Vergleichsfliegen zwischen Mi-28 und Ka-50 statt. Die Mi-28 siegte in allen Parametern. Die führenden Militärs bestanden trotzdem auf der Ka-50.

In Rostow am Don wurde 1987 die Serienfertigung der Mi-28A aufgenommen. 1988 stellte man den Hubschrauber der Weltöffentlichkeit bei der Pariser Luftfahrtausstellung in Le Bourget vor. Die Fachwelt war beeindruckt.

Die Wirren der Perestroika und der anschließende Zusammenbruch der Sowjetunion verhinderten die Umsetzung der geplanten Großserienfertigung. Dem Staat ging das Geld aus. Der Hubschrauberhersteller in Rostow geriet in eine kritische Lage.

1993 wurde die Mi-28A zu den Akten gelegt. Vergleiche mit westlichen Kampfhubschraubern hatten gezeigt, dass die Mi-28A in Bezug auf Nachtkampffähigkeit und Bordelektronik noch einiges aufzuholen hatte.

Deshalb wurde die Mi-28N entwickelt.

1996 entstand der erste Mi-28N-Prototyp. Im November desselben Jahres startete er zum Jungfernflug. Im April 1997 begann die staatliche Flugerprobung, die auch eine Erprobung im scharfen Schuss während des zweiten Tschetschenienkrieges beinhaltete. Auch hier zeigte sich die doppelsitzige Mi-28 der einsitzigen Ka-50 klar überlegen. Die Erprobung zog sich bis ins Jahr 2002. Dann erklärte der Kommandeur der Fliegerkräfte der Russischen Föderation die Mi-28N zum zukünftigen Standardkampfhubschrauber. 2003 wurde diese Zusage während der Moskauer Luftfahrtausstellung MAKS durch den russischen Präsidenten Putin bestätigt. Im März 2004 startete der erste Hubschrauber der Vorserie zum Erstflug. 2006 begann die offizielle Serienfertigung und die Einführung in die russischen Streitkräfte.

Für den Export wurde die Version Mi-28NE gefertigt. Diese Variante erhielt 2016 ihre Feuertaufe in den Händen irakischer Piloten bei der Bekämpfung radikal islamistischer Rebellen im sunnitischen Dreieck des Irak.

Viele Komponenten, die für die Mi-28, Mi-28A und Mi-28N entwickelt wurden hielten im Laufe der Zeit Einzug in die Mi-24-Familie. Dazu gehören Hauptrotor und x-förmiger Heckrotor, optische Geräte, stärkere Triebwerke und Waffensysteme, die ursprünglich für die Mi-28 entwickelt worden waren.

Code- und Spitznamen

Die Mi-24 bekam im Laufe der Jahre neben der offiziellen Typenbezeichnung etliche andere Namen verliehen. Einige davon sollen hier aufgezählt werden.

Als das Projekt eines Kampfhubschraubers spruchreif wurde, bezeichnete es Michail Leontjewitsch Mil als LBMP, als Letajuschtschaja Bojewaja Maschina Pechota (russ.: летающая боевая машина пехота), was so viel wie »fliegende Kampfmaschine der Infanterie« bedeutete.

Mitunter verwendete er auch den Begriff WBMP als Abkürzung für Wertoljotnaja Bojewaja Maschina Pechota (russ.: вертолётная боевая машина пехота), also »Hubschrauberkampfmaschine der Infanterie«.

Aus dem LBMP, bzw. WBMP wurde sehr bald W-24 (russ.: В-24), wobei das W für Wertoljot (russ.: вертолёт) d.h. Hubschrauber stand.

Hausintern wurde die W-24 stets als Mi-24 bezeichnet. Mi war das Kürzel für das Versuchskonstruktionsbüro Mil oder kurz OKB Mil. Oft wurde und wird im Westen das OKB Mil als Hersteller der Mi-24 angesehen, doch das ist nicht ganz richtig. In der Sowjetunion waren Konstruktionsbüros für Fluggeräte und die Herstellerwerke derselben organisatorisch voneinander getrennt. Es gab zwar durch langjährige Zusammenarbeiten enge persönliche Verflechtungen zwischen OKB und Herstellerwerk, doch letztendlich waren beide Seiten voneinander unabhängig.

Im sowjetischen Truppendienst wurde die Mi-24 zunächst als »Dwazat-tschet-werok« (russ.: двадцатьчетверок) bezeichnet. Man kann dies mit »Vierundzwanziger« übersetzen. Bei der zuerst in die Truppe eingeführten Version Mi-24A sprach man auch von der »Veranda« (russ.: веранда). Dieser Spitzname bezog sich auf das großflächig verglaste Pilotencockpit, das die unangenehme Eigenschaft hatte sich bei starker Sonneneinstrahlung wie ein Glashaus aufzuheizen.

Mit der Version Mi-24D bekam der Kampfhubschrauber seinen endgültigen Spitznamen. In der Truppe nannte man ihn gern das »Krokodil« (russ.: крокодил). Mit etwas Phantasie hatte der Rumpfbug der Mi-24D, von der Seite gesehen,

Mi-24A – Spitzname Veranda bei der GSSD in der DDR. (Foto: Aleksandr Puschkarew via www.16va_be)

Mi-24W – Spitzname Krokodil. (Foto: MLM via www.16va_be)

Vom afghanischen Feind wurde die Mi-24 Sheitan Arba genannt. Für die eigenen Truppen waren es »Krokodile« oder »Engel der Lüfte«. (Foto: US DoD)

durchaus gewisse Ähnlichkeiten mit einem Krokodilkopf. Die für gewöhnlich grüne Tarnbemalung des Hubschraubers erinnerte ebenfalls an das räuberische Reptil. Heute ist der Spitzname Krokodil von allen Seiten anerkannt und wird mit berechtigtem Stolz verwendet.

Für die kämpfende Truppe in Afghanistan waren die Mi-24-Kampfhubschrauber »Engel der Lüfte«, manchmal auch »Erzengel« oder »Racheengel«.

Die aufständischen Afghanen hassten die Mi-24 dagegen wie die Pest und sie fürchteten diesen Kampfhubschrauber ungemein. Sie gaben ihm den Namen »Sheitan Arba«, was so viel wie »Kriegswagen des Teufels« oder »Streitwagen des Teufels« bedeutet.

In den NVA-Landstreitkräften (LaSK) wurden für die Mi-24-Kampfhubschrauber gelegentlich die Bezeichnungen »Dragoner« oder »Husaren« verwendet. Wahrscheinlich gingen diese, nicht sehr weitverbreitete Spitznamen, auf die Traditionsnamen der Kampfhubschraubergeschwader »Adolf von Lützow« und »Ferdinand von Schill« zurück. Im allgemeinen Sprachgebrauch verwendete man die Bezeichnungen Mi-24 oder kurz »die 24«. Es hieß immer »die« Mi-24, nie »der« Mi-24. Einer alten Fliegertradition folgend war die Typenbezeichnung des Kampfhubschraubers Mi-24 »weiblich«. Das galt auch für alle anderen Flugzeuge und Hubschrauber in der DDR. Es waren stets »die MiG«, »die Susi«, »die Anna«, »die Mi-8« und natürlich auch »die 24«.

In Venezuela bekam die Mi-35M den Zusatznamen »Caribe«. Die Caribe waren ein kriegerischer Indianerstamm aus der vorkolumbianischen Zeit. Dieser Namen ist offiziell und ziert auch den Rumpfbug der Hubschrauber.

In Zypern nannte man die Mi-35P der Nationalgarde wegen ihrer nachtschwarzen Lackierung »Black Panthers«.

Bei der NATO wurde jedes sowjetische Fluggerät mit einem eigenen Codenamen versehen. Der erste Buchstabe des Namens kennzeichnete die Verwendung des Fluggerätes. Begann der Name mit einem B, dann war das Flugzeug ein Bomber, begann er mit F, dann war es ein Jäger oder Jagdbomber, begann er mit C war es ein Transporter und begann er mit M, dann hatte das Flugzeug irgendwelche anderen Aufgaben zu erfüllen und so weiter und so fort. Alle Codenamen, die mit H begannen kennzeichneten Hubschrauber.

Die Mi-24 erhielt den Codenamen »Hind«, was wie »Heind« ausgesprochen wurde. Das Wort Hind war wie alle Codenamen englischen Ursprungs und bedeutete ins Deutsche übersetzt Hirschkuh.

Um die einzelnen Versionen eines Flugzeug- oder Hubschraubertyps unterscheiden zu können hängte man nach einem Bindestrich einfach einen Großbuchstaben an. Dies erfolgte nicht in der Reihenfolge, wie die Maschinen in der Sowjetunion entwickelt wurden, sondern wie der Westen von ihrer Existenz Wind bekam.

Mi-24D der NVA, Spitznamen Husar, Dragoner, »Die 24«. (Foto: Rob Schleiffert)

Venezuelanische Caribe. (Foto: Sergio J. Padron A. via Rostvertol PLC)

Zypriotische Black Panther. (Foto: Rostvertol PLC)

Im NATO-Jargon wurde die Mi-24A als Hind-A bezeichnet. Logischerweise hätte die Mi-24B den Codenamen Hind-B bekommen müssen. Die Spionage des Westens versagte allerdings vollständig und die Existenz dieser Version des Kampfhubschraubers blieb lange verborgen. Stattdessen entdeckte die Spionage Mi-24-Varianten mit kurzem Cockpit, geraden Tragflächen und PALR-Startschienen am Rumpf. Diese Hubschrauber hielt man im Westen für eine neue Variante der Mi-24 und gab ihnen den Codenamen Hind-B. Dass es sich bei den als Hind-B bezeichneten Hubschraubern lediglich um frühe Prototypen und Vorserienmuster handelte erkannte man bei der NATO erst viel später.

Der Trainer Mi-24U wurde korrekt als neue Version eingestuft und fortan als Hind-C bezeichnet. Die Mi-24D wurde zur Hind-D gemacht, die Mi-24W zur Hind-E und die Mi-24P zur Hind-F. Den chemische Aufklärer Mi-24RChaR nannte man unerklärlicherweise Hind-G1 und den Gefechtsfeldaufklärer Mi-24K Hind-G2.

Die letzte in der Sowjetunion gebaute Mi-24-Version, die Mi-24WP, bekam den Codenamen Hind-H.

Anfangs, während der frühen Jahre des Kalten Krieges, hatte sich die Sowjetunion aus Geheimhaltungsgründen schwer getan offizielle Typenbezeichnungen für hochentwickelte Kampftechnik bekanntzugeben. Oftmals waren sogar die Tarnnamen der Waffensysteme absolut geheim, was dazu führte, dass Berichterstatter der Medien sich gezwungen sahen die Technik zu umschreiben. Diese Umschreibungen verrieten oft mehr über ein Waffensystem als es die Veröffentlichung der Typenbezeichnung oder des Tarnnamens je getan hätte. Da man die sowjetischen Typenbezeichnungen nicht kannte, behalf man sich bei der NATO mit oben beschriebenem Codenamensystem.

Später, als die Sowjetunion die Typenbezeichnungen nicht mehr geheim hielt, behielt die NATO das Codenamensystem trotzdem bei. Und das bis zum heutigen Tag. Allerdings ist es heute schwieriger die NATO-Codenamen zu erfahren als die offiziellen Typenbezeichnungen russischer oder chinesischer Fluggeräte.

Deshalb sind auch die NATO-Codes für die modernen Vertreter der Mi-24-Familie, wie der Mi-24PN und der Mi-35M unbekannt.

Diese Mi-24D ist im Flugzeugplatzmuseum Cottbus ausgestellt. (Foto: Normann)

Die Mi-24 im Detail

Die Mi-24 war ein zweimotoriger, gepanzerter Kampfhubschrauber mit Stummelflügeln, Einziehfahrwerk, sowie fünfblättrigem Hautrotor und drei-, bzw. vierblättrigem Heckrotor.

Zur Besatzung einer Mi-24 gehörten zwei Mann, Pilot und Bordschütze, wobei der Pilot im hinteren Cockpit saß und der Bordschütze in der vorderen Kabine Platz nahm.

Im Truppendienst erwies es sich als günstig die Besatzung um ein drittes Mitglied zu erweitern. Der dritte Mann hatte seinen Platz auf einer Art Schemel im sehr schmalen Durchgang zum Frachtraum und war als Bordmechaniker und/oder als Bordschütze vom Frachtraum aus tätig.

Die Mi-24 war eine Ganzmetallschalenkonstruktion. Die Bugsektion der Zelle nahm die Spanten 1N bis 6N in Beschlag. Sie beherbergte die Besatzung, die Cockpitausrüstung, das Bord-MG samt Munition, sowie die Lenk- und Steuerungstechnik der PALR. Bei den Versionen Mi-24A, Mi-24B und Mi-24U war die Besatzung in einer einzigen, großdimensionierten Kabine untergebracht. Sie war stark verglast und geräumig. Erstaunlicherweise waren die Sichtbedingungen nicht optimal, da die vielen Streben der Verglasung das Sichtfeld einschränkten und vermehrt Lichtreflexionen auftraten, die die Sicht zusätzlich beeinträchtigten. Pilot und Bordschütze saßen leicht seitlich versetzt, um eine bessere Sicht nach vorn zu gewährleisten. Trotzdem verdeckte der Borschütze dem Piloten einen Teil der Sicht nach vorn, außerdem waren die toten Winkel, bedingt durch die versetzte Platzanordnung ungewöhnlich groß. Deshalb wurde ab der Version Mi-24D ein zweigeteiltes Cockpit verwendet, das in der Höhe gestaffelt war und eine optimale Sicht für alle Besatzungsmitglieder ermöglichte. Zur Verbesserung der Sicht nach hinten konnten im Laufe der Zeit großdimensionierte Außenrückspiegel nachgerüstet werden.

Die Besatzung war durch Panzerglasscheiben vor einem frontalen Beschuss aus Handfeuerwaffen geschützt. Die Stärke der Panzerglasscheiben war so dimensioniert, dass sie aus 12,7-mm-Maschinengewehren abgefeuerten panzerbrechenden

Geschossen standhielten. Die Panzerglasscheiben konnten beheizt werden. Um sie von Regenwasser zu befreien gab es Scheibenwischer, die direkt vom Autobau übernommen wurden.

Die seitliche Cockpitverglasung bestand aus Plexiglas und war deshalb nicht schussfest. Versuche im Inneren des Cockpits zusätzliche Panzerglasscheiben einzubauen erwiesen sich in der Umsetzung als unpraktisch und wurden deshalb wieder eingestellt.

Seitlich wurde die Besatzung durch in die Außenbeplankung integrierte Panzerplatten in der Stärke von 8 mm geschützt. Die abgerundete, geschossabweisende Formgebung des Mi-24-Rumpfbugs erhöhte die Wirksamkeit des Panzerschutzes. Um den Schutz der Besatzung weiter zu verbessern waren auch die Cockpitsitze seitlich massiv und beschusshemmend ausgelegt. Im Kampfeinsatz in Afghanistan trug die Besatzung zusätzlich Schutzwesten und gepanzerte Helme.

Der Zugang zur Bordschützenkabine erfolgte über die auf der linken Seite nach oben zu öffnende Cockpithaube. Zwei sich selbständig durch Klappen verschließende Fußtritte ermöglichten dem Bordschützen ein schnelles und sicheres Einsteigen. Am Cockpitrahmen war ein massiver Lederhandgriff vorhanden, der als Hilfsmittel für das Ein- und Aussteigen des Bordschützen diente.

Der Außenspiegel ermöglichte die Beobachtung des sonst nicht einsehbaren rückwärtigen Bereichs. (Foto: Normann)

Cockpitsektion der Mi-24D mit geöffneten Einstiegen in die jeweiligen Cockpits. (Foto: Normann)

Scheibenwischer sorgten für freie Sicht bei Regen. (Foto: Normann)

Eine ausgebaute Panzerglasscheibe ausgestellt im Flugplatzmuseum Cottbus. (Foto: Normann)

Beobachtungs-und Steuergeräte für PALR. Leider fehlt die Optik. (Foto: Normann)

Optik (Foto: Artemenko via Mambour)

Das vordere Cockpit wurde durch das im direkten Sichtfeld des Bordschützen befindliche MG-Steuer- und Zielgerät KPS-53AW (russ.: КПС-53АВ) geprägt. Es wurde mit beiden Händen bedient und konnte das Bord-MG sowohl in vertikaler und horizontaler Ebene schwenken lassen. Ein Zielzeichen wurde dabei auf das stets in Laufrichtung zeigende Reflexvisier ASP-17W projiziert. Diese Lösung war nicht unbedingt optimal, da der Bordschütze, angeschnallt in seinem Sitz sitzend und zudem mit einem Helm ausgestattet, räumlich zu eingeschränkt war, um den gesamten Schwenkbereich der Waffe ausnutzen zu können. So blieb bei seitlicher Feuerführung oft nur der »Schuss aus der Hüfte«, verbunden mit dem Versuch die MG-Salve anhand der Leuchtspuren ins Ziel zu steuern. Ein Helmvisier wurde erst bei modernisierten und nach dem

Jahr 2004 neugebauten Mi-24-Varianten verfügbar.

Auf der rechten Seite befanden sich Beobachtungs- und Steuergeräte für die Verwendung der PALR, sowie die nachgerüsteten Bedienteile für die Leuchtköderwerfer. Im vorderen rechten Teil des Cockpits waren die Bedienelemente für den Einsatz der Bombenbewaffnung angeordnet. Die Bomben konnten einzeln, paarweise oder insgesamt abgeworfen werden. Ein Notabwurf war ebenso möglich.

Das vordere Cockpit war mit einem einfachen Satz Fluginstrumenten ausgerüstet und verfügte über einen Steuerknüppel (stick), einen Gassteigerungshebel (collective) und klein dimensionierte Fußpedale.

Mit Hilfe dieser Bedienelemente konnte der Bordschütze im Fall des Falles die Steuerung des Hubschraubers übernehmen. Die vordere Kabine war hermetisierbar und klimatisiert. Bei Außentemperaturen im Bereich von -50 bis +37°C ließen sich im Inneren des Cockpits angenehme bis erträgliche Temperaturen herstellen. Zur besseren Durchmischung der Luft in der Kabine gab es einen kleinen Propeller mit Gummiblättern. Für Flüge in Höhen größer 3.000 m war die Mi-24 mit

Steuergerät für PALR. (Foto: Normann)

Direkt im Blickfeld des Bordschützen befand sich das KPS-53AW Steuer- und Zielgerät für das Bord-MG. (Foto: Normann)

Am unteren rechten Bildrand ist das Bedienteil für den Leuchtköderwerfer zu sehen. (Foto: Normann)

Bedienteil Bombenwurf (Foto: Normann)

Nahaufnahme des Steuerknüppels des Bordschützen. (Foto: Normann)

einem Sauerstoffversorgungssystem via Atemmaske für die Besatzung ausgerüstet.

Das Pilotencockpit war durch eine auf der rechten Seite befindliche, massive und nach hinten öffnende Tür zu betreten.

Auch hier erleichterten automatisch schließende Fußtritte den Zugang zur Kabine. Bei der Mi-24P war unterhalb der Tür eine Leiste angebracht, die das aus den Kanonenverschlüssen austretende Feuer nach oben abblocken sollte.

Die Pilotenkabine war mit einem vollständigen Satz an Flug- und Navigationselementen ausgestattet, die die gesam-

Gassteigerungshebel (Collective) des Bordschützencockpits. (Foto: Normann)

Steuerknüppel (Stick) des Bordschützen. (Foto: Normann)

Die Fußpedale des Bordschützencockpits waren sehr klein dimensioniert. (Foto: Normann)

te Front vor dem Piloten ausfüllten. Diese Elemente waren als Rundinstrumente ausgeführt. Erst in modernen und modernisierten Cockpits kamen digitale Multifunktionsanzeigen zum Einsatz.

Im Sichtfeld des Piloten war das Reflexvisier PKW vorhanden. Mit Hilfe dieses Visiers zielte der Pilot beim Einsatz der ungelenkten Raketen und Kanonenbehälter, sowie beim Kanoneneinsatz in der Mi-24P. Das Visier PKW konnte ebenfalls als Zielhilfe für das bewegliche Bord-MG JakB verwendet werden. Dazu musste die Waffe allerdings in ihrer Nullstellung arretiert werden.

Ein HUD (Head-Up-Display) wurde erst bei modernisierten Mi-24 nachgerüstet. Bei modernen Varianten, wie der Mi-35M ist es heute Standard.

In der Pilotenkabine waren große Teile der Funkausrüstung (UKW und Kurzwelle), sowie die gesamten Anzeigen der Navigationsausrüstung, zu denen unter anderem die Funkkompasse ARK-15M und ARK-2U gehörten, vorhanden. Ins Auge fiel das große Anzeigetableau, in das eine Flugkarte eingelegt werden konnte, auf dem die aktuelle Position des Hubschraubers mittels eines Anzeigekreuzes dargestellt wurde. Dieses Anzeigetableau war mit der Dopplernavigationsanlage verbunden. In modernen Versionen wurde dieses Anzeigegerät durch farbige Multifunktionsdisplays ersetzt.

Cockpitzugangstür für den Piloten. (Foto: Normann)

Armaturenbrett der Mi-24D. (Foto: Normann)

Cockpitsektion einer zypriotischen Mi-35P. Die Leiste unterhalb der Cockpittür ist gut zu erkennen. (Foto: Rostvertol PLC)

Der Propeller mit Gummiflügeln ist ein typischer Bestandteil sowjetischer Cockpits. (Foto: Normann)

Modernes Cockpit in der Mi-35P Zyperns. (Foto: Rostvertol PLC)

TEST BAR
CHART BOUNDARY
RESERVE
SUM
LEFT ENGINE
ENGINES

Blick aus dem Cockpit der Mi-24D. Im Zentrum ist das Reflexvisier PKW zu sehen. (Foto: Normann)

Weitere Variante eines modernen Mi-35M-Cockpits. (Foto: Rostvertol PLC)

Modernes Cockpit in der Mi-35M Venezuelas. (Foto: Rostvertol PLC)

Head up Display in einer Mi-35P. Über dem HUD befindet sich die Anzeige des Radarwarngerätes SPO-15. (Foto: Rostvertol)

Blick auf halblinks. (Foto: Normann)

Zur Kommunikation zwischen den Besatzungsmitgliedern wurde die Bordsprechanlage SPU-8 eingesetzt. Im Cockpit war auch das Sprachinformationssystem RI-65 vorhanden. Dieses System warnte die Besatzung vor Bedrohungen, der Über- oder Unterschreitung von Flugparametern wie Über-

Blick auf die links vom Piloten angeordneten Bedienelemente. (Foto: Normann)

Bedienteil rechts vom Piloten, direkt im Einstiegsbereich gelegen. (Foto: Normann)

Anzeigen und Bedienelemente rechts vom Armaturenbrett. (Foto: Normann)

schreitung der Maximalgeschwindigkeit, gefährlicher Bodenannäherung, Überschreitung des Anstellwinkels usw. Die Warnmeldungen wurden von einer Frauenstimme, die mitunter auch sehr fordernd sein konnte, verkündet. In sowjetischen Hubschraubern stammte diese Stimme von einer damals sehr beliebten Fernsehansagerin, die auf den schönen Vornamen Natascha hörte. Im Pilotenjargon wurde deshalb das Sprachinformationssystem »Natascha« oder auch »nervende Nadja« genannt. Ähnliche Systeme waren ebenfalls in der MiG-29 und Su-27 vorhanden.

Zu den Warnsystemen gehörten auch der Freund-Feind-Kenner und das Radarwarngerät. In frühen Modellen war das SPO-10 vorhanden, das eine einfache Darstellung der Bedrohungslage gewährleistete. Ab der Mi-24W wurde das modernere SPO-15 verwendet, das eine viel genauere Einschätzung und Analyse der einfallenden Radarstrahlen ermöglichte.

Die Mi-24 war mit dem automatischen Hubschraubersteuerungssystem SAU-W24-1 ausgerüstet. Der zum System gehörenden Autopilot WUAP-1 ermöglichte die automatische Einhaltung von Flughöhe und -geschwindigkeit, sowie das automatische Fliegen einer Standschwebe.

Im Pilotencockpit waren die Bedienelemente für den Einsatz der ungelenkten Raketen angeordnet. Mit Hilfe des Ra-

Durchgang zum Frachtraum vom Pilotencockpit aus gesehen. (Foto: Normann)

Das Bord-MG JakB-12,7 war im ferngesteuerten Drehturm USPU-24 untergebracht. (Foto: US DoD)

ketenauslösegerätes PUS-32 konnte die Salvengröße zwischen 4, 8, 16, 32 und 64 ausgewählt werden. Der Pilot konnte die Raketenbehälter und die Startschienen der PALR im Notfall abwerfen. Ab der Version Mi-24D war auch der Pilot in der Lage den Bombenwurf vorzunehmen.

Die Pilotenkabine war mit dem Frachtraum verbunden. Dementsprechend war sie nur im Zusammenspiel mit dem Frachtraum hermetisierbar. Sie war klimatisiert. Auch in ihr war der für sowjetische Fluggeräte typische Gummipropeller vorhanden.

Die MG- bzw. Kanonenbewaffnung der Mi-24 war ebenfalls im Rumpfbug eingebaut. In der Version Mi-24A befand sich das MG direkt in der Rumpfnase. Bei den Versionen Mi-24D, W, WP und Mi-35M war die Bewaffnung in einem Drehturm direkt unter der Rumpfnase angeordnet. Der Drehturm USPU-24 war am Spant 1N befestigt und ermöglichte es die Waffe im horizontalen Bereich von -60° bis +60°, sowie vertikal von +20° bis -40° zu schwenken.

Bei der Mi-24P, und ihr nachfolgenden Versionen, befand sich die Bordkanone starr an der rechten Rumpfseite unterhalb der Cockpitverglasung.

Die Munition wurde bei der Mi-24A im Cockpit gelagert. Bei allen anderen Versionen befand sie sich in einem Munitionsmagazin unterhalb des Pilotencockpits.

Unter der Rumpfnase war in Flugrichtung gesehen rechts neben dem Drehturm des Bord-MGs das kreiselstabilisierte Ziel- und Beobachtungssystem der PALR untergebracht. Die darin befindlichen Optiken waren durch Schutzklappen vor Beschädigung geschützt. Bei Zielsuche und Waffeneinsatz mussten die Schutzklappen geöffnet werden.

Links neben dem Drehturm befand sich unter einer aerodynamischen Verkleidung die schwenkbare Antenne für die Funksteuerung der PALR.

Am Rumpfbug waren verschiedene Messinstrumente untergebracht. Dazu gehörten Staurohre zur Bestimmung der Fluggeschwindigkeit, die an einem Träger befestigten Anstell-

Montage der Bordkanone der Mi-24P von vorn gesehen. (Foto: Normann)

Montage der Bordkanone GScha-30-2K von hinten gesehen. (Foto: Rostvertol PLC)

winkelgeber, Antennen des Radarwarnempfängers und des Nahbereichsnavigationssystems SAU-24-1.

Unter dem Rumpfbug befand sich das halbeinziehbare Bugfahrwerk. Das Bugfahrwerk besaß hydropneumatische Stoßdämpfer, war steuerbar und doppelt bereift.

Es wurden Reifen der Größe 480 x 280 mm verwendet. Das Bugfahrwerk war am Spant 4N befestigt und fuhr nach hinten ein. Bei den Versionen Mi-24A und U war das Bugfahrwerk etwas kürzer ausgelegt. Bei den Versionen Mi-24PN und Mi-35M kam ein nichteinziehbares Bugfahrwerk zum Einsatz.

Das Hauptfahrwerk war vollständig einziehbar ausgelegt. Es wurde in den hinteren Teil des Rumpfes eingefahren, wobei

Beobachtungsgerät des Komplexes Raduga von vorn. Die Schutzklappen sind geschlossen. (Foto: Normann)

Das Beobachtungsgerät von der Seite gesehen. (Foto: Normann)

Grüne Abdeckungen waren bei der Mi-24D vorhanden. Schwarze Abdeckungen gab es ab der Mi-24W. (Foto: Normann)

es sich um 90° drehte. Ausnahmen waren auch hier die Versionen Mi-24PN und Mi-35M mit ihren starren Fahrwerken. Die Fahrwerksschächte wurden mit großdimensionierten Klappen verschlossen. Das Hauptfahrwerk war ebenfalls mit hydropneumatischen Stoßdämpfern ausgestattet.

Während das Bugfahrwerk ungebremst war, besaßen die Hauptfahrwerksräder voneinander unabhängige Bremsen. Am Boden wurde der Hubschrauber durch Betätigung der jeweiligen Bremse gesteuert. Das Hauptfahrwerk war mit Reifen der Größe 720 x 320 mm bestückt.

Der Radstand des Fahrwerks betrug 4,39 m, die Spurbreite 3,03 m.

Hinter dem Rumpfbug, der sich über die Spanten 1N bis 4N erstreckte, schloss sich der mittlere Teil der Hubschrauberzelle mit den Spanten 1-15 an. Er beherbergte die Frachtkabine, die Treibstofftanks, Triebwerke und Hauptgetriebe und etliches mehr.

Hauptfahrwerk. (Foto: Normann)

Das Bugfahrwerk der Mi-24 fuhr nach hinten ein. (Foto: Normann)

Aufschrift: 720x320 Modell Se (Foto: Normann)

Die Frachtkabine erstreckte sich über die Spanten 1-8. Sie war durch einen sehr schmalen Durchgang mit dem Pilotencockpit verbunden. In diesem Durchgang befand sich der Platz des Bordmechanikers.

Von außen war die Frachtkabine durch zwei großdimensionierte Klapptüren erreichbar. Die Klapptüren waren horizontal in der Mitte geteilt, wobei der obere Teil nach oben öffnete und der untere Teil nach unten aufging. An der Innenseite der unteren Türklappe war eine Leiste angebracht, die als Fußtritt zum leichteren Einsteigen Verwendung fand.

Die Frachtkabine hatte auf jeder Seite vier viereckige Fenster, die sich alle öffnen ließen. Unterhalb der Fenster waren hochklappbare Halterungen für Schützenwaffen angebracht. Die Halterungen dienten nicht nur der Befestigung der Kalaschnikows. Sie begrenzten auch den Richtbereich der Waffen, so dass eine Beschädigung des Hauptrotors durch eigenes Schützenwaffenfeuer verhindert wurde. Oberhalb der Fenster gab es Anschlüsse für flexible Schläuche, deren Adapter am Patronenauswurf eines Kalaschnikow Sturmgewehrs befestigt werden konnten. Über diese Leitung wurden Pulvergase abgesaugt und nach außen geführt.

Im Frachtraum konnten acht vollausgerüstete Soldaten Platz finden. Für sie gab es, je nach Ausstattung des Hubschraubers, zwei niedrige Bänke oder Sitze aus Segeltuch, die in der Mitte des Frachtraums befestigt waren. Die Sitze waren so angeordnet, dass vier Soldaten nach Backbord und die anderen vier nach Steuerbord schauten.

Die Sitzgelegenheiten konnten leicht ausgebaut werden. In

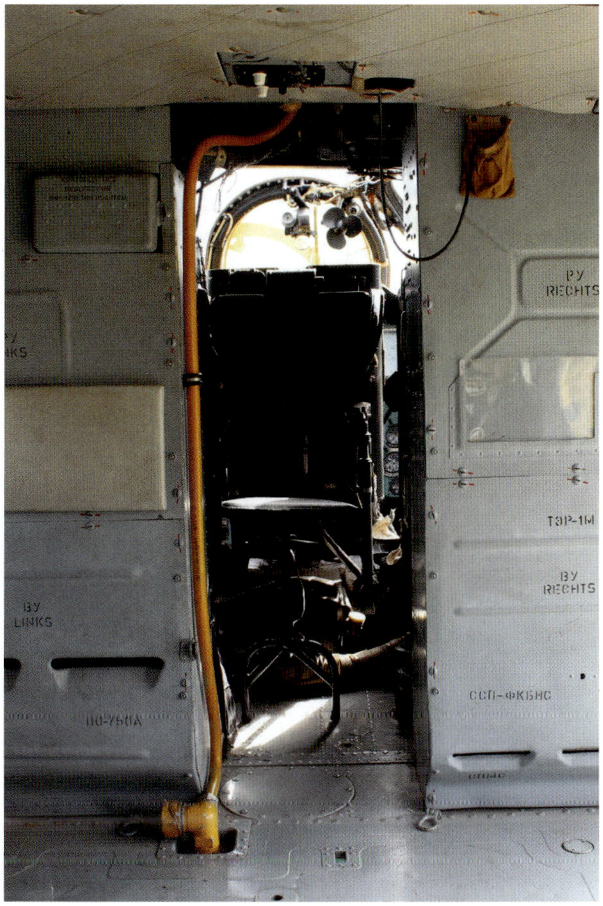

Durchgang zum Pilotencockpit vom Frachtraum aus gesehen. In diesem sehr engen Durchgang war der Sitz des Bordingenieurs angeordnet. (Foto: Normann)

Die Klapptüren waren horizontal zweigeteilt. (Foto: Normann)

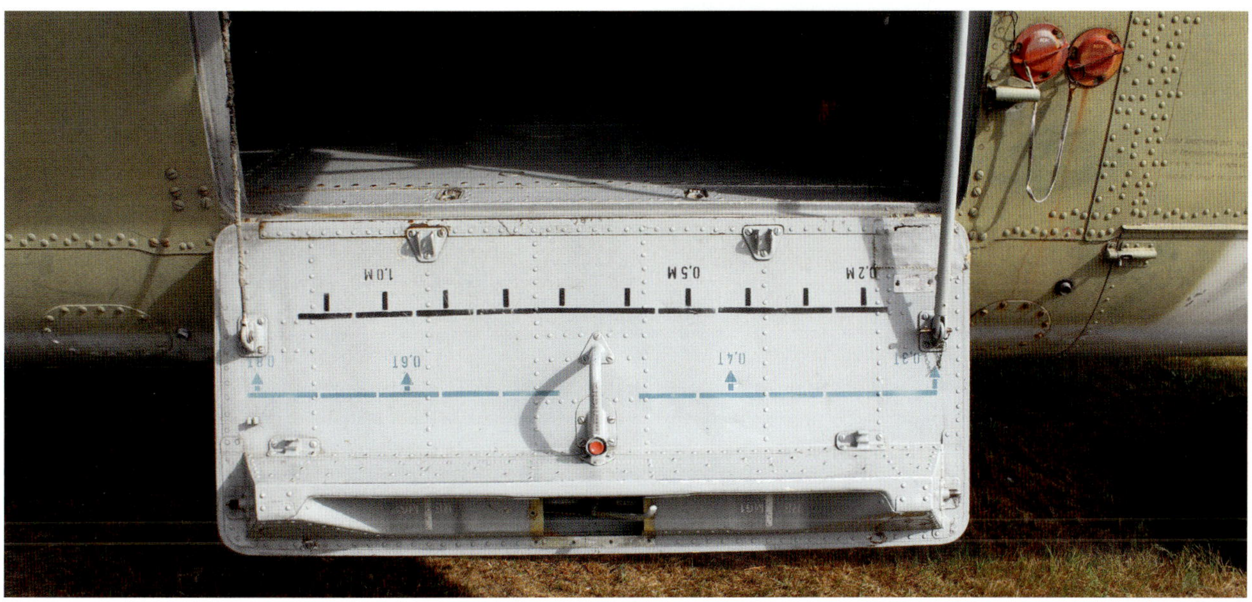

Eine Leiste erleichterte das Einsteigen. (Foto: Normann)

Die Türen waren beschusshemmend und deshalb recht dick. (Foto: Normann)

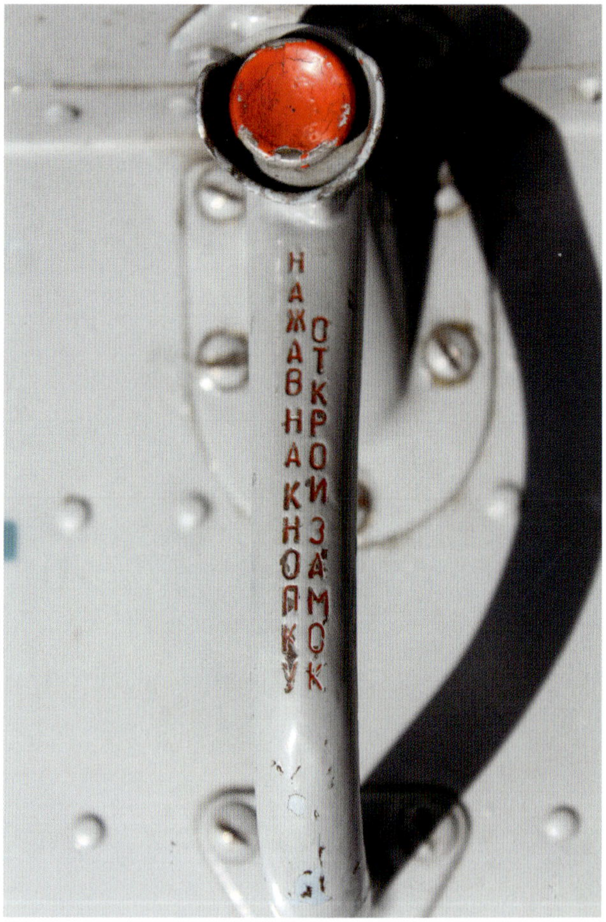

Zum Öffnen roten Knopf drücken. (Foto: Normann)

der Konfiguration als Sanitätshubschrauber gab es die Möglichkeit im Frachtraum der Mi-24 zwei Liegen in Form eines Doppelstockbettes einzubauen. Zusätzlich gab es Platz für zwei sitzend zu transportierende Verletzte und einen Sanitäter. Darüber hinaus war es möglich den Frachtraum so zu gestalten, dass vier liegend zu transportierende Verletzte mitgenommen werden konnten. Auf eine begleitende medizinische Kraft musste in der Variante allerdings aus Platzgründen verzichtet werden.

Für medizinische Zwecke war es möglich zwei zusätzliche Sauerstoffflaschen im Frachtraum unterzubringen.

Im Frachtraum konnte auch Fracht bis zu einer Gesamtmasse von 1.500 kg transportiert werden. Zur genauen Platzierung des Frachtgutes waren im Frachtraum Markierungen angebracht und Möglichkeiten zum Verzurren der Ladung vorhanden.

In der Überführungsvariante wurde der Frachtraum bei den Versionen Mi-24A bis D durch zwei Treibstofffässer mit je

Frachtraum mit Sitzbänken. (Foto: Rostvertol PLC)

Die Frachtkabine besaß viereckige Fenster, die sich öffnen ließen. (Foto: Normann)

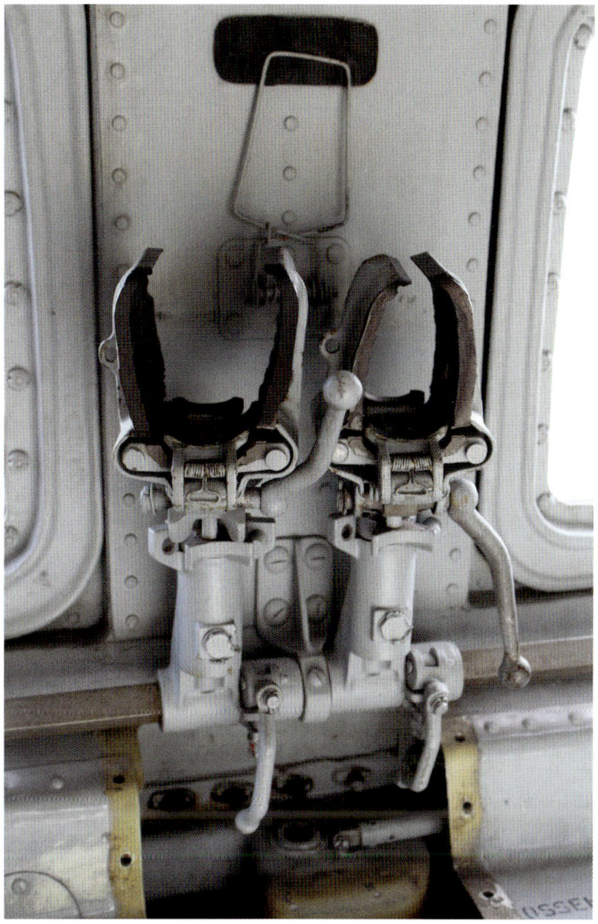

Halterungen für Schützenwaffen. (Foto: Normann)

Oben: Schützenwaffen in Position. (Foto: Rostvertol PLC)

Links: Polnische Mi-24D in Afghanistan mit MG PK im Fenster. (Foto: US DoD)

Sanitätsvariante des Frachtraums. (Foto: Rostvertol)

815 oder 850 Liter Fassungsvermögen belegt. Ab der Mi-24W war das nicht mehr nötig, da die modernen Versionen Zusatzbehälter an den Stummelflügeln mitführen konnten. Trotzdem konnten auch in den moderneren Mi-24-Versionen im Frachtraum ein oder zwei Treibstoffzusatzbehälter eingebaut werden.

Abweichend vom oben erwähnten wurde der Frachtraum bei der chemischen Aufklärungsvariante Mi-24RChaR zur Unterbringung eines Analyselabors mit Arbeitsplätzen für zwei Missionsspezialisten verwendet.

Bei den Gefechtsfeldaufklärern Mi-24K war im Frachtraum eine große Luftbildkamera untergebracht. Dieser Variante fehlte die rechte Einstiegstür. An ihrer Stelle gab es ein vergrößertes Fenster durch das die Kamera ihre Aufnahmen machte.

Unterhalb des Frachtraums befanden sich zwei große Treibstoffbehälter. Sie bestanden aus flexiblem, textilverstärktem Gummi mit einer eingearbeiteten Schwellschicht. Kam diese Schwellschicht nach einem Durchschuss mit Treibstoff in Kontakt begann sie augenblicklich aufzuquellen und verschloss auf diese Weise das entstandene Leck. Weitere Treibstoffbehälter befanden sich hinter der Laderaumrückwand und hinter dem Hauptgetriebe. Sie waren ebenfalls selbstversiegelnd ausgelegt. Insgesamt wurden 2.125 Liter Treibstoff in fünf flexiblen Tanks mitgeführt.

Um die Überlebensfähigkeit im Kampf zu erhöhen und einem Brand vorzubeugen konnten die Tanks mit Kohlendioxid befüllt werden. Diese Aufgabe übernahm des »System des neutralen Gases«, indem Kohlendioxid

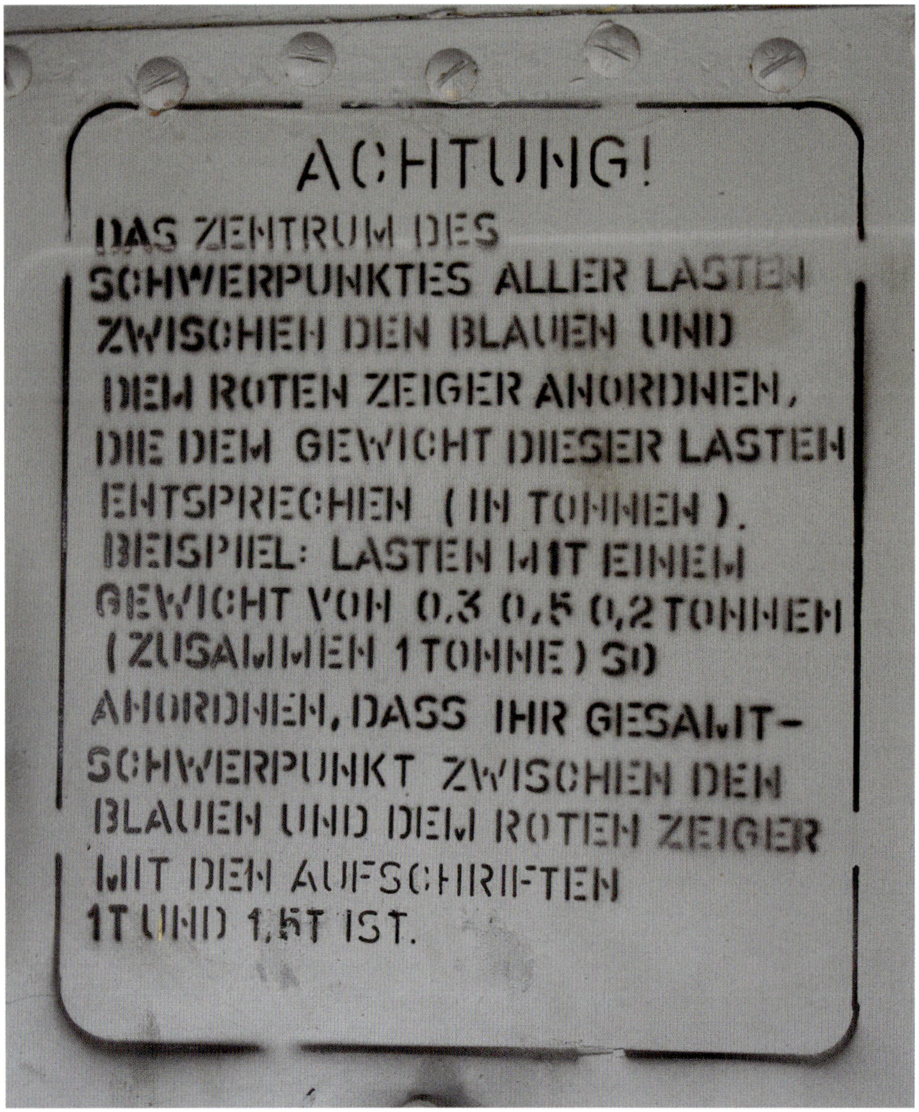

Ladehinweis (Foto: Normann)

in die sich während des Fluges langsam entleerenden Tanks gepresst wurde und so dem Entstehen eines potenziell explosiven Gemisches aus Treibstoffdämpfen und Sauerstoff entgegenwirkte.

Die Mi-24 hatte, wie fast alle sowjetischen Flugeräte ihrer Zeit, eine Farbkodierungssystem für Leitungen und Rohrverbindungen. So waren Treibstoffleitungen gelb eingefärbt, Motor- und Getriebeölleitungen waren braun, Hydraulikleitungen hatten eine hellgrau-blaue Farbe, Druckluftleitungen waren schwarz und alles was mit dem Feuerlöschsystem zu tun hatte war rot angemalt.

Oberhalb des Frachtraumes befanden sich die beiden nebeneinander angeordneten Triebwerke, die Starthilfsturbine und das Hauptgetriebe.

Als Triebwerke kamen je nach Hubschrauberversion verschiedene Varianten des TW3-117 zum Einsatz. Die jeweils etwa 285 kg wiegenden luftgekühlten Triebwerke hatten einen zwölfstufigen Axialverdichter mit automatisch verstellbaren Schaufeln des Vorleitschaufelkranzes. Die ersten vier Stufen der Leitschaufeln waren ebenfalls automatisch verstellbar. Dem Axialverdichter schloss sich eine Ringbrennkammer mit zwölf Einspritzdüsen an. Der Ringbrennkammer folgte eine Turbine, die über eine Welle als Antrieb für den Axialverdichter diente. Ihr nachgeordnet war eine zweite Turbine, die über eine zum Hauptgetriebe gehende Welle die eigentliche Leistung für den

Blick in den Frachtraum einer Mi-24K und auf die Aufklärungskamera AFA-100. (Foto: Artemenko via Mambour)

Analysestation der Mi-24RChaR. (Foto: Artemenko via Mambour)

Antrieb lieferte. Beide Turbinen waren nicht fest miteinander verbunden, sondern gasdynamisch miteinander gekoppelt.

Die Abgase wurden nach dem Durchlaufen der Turbine nach außen abgeleitet. Da heiße Abgase ein ideales Ziel für infrarotgelenkte Raketen abgaben, wurden ab 1984 die Triebwerksauslässe so modifiziert, dass ein System zur Abschirmung und Kühlung der Abgase montiert werden konnte. Dieses ÄWU genannte System bestand aus großen Kästen, in denen die heißen Abgase mit der kühleren Umgebungsluft ge-

Die beiden Triebwerke sind oberhalb des Frachtraums angeordnet. Ihre Lufteinläufe werden durch Staubkappen geschützt. (Foto: Rostvertol PLC)

mischt und dann in den Rotorsturm des Hauptrotors abgegeben und verwirbelt wurden.

Im Bereich der Triebwerke waren Brandmeldesensoren positioniert, die bei Ausbruch eines Feuers ein Feuerlöschsystem aktivieren konnten. Die Löschmittel wurden in Druckflaschen, welche in der Nähe des Hauptfahrwerks untergebracht waren, aufbewahrt.

Da die Triebwerke der TW3-117-Serie nicht eigenstartfähig waren, befand sich oberhalb des Triebwerksblocks eine Hilfsturbine des Typs AI-9W. Sie diente als Starter für die TW3-117-Triebwerke.

Die Triebwerksabdeckungen waren wie bei allen modernen Mil Hubschraubern als Arbeitsplattformen ausgelegt. Sie konnten zur Seite aufgeklappt werden und ermöglichten einen ungehinderten Zugang zu den Triebwerken. Sie waren so massiv, dass sie von Mechanikern problemlos betreten werden konnten.

Bei der Mi-24 waren in die Triebwerksabdeckungen 8 mm starke Panzerungselemente eingearbeitet, was eine hohe Überlebensfähigkeit im Falle von Handfeuerwaffenbeschuss gewährleistete. Die Staubkappen vor den Triebwerkseinläufen waren ebenso gepanzert.

Den Triebwerken schloss sich das Hauptgetriebe an. Es leitete das von den Triebwerken erzeugte Drehmoment über Zwischenschritte zum Hauptrotor und über eine Welle zum Heckrotor. Es war so massiv ausgelegt, dass es für eine gewisse Zeit den Betrieb mit nur einem Triebwerk aushalten konnte.

Schattenspiele. Afghanische Techniker arbeiten am Triebwerk. (Foto: US Army Cecilio M Ricardo Jr)

Rotorkopf des Mi-24-Hauptrotors. (Foto: Normann)

Der Hauptrotor der Mi-24 war direkt vom Hauptrotor der Mi-8 abgeleitet worden. Er besaß fünf Tragschraubenblätter, die mit Schlag- und Schwenkgelenken, sowie mit Schwenkdämpfern und automatisch verstellbaren Schlagwinkelanschlägen ausgestattet waren. Die Drehrichtung des Hauptrotors war von oben gesehen im Uhrzeigersinn, d.h. entgegengesetzt zur Drehrichtung westlicher Helikopter.

Die Tragschraubenblätter konnten elektrisch enteist werden. Sie waren so ausgelegt, dass sie einen Beschuss aus Handfeuerwaffen überstehen konnten. Dazu bestanden sie aus einer Aluminiumstruktur, die aus einzelnen Segmenten zusammengesetzt waren. Jedes Segment war mit einer Wabenstruktur gefüllt. 18 Segmente hintereinander bildeten ein Rotorblatt. Zur besseren Erkennbarkeit von Rissbildungen an den Rotorblättern waren die Holme der Blätter mit Druckluft befüllt.

Der Hauptrotor war in seiner Achsausrichtung um 2,3° nach rechts geneigt. Diese Anordnung sollte einen ruhigeren

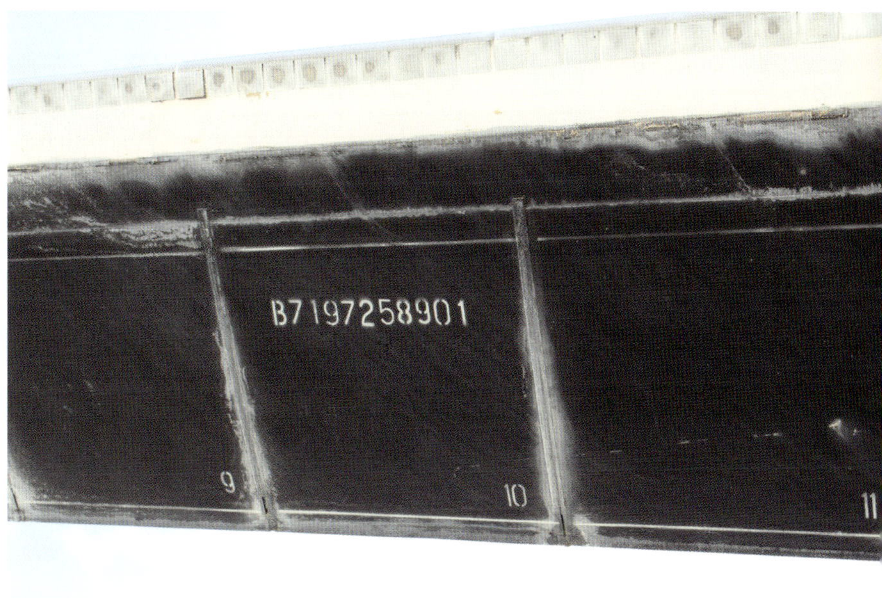

Segmente des Hauptrotors. (Foto: Normann)

Flug und ein einfacheres Zielen beim Schießen mit ungelenkten Raketen und starren Bordwaffen ermöglichen. Die Hauptrotornabe war mit einer Rotorbremse ausgestattet, die ein langes Nachlaufen des Rotors bei ausgeschalteten oder ausgekuppelten Triebwerken verhindern sollte.

Bei der Mi-35M wurde der neuentwickelte Hauptrotor der Mi-28 verwendet. Rotorkopf und -nabe bestanden aus Titan, die Tragschraubenblätter waren aus Glasfaserverbundwerkstoffen gefertigt. Der Rotor wurde dadurch leichter und widerstandfähiger. Er soll sogar noch nach Treffer aus 30-mm-Waffen flugfähig bleiben.

Beiderseits des Rumpfes war die Mi-24 mit Stummelflügeln ausgestattet. Sie dienten einerseits als Auftriebshilfen zur Entlastung des Hauptrotors, andererseits waren sie zum Transport der Waffen vorgesehen.

Die Stummelflügel waren im hinteren Teil der Zelle hinter und oberhalb des Frachtraums angebracht. Sie hatten eine negative V-Stellung von -12° und einen Anstellwinkel von 19°. Die Vorderkantenpfeilung der Stummelflügel betrug 8,5°. Der von den Stummelflügeln generierte Auftrieb konnte je nach Fluggeschwindigkeit bis zu 25% des Gesamtauftriebs erzeugen. So konnte die Belastung des Hauptrotors verringert, seine Lebensdauer verlängert und die Manövrierfähigkeit des Hubschraubers erhöht werden. Die Stummelflügel bestanden aus einer selbsttragenden Ganzmetallstruktur, die sich auf neun Holme abstützte.

Unter den Stummelflügeln waren jeweils zwei massive Pylonen vorhanden.

Sie konnten Waffen mit einer Gesamtlast von 1.500 kg aufnehmen. Die inneren Pylonen waren für maximal 500 kg zugelassen, die äußeren Pylonen für jeweils 250 kg. Beladen werden konnten sie mit Freifallbomben, Brandmittelbehältern, Schüttwaffensystemen, Kanonenbehältern, ungelenkten Raketen und Raketenbehältern. Ab der Version Mi-24W waren die Pylonen »nass« ausgelegt, d.h. sie konnten Treibstoffzusatzbehälter tragen. Jeder Zusatzbehälter hatte eine Kapazität von 425–450 Liter.

Die äußeren Pylonen konnten ab der Version Mi-24W-Doppelstarter für PALR tragen. Versuche

Rotorblatt des Hauptrotors. (Foto: Normann)

Stummelflügel der Mi-24 von vorn. (Foto: Parchomenko Rostvertol PLC)

Stummelflügel von der Seite gesehen. (Foto: Normann)

mit Vierfachstartern wurden in den 80er-Jahren durchgeführt. Bei den Versionen Mi-24PN und Mi-35M gehörten Vierfachstarter für PALR zur Standardausstattung. Achtfachstarter für PALR Ataka-W waren ebenfalls möglich. Einige wenige Mi-24 der sowjetischen Streitkräfte waren mit Startschienen für R-60M-Luftkampfraketen ausgerüstet. Exportiert wurde diese Konfiguration jedoch nicht. Stattdessen modifizierte man die PALR-Starter so, dass sie auch für tragbare Fla-Raketen des Typs Igla nutzbar waren. Mit der Mi-35M erschienen auch spezielle Sechsfachstarter für Igla.

Am linken Stummelflügel befand sich eine Schießkamera. Bei älteren Versionen war sie am inneren Pylon platziert, ab der Mi-24D wurde sie über dem Endpylon montiert. Bei später gebauten Mi-24 war sie gar nicht mehr vorhanden.

Zur Verbesserung der Kursstabilität waren die Tragflächenenden der Stummelflügel nach unten herabgezogen. An diesen Endpylonen waren die abwerfbaren Doppelträger für PALR montiert.

Bei der chemischen Aufklärungsvariante Mi-24RChaR waren die PALR-Starter durch schaufelförmige Grabvorrichtungen zum Sammeln von Bodenproben ersetzt worden.

Blick aus dem Pilotencockpit auf die Schießkamera. (Foto: Normann)

Mi-24A-Stummelflügel mit UB-32-Raketenbehältern und PALR Falanga. Die Schießkamera wurde über dem inneren Pylon platziert. (Foto: Wiki Maarten Dirkse)

Die Stummelflügel brachten nicht nur den Vorteil, dass sie die Tragschraube im Vorwärtsflug entlasteten und so deren Lebensdauer verlängerten, sondern verursachten auch das Problem, dass sie einen Teil des Auftriebs beim Langsamflug oder in der Standschwebe »vernichteten«. Deshalb wurde mit verkürzten Stummelflügeln experimentiert, die bei modernen Versionen wie der Mi-24PN und Mi-35M zum Einsatz kamen. Die verkürzten Stummelflügel besaßen nur noch zwei Pylonen, jedoch keine herabgezogenen Tragflächenenden mehr. Die Pylonen waren nun alle in der Lage Vierfachstarter für PALR mitzuführen.

Nochmals verkürzt wurden die Stummelflügel bei der zivilen Mi-24PS für den russischen Katastrophenschutz. Sie hatten nur noch Platz für einen Pylon pro Tragfläche, der in der Regel für Treibstoffzusatzbehälter genutzt wurde.

Ab der Version Mi-24W wurden im Laufe der Serienfertigung Werferkassetten für Infrarotköderpatronen beiderseits des Rumpfhecks montiert. In der Regel wurden dort drei Kassetten pro Seite verbaut, wobei es Varianten mit und ohne aerodynamische Verkleidung gab.

Oberhalb des Rumpfhecks wurde ab der Version Mi-24W, bei laufender Serienproduktion, eine Plattform eingeführt, die ein aktives Infrarotstörsystem (Lipa, Ispanka) tragen sollte. Das Infrarotstörsystem erwies sich im Afghanistanfeldzug so erfolgreich, dass ältere Mi-24-Modelle mit diesem System nachgerüstet wurden.

Moderne Mi-35M wurden mit Sensoren zur Erfassung von Raketenstarts ausgerüstet. Die Sensoren reagierten auf den Startblitz des Raketenabschusses und gaben eine Warnung

Gekürzter Stummelflügel moderner Mi-24-Versionen. (Foto: Rostvertol PLC)

an die Besatzung weiter, die nun ihrerseits Gegenmaßnahmen auslösen konnte. Das System war auch so einstellbar, dass der Bordrechner automatisch nach Eingang der Warnmeldung Gegenmaßnahmen einleitete.

Unter dem Rumpf der Mi-24 gab es einen Aufhängepunkt an dem Gehänge für den Transport von Außenlasten bis zu einem Maximalgewicht von 2.000 kg (2.400 kg bei Mi-35M) angebracht werden konnten

An den Rumpf schloss sich der abnehmbare Heckausleger an. Er hatte einen elliptischen Querschnitt und wurde von elf Spanten gestützt. Er ging in eine Heckflosse mit einem Pfeilwinkel von 42,3° über.

Diese Heckflosse war aerodynamisch so geformt, dass sie beim Vorwärtsflug einen bedeutenden Teil des vom Hauptrotor erzeugten Drehmoments ausglich und so den Heckrotor entlastete. Bei Maximalgeschwindigkeit erzeugte die Heckflosse Zweidrittel und der Heckrotor ein Drittel des notwendigen Drehmomentausgleichs. Der Heckrotor war bei der Mi-24A

Die Leuchtköderwerfer dieser Mi-24P sind aerodynamisch verkleidet. Das Infrarotstörgerät Ispanka trägt eine Schutzkappe zum Schutz vor Beschädigungen. (Foto: Normann)

zunächst auf der rechten Seite der Heckflosse montiert und arbeitete als Druckrotor. Bereits die letzten Produktionslose der Mi-24A erhielten eine veränderte Heckflosse mit dem Rotor auf der linken Seite, wobei auch die Drehrichtung des Rotors umgekehrt wurde. Der neue Heckrotor arbeitete fortan als Zugrotor direkt im Rotorstrom des Hauptrotors und war deshalb effektiver. Der Heckrotor war als Dreiblattrotor ausgelegt. Im Aufbau war er dem Hauptrotor ähnlich, allerdings bestanden seine Segmente hauptsächlich aus Glasfaserkunststoffen. Genau wie der Hauptrotor konnte auch der Heckrotor elektrisch enteist werden.

Leuchtköderwerfer ohne aerodynamische Verkleidung an einer russischen Mi-35M. (Foto: Rostvertol PLC)

Oben: Heckausleger einer venezuelischen Mi-35M mit diversen Antennen. (Foto: Sergio J. Padron A. via Rostvertol PLC)

Links: Andere Anordnung der Kassetten des Leuchtköderwerfers ohne aerodynamische Verkleidung. (Foto: Rostvertol PLC)

Die aerodynamisch geformte Heckflosse der Mi-24. (Foto: Normann)

Dreiblättrige Heckrotoren wurden bei den meisten Mi-24-Versionen verwendet. (Foto: Normann)

X-förmiger Heckrotor der Mi-35M. (Foto: Rostvertol)

Bei der Mi-35M wurde der x-förmige vierblättrige Heckrotor der Mi-28 verbaut. Die ungewöhnliche Form dieses Heckrotors, die außer bei der Mi-28 nur noch bei der amerikanischen AH-64 Apache anzutreffen ist, sollte den Geräuschpegel senken. Die Reduktion des Fluglärms des Hubschraubers, der zu großen Teilen durch den Heckrotor generiert wurde, verringerte die Distanz, aus der eine Mi-35M gehört werden konnte.

Unter der Heckflosse der Mi-24 befand sich ein massiver Notsporn, der ein Aufschlagen des Heckträgers und eine fatale Bodenberührung des Heckrotors bei Start und Landung verhindern sollte.

Beiderseits des Heckauslegers befanden sich zwei Stabilisatoren, die der Verbesserung der Längsstabilität des Hubschraubers dienten. Sie waren steuerbar und bewegten sich synchron mit dem Gassteigerungshebel (Collective).

Die Steuerung der Mi-24 erfolgte über Steuergestänge und Steuerseile. Zur Reduzierung des Kraftaufwands bei der Steuerung waren Hydraulikkraftverstärker vorhanden. Quer- und Längssteuerung der Mi-24 waren trimmbar gestaltet. Die Seitensteuerung besaß einen Pedaldämpfer.

Auf dem Heckausleger befanden sich Funkantennen. An der Unterseite waren die Antennen für den Funkhöhenmesser und das Dopplernavigationssystem montiert.

Der Notsporn sollte eine Bodenberührung des Heckauslegers vermeiden helfen. (Foto: Normann)

Die beiden Stabilisatoren waren beweglich. (Foto: Normann)

Ein Viererblock für Signalraketen war ebenso von Anfang an vorhanden.

Nachgerüstet wurden dagegen die Werferkassetten für Infrarotköder. Sie wurden mit Spannbändern am Ende des Heckauslegers befestigt. Zunächst gab es zwei Kassetten von denen eine nach links und die andere nach rechts feuerte. Später wurde die Zahl der Kassetten auf vier erhöht, wobei hier jeweils zwei in besagte Richtungen schossen.

Mit dem serienmäßigen Einbau von Störkörperwerfern am Rumpfheck ab der Mi-24W wurde die Nachrüstung von Kassetten am Heckausleger überflüssig.

Nachgerüsteter Leuchtköderwerfer einer Mi-24D. (Foto: Sammlung Normann)

Die kreisrunden Gebilde an der Unterseite des Heckauslegers sind die Antennen des Funkhöhenmessers. (Foto: MLM via Mambour)

Antennenanordnung bei der Mi-24D. (Foto: Normann)

Antennenanordnung bei einer tschechischen Mi-24W. (Foto: Normann)

Antennenanordnung bei einer Mi-35 Venezuelas. (Foto: Padron via Rostvertol PLC)

Funkausrüstung

Die Funkausrüstung der Mi-24D bestand aus den Flugfunkstationen R-863 und Karat-24. Darüber hinaus war die Notrufempfangsstation R-852 vorhanden und in der Rettungsausrüstung der Piloten gab es die Notruffunkstation R-855UM.

Die **R-863** wurde für Funksprechverbindungen im quasioptischen Bereich genutzt. Die Station arbeitete in den Frequenzbändern 100 bis 150 MHz (Mittelwelle AM) und 220 bis 400 MHz (Ultrakurzwelle FM), wobei der Kanalabstand 25 kHz betrug. Es ließen sich insgesamt 9.200 Kanäle anwählen, von denen 20 in der Funkstation voreingestellt werden konnten.

Das Umschalten von einem zum anderen Kanal dauerte etwa anderthalb Sekunden.

Die Reichweite der Funkstation war von der Flughöhe des Hubschraubers abhängig.

Die R-863 beinhaltete auch einen Notrufempfänger, der auf die internationale Notruffrequenz 121,5 MHz eingestellt war. Die Funkantenne befand sich als Blattantenne auf dem Heckausleger des Hubschraubers.

Das Funksystem **Karat-24** war für die Kommunikation im Mittel- und Langwellenbereich vorgesehen. Karat-24 arbeitete im Frequenzband von 2 bis 10,1 MHz, wobei der Kanalabstand 1 kHz betrug. Es konnten 8.100 Kanäle angewählt werden. Bei dieser Funkstation war nur ein Kanal vorabstimmbar. Die Sendeleistung der Karat-24 war dreimal so hoch wie die der R-863, dafür dauerte das Umschalten von Kanal zu Kanal etwa fünf Sekunden.

Als Antenne wurden zwei Drahtantennen vom Rumpf zu den Stabilisierungsflächen am Heckträger verwendet.

Die Funkstation für Notrufe **R-852** war Bestandteil des VHF-Funkkompasses AKR-U2. Sie war auf die internationale Notruffrequenz 121,5 MHz eingestellt, konnte aber auch auf andere Frequenzen abgestimmt werden. Die Station R-852 hatte eine eigene Funkantenne (hintere Blattantenne) auf dem Heckausleger der Mi-24, nutzte aber gleichzeitig auch die Antenne der Flugfunkstation R-863 (vordere Blattantenne).

In der persönlichen Ausrüstung der Piloten befand sich die Notfunkstation **R-855UM**. Sie stellte eine Notfunkverbindung zwischen Piloten eines in Not geratenen Hubschraubers und den Suchkräften her und sendete auf der internationalen Notfrequenz 121,5 MHz. Für Übungszwecke nutzte man Geräte, bei denen die Frequenz auf 121,7 MHz eingestellt war.

Insgesamt konnten vier fest eingestellte Frequenzen zur Kommunikation mit den Suchkräften genutzt werden. Die Reichweite der R-855UM war von der Flughöhe der Suchhubschrauber und den topographischen Gegebenheiten abhängig. Sprechfunkverbindungen konnten im Idealfall bis zu einer Distanz von 45 km über Land und 50 km über See hergestellt werden.

Sprechfunkverbindungen zwischen zwei R-855UM konnten in der Regel Distanzen zwischen 3 bis 5 km auf See und etwa 1 km an Land überbrücken. Bei Verwendung einer 8 m langen Mastantenne waren auch Funkgespräche bis zu 10 km möglich.

Damit die Suchkräfte den Standort der in Not geratenen Piloten anpeilen konnten sendete die Notfunkstation ein Dauersignal.

R-855UM war wasserdicht und stoßsicher verpackt. Die Station arbeitete bis zu einer Eintauchtiefe von 1 m im Wasser.

Radiokompass

Der automatische Radiokompass ARK-15, auch Funkkompass genannt, war eine einfache Funknavigationsanlage, deren Anzeige die Richtung zu einem ungerichteten Funkfeuer angab. Mit Hilfe des ARK-15 konnten Mittelwellensender, egal ob Funkfeuer, Funkmarker, Notfunkstationen oder kommerzielle Radiostation angepeilt werden. Der anpeilbare Frequenzbereich lag bei 1,5 bis 180 MHz.

Mit Hilfe des ARK-15 konnte die Mi-24-Besatzung den Kurs direkt auf das Funkfeuer setzen, oder mit Hilfe des Anpeilens mehrerer Funkfeuer die eigene Position im Gelände triangulieren, d.h. kreuzpeilen.

Das Anzeigegerät des ARK-15 war in der Pilotenkabine der Mi-24D untergebracht.

Anzeigegerät des Radiokompass in einer Mi-24D. (Foto: Normann)

Der Funkkompass ARK-2U wurde hauptsächlich für SAR-Aufgaben verwendet, d.h. das Suchen, Auffinden und Retten in Not geratener Besatzungen. Er arbeitete im Frequenzbereich von 100 bis 150 MHz und war mit der Flugfunkstation R-852 zusammengeschaltet.

Funkhöhenmesser und Dopplernavigationssystem

Die Mi-24 waren mit einem Funkhöhenmesser RW-5 ausgerüstet. Die Antennen, des im Dauerstrichverfahren arbeitenden Gerätes, waren an der Unterseite des Heckauslegers montiert. Anhand der gemessenen Zeitdifferenz zwischen Aussendung des Radarsignals und des Empfangs seiner Reflexion vom Erdboden konnte die genaue Flughöhe über Grund bestimmt und angezeigt werden. Durch die Auswertung des Dopplereffektes wurden durch das Dopplernavigationssystem DISS-15 zudem die Fluggeschwindigkeit und der Abdriftwinkel ermittelt. So war es möglich, ausgehend von einem bekannten Punkt, eine genaue Navigation anhand der tatsächlich durchgeführten Flugbewegungen über Grund durchzuführen.

Aus den erhaltenen Werten für Flughöhe, Fluggeschwindigkeit und Kurswinkel wurde die aktuelle Position des Hubschraubers errechnet und mit Hilfe eines Zeigersystems (Fadenkreuz) auf einem Anzeigegerät im Pilotencockpit dargestellt.

Vor dem Start musste in das Anzeigegerät eine Flugkarte eingelegt und der Maßstab der Karte eingestellt werden, wobei bei Karten im Maßstab 1:1.000.000 und mehr die Ortsanzeige

Anzeigegerät des Dopplernavigationssystems der Mi-24D. (Foto: Normann)

eher der groben Orientierung diente, als dass sie einer genauen Standortbestimmung entsprach. Genauere Standortbestimmungen waren bei Karten im Maßstab 1:200.000 möglich.

Triebwerk TW3-117

Das Triebwerk TW3-117 wurde zwischen 1965 und 1972 im Leningrader Konstruktionsbüro Klimow unter der Leitung der Ingenieure Isotow und Ljunewitsch entwickelt. Es basierte auf dem Vorgängermodell TW2-117, welches sich in der Mi-8 hervorragend bewährt hatte.

Das Kürzel TW stand für Turbowalnij Dwigatjel (russ.: Турбовальный двигатель) was sich mit Turbinenwellentriebwerk oder Wellenleistungstriebwerk übersetzten lässt. Die Ziffer 3 definierte den Triebwerkstyp, die Zahl 117 das Konstruktionsbüro.

Die Triebwerke der TW3-117-Familie wogen zwischen 285 und 295 kg. Sie waren 2.055 mm lang, 650 mm breit und 728 mm hoch. Sie waren nicht eigenstartfähig. Um sie anzulassen wurde ein Hilfsaggregat AI-9W benötigt.

Der Kraftstoffverbrauch des TW3-117 lag zwischen 286 und 300 g/kWh. Die Startleistung variierte je nach Version zwischen 2.000 PS (1.471 kW) und 2.500 PS (1.838 kW). Die kurzzeitig verfügbare Notfallleistung lag zum Teil deutlich höher.

Das TW3-117-Triebwerk war luftgekühlt. Vor dem Lufteinlauf wurden ab 1975 Staubschutzkappen, die ein Ansaugen von größeren Fremdobjekten verhindern sollten, montiert. Im Lufteinlauf des Triebwerkes befand sich der Vorleitapparat. Seine Schaufeln waren in Abhängigkeit von der Drehzahl verstellbar.

Ihm folgte ein Axialverdichter. Dieser hatte die Aufgabe die einströmende Luft zu komprimieren und so den Druck zu erhöhen. Beim TW3-117 war der Axialverdichter zwölfstufig ausgelegt. Bei den ersten vier Stufen des Axialverdichters war der Einstellwinkel der Leitschaufeln, in Abhängigkeit von der Drehzahl, automatisch verstellbar. Die Zahl der Schaufeln pro Rotor erhöhte sich mit jeder Verdichterstufe. So konnte den sich stetig verändernden Druck- und Strömungsverhältnissen Rechnung getragen werden.

Dem Axialverdichter schloss sich eine direkte Ringstrombrennkammer mit zwölf Einspritzdüsen an. Hier wurden Treibstoff und Luft gemischt und anschließend verbrannt. Der erste Teil der Brennkammer wurde Diffusor genannt. Er sorgte dafür, dass die Geschwindigkeit der einströmenden Luft konstant blieb. Ihm schloss sich das Flammrohr an. Der Luftstrom wurde über zwölf Düsen in das Flammrohr eingeblasen.

Ein modernes Triebwerk der TW3-117-Familie. (Foto: Motor Sitsch)

Die Einspritzdüsen fügten dem Luftstrom Treibstoff zu, so dass ein entzündliches Luft-Kraftstoff-Gemisch entstand, das gezündet und verbrannt wurde.

Ein Teil des Luftstroms wurde aber auch um das Flammrohr herumgeleitet. Dies diente einerseits der Kühlung, andererseits gab es im weiteren Verlauf des Flammrohres zusätzliche Öffnungen, durch die die Luft in das Flammrohr einströmen konnte. So sollte eine stetige Versorgung mit Sauerstoff und damit verbunden eine stabile Verbrennung des Kraftstoffs in der gesamten Brennzone des Flammrohres gewährleistet werden.

Der Ringbrennkammer folgte eine zweistufige Axialturbine (Verdichterturbine), die über eine luftgekühlte Welle als Antrieb für den Axialverdichter diente. Da die Welle direkt durch die Ringbrennkammer zum Verdichter geführt werden musste, war sie hohen thermischen Belastungen ausgesetzt. Um dem entgegenzuwirken wurde Kühlluft aus mehreren Verdichterstufen abgezweigt und direkt in die Welle eingeblasen.

Der Verdichterturbine war eine zweite, zweistufige Axialturbine nachgeordnet, die über eine zum Hauptgetriebe gehende Welle die eigentliche Leistung für den Antrieb lieferte. Beide Turbinen waren nicht fest miteinander verbunden, sondern gasdynamisch miteinander gekoppelt. Im östlichen Sprachgebrauch nannte man die zweite Axialturbine Losturbine, im westlichen Sprachgebrauch dagegen Freilaufturbine.

Der Abgasstrom wurde nach dem Durchlaufen der Losturbine über das gebogene Abgasrohr nach außen abgeleitet. Das Abgasrohr war doppelwandig ausgelegt. Zwischen den beiden Wänden strömte Kühlluft. Die Welle der Losturbine verlief mitten durch die Krümmung des Abgasrohres. Zwischen Abgasrohr und Hauptuntersetzungsgetriebe platziert, besaß die Antriebswelle eine Sollbruchstelle, die im Fall mechanischer Probleme im Getriebe eine Trennung der Kraftübertragung vornehmen sollte.

Ab 1982 wurde des ÄWU-System zur Kühlung und Verwirbelung der Triebwerksabgase erprobt. Ab 1984 waren alle

TW3-117 serienmäßig für die Montage des ÄWU vorbereitet.

Die Serienproduktion des TW3-117 begann 1972 im Werk »Motorstroitjel« der ukrainischen Stadt Saporoschije, heute »Motor Sitsch« (russ.: «Мотор Сич», ukrain.: Мотор Січ, engl.: Motor Sich).

Seither wurden über 25.000 Triebwerke der TW3-117-Familie gebaut, die eine Gesamtlaufzeit von über 16 Millionen Flugstunden akkumulierten. Sie kamen und kommen in der Mi-24, dem Marinehubschrauber Mi-14 und in den Transporthubschraubern der Mi-8/Mi-17-Familie zum Einsatz.

Vertreter des Herstellerwerkes werben stolz mit der Aussage, dass die TW3-117-Triebwerke zu den verbreitetsten und zuverlässigsten Hubschraubertriebwerken weltweit gehören. Und das zu Recht.

TW3-117

Das Ursprungstriebwerk wurde in vier Serien gebaut, die kontinuierlich verbessert wurden. Es war für den Einsatz in Erdbodennähe optimiert.

0 Serie	Einfuhrungsserie von 60 Stück für die Mi-24-Erprobung
1. Serie	verbesserte Variante, etwa 200 Stück für die Mi-24A gebaut
2. Serie	verbesserte Variante, etwa 2.000 Stück für Mi-24A und D gebaut
3. Serie	ab 1977 in großer Stückzahl gebaut.

Leergewicht	285 kg
Kraftstoffverbrauch	300 g/kWh
Notfallregime 2,5 Minuten, nur ein Triebwerk	1.471 kW (2.000 PS)
Maximalleistung für 30 Minuten	1.471 kW (2.000 PS)
Normalleistung	1.103 kW (1.500 PS)

Bei der 3. Serie war eine kurzzeitige maximale Leistung von 1.641 kW (2.200 PS) möglich.

TW3-117W

Das TW3-117W war eine Version die für den Einsatz in größere Höhen und bergigen Regionen optimiert wurde. Es wurde entsprechend der Anforderungen des Afghanistanfeldzugs in kurzer Zeit in Saporoschje unter der Leitung von A.S. Krasnikow entwickelt. Die Aufnahme der Serienproduktion konnte bereits Ende 1980 erfolgen. Zunächst wurde das TW3-117W vorrangig für alle in Afghanistan eingesetzten Kampfhubschrauber produziert, später erhielten alle Mi-24-Modelle dieses Triebwerk.

Beim TW3-117W hatte man die Leistungskurve so verändert, dass das Triebwerk in größeren Höhen eine höhere Leistung erreichte. Dazu wurde die Leistungskennlinie von Meeresspiegelhöhe auf das Höhenniveau von 2.000 m angehoben. Um das Triebwerk nicht zu überfordern musste die Startleistung auf 1.546 kW begrenzt werden. Die Begrenzung erfolgte auf elektronischem Wege. Im äußersten Notfall konnte die Leistungsbegrenzung abgeschaltet werden. Dann erreichte das TW3-117W bis zu 2.059 kW (2.800 PS). Der enorme Leistungsanstieg während der Abschaltung des Leistungsbegrenzers führte zu einer starken Abnutzung und damit verbunden zu einer stark reduzierten Lebensdauer des Triebwerkes. Auch bestand die Gefahr, dass das Hauptgetriebe des Hubschraubers überbeansprucht wurde.

Leergewicht	285 kg
Kraftstoffverbrauch	300 g/kWh
Notfallregime 2,5 Minuten, nur ein Triebwerk	1.546 kW (2.100 PS)
Maximalleistung für 30 Minuten	1.546 kW (2.100 PS)
Normalleistung	1.103 kW (1.500 PS)
Maximalleistung bei Abschaltung des Begrenzers	2.059 kW (2.800 PS)

TW3-117WM

Das TW3-117WM war eine modernisierte Version, die mit einem automatisch arbeitenden Notfallregime ausgestattet war. Das Triebwerk konnte eine maximale Leistung von etwa 2.000 PS bis zu einer Höhe von 3.600 m abgeben. Die Serienproduktion lief ab 1986.

Leergewicht	294 kg
Kraftstoffverbrauch	296 g/kWh
Notfallregime 2,5 Minuten, nur ein Triebwerk	1.618 kW (2.200 PS)
Maximalleistung für 30 Minuten	1.546 kW (2.100 PS)
Normalleistung	1.103 kW (1.500 PS)
Maximalleistung bei Abschaltung des Begrenzers	2.059 kW (2.800 PS)

TW3-117WMA

Das TW3-117WMA war eine Modifikation des WM. Das A stand für Serie A des TW3-117WM. Es war in der Lage im Notfallregime eine größere Leistung als das Vorgängermodell zu erzeugen.

Leergewicht	294 kg
Kraftstoffverbrauch	286 g/kWh
Notfallregime 2,5 Minuten, nur ein Triebwerk	1.765 kW (2.400 PS)
Maximalleistung für 30 Minuten	1.618 kW (2.200 PS)
Normalleistung	1.103 kW (1.500 PS)

TW3-117WMA-SBM1

Das SBM1 war eine in der Ukraine entwickelte verbesserte Variante des WMA. Es ging 2010 in Serie. Exporte nach Russland, dem früheren Hauptabnehmer, kamen aus politischen Gründen nicht mehr zustande. Heute ist das TW3-117WMA-SBM1 Standard in ukrainischen Hubschraubern und wird im Rahmen von Mi-24- und Mi-17-Modernisierungen weltweit angeboten.

Leergewicht	295 kg
Kraftstoffverbrauch	299 g/kWh
Notfallregime 2,5 Minuten, nur ein Triebwerk	2.059 kW (2.800 PS)
Maximalleistung für 30 Minuten	1.838 kW (2.500 PS)
Normalleistung	1.278 kW (1.750 PS)

WK-2500

Im Rahmen der Bestrebungen sich bei der Versorgung mit Hubschraubertriebwerken von der als potenziell unzuverlässig angesehenen Ukraine unabhängig zu machen begann Russland in den 2000er-Jahren eine eigene Triebwerksproduktion aufzubauen. Zunächst montierte man Triebwerke aus ukrainischen Komponenten. Parallel dazu begannen im OAO Klimow Entwicklungen zu einer eigenständigen verbesserten Variante des TW3-117WMA. Diese Variante erhielt die Bezeichnung WK-2500. WK stand für Wassili Klimow, den Gründungsvater des Konstruktionsbüros, die 2.500 symbolisierte die projektierte PS Zahl.

Das Triebwerk wurde zunächst auf Sparflamme entwickelt, doch als sich die politischen Beziehungen zur Ukraine in Folge pro westlicher Regierungen in Kiew rapide verschlechterten wurde das Entwicklungstempo erhöht und das Triebwerk 2012 zugelassen. 2014 begann die Serienfertigung eines vollständig aus russischen Komponenten gebauten Triebwerks WK-2500. Bis 2017 sollte die Jahresproduktion auf 350 Stück steigen. Neugebaute russische Kampfhubschrauber nutzen dieses Triebwerk. Es wird auch exportiert.

Leistungsgesteigerte Varianten sind das WK-2500-2 und das WK-2500M.

Leergewicht	295 kg
Kraftstoffverbrauch	299 g/kWh
Notfallregime 2,5 Minuten, nur ein Triebwerk	1.985 kW (2.700 PS)
Maximalleistung für 30 Minuten	1.764 kW (2.400 PS)
Normalleistung	1.278 kW (1.750 PS)

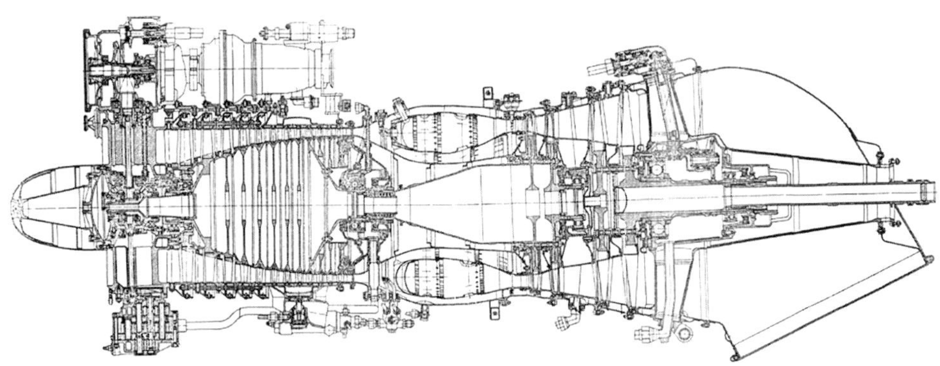

Schematische Schnittdarstellung des TW3-117WM

Dieses TW3-117 ist in Hermeskeil ausgestellt.
(Foto: Alf van Beem)

TW3-117 von hinten gesehen.
(Foto: Alf van Beem)

Makedonische Mi-24W
mit Bewaffnung.
(Foto: US DoD)

Die Bewaffnung der Mi-24

Bordkanonen / MG's

Afanasjew A-12,7 (9A016P)

Das schwere Maschinengewehr A-12,7 wurde zwischen 1949 und 1953 im Zentralen Konstruktionsbüro Nummer 14 (ZKB-14) von Chefkonstrukteur Nikolai Michailowitsch Afanasjew (russ.: Афанасьев) unter der Projektbezeichnung TBK-481 (russ.: ТКБ-481) entwickelt. Die Serienfertigung der Waffe lief von 1953 bis 1983.

Das A-12,7 war ursprünglich als Bewaffnung für den Bomber Tu-4 vorgesehen. Später kam es auch bei Hubschraubern zum Einsatz. So wurde es erstmalig serienmäßig in der Mi-4 verwendet. Auch in den Kampfhubschraubervarianten der Mi-8 (Mi-8TB und Mi-8TP) fand es Verwendung.

Das einläufige schwere Maschinengewehr A-12,7 war ein 25,5 kg schwerer Gasdrucklader, der für die Patrone 12,7x108 mm eingerichtet war. Der Prototyp der Waffe erreichte eine theoretische Feuergeschwindigkeit von etwa 1.400 Schuss pro Minute. Um die Lebensdauer der Waffe zu erhöhen wurde die Kadenz durch technische Maßnahmen auf 800–1.100 Schuss pro Minute gesenkt. Mit dem A-12,7 konnten Ziele bis zu einer Distanz von 1.200 m bekämpft werden.

Da das als Hauptbewaffnung der Mi-24 vorgesehene Maschinengewehr JakB nicht rechtzeitig einsatzbereit wurde, entschloss man sich im OKB Mil das A-12,7P als Interimslösung zu verwenden. Diese Waffe kam bei der ersten Serienvariante Mi-24A zum Einsatz.

Jakuschew-Borsow JakB-12,7 (9A624)

1968 erhielt das in der alten Waffenschmiedestadt Tula beheimatete Zentrale Konstruktionsbüro für Jagd- und Sportwaffen von der Führung der sowjetischen taktischen Fliegerkräfte den Auftrag ein schnellfeuerndes Maschinengewehr zu entwickeln.

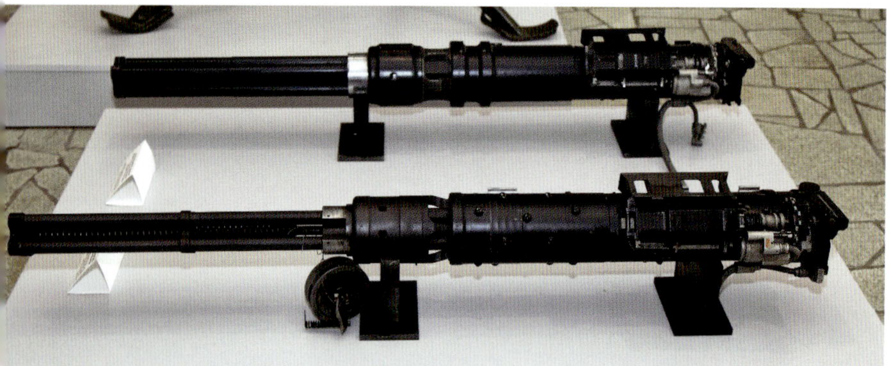

JakB-12,7 und JakBJu-12,7 im Waffenmuseum Tula. (Foto: Sammlung Scheffler)

Das Gatling-MG JakB-12,7 war im Drehturm USPU-24 untergebracht. (Foto: Mambour)

Diese Waffe sollte bei die Bewaffnung von Kampfhubschraubern Verwendung finden.

Das Militär verlangte in seinen taktisch-technischen Anforderungen eine Waffe im gängigen Kaliber 12,7 mm, eingerichtet für die leistungsstarke und weitverbreitete Patrone M30/38 12,7x108 mm. Die Feuergeschwindigkeit sollte im Bereich von 4.000–5.000 Schuss pro Minute liegen, die Lebensdauer der Läufe 8.000–10.000 Schuss betragen. Das vorgegebene Gewicht der Waffe lag bei 30 kg.

Ein entsprechendes technisches Projekt wurde unter der Leitung von Pjotr Gerassimowitsch Jakuschew erarbeitet und im Dezember 1968 von den Streitkräften genehmigt. Der daraufhin entwickelte Prototyp der Waffe bekam die Bezeichnung TKB-063 (russ.: ТКБ-063).

Das TKB-063 war ein Maschinengewehr, das nach dem Gatlingprinzip arbeitete. Die Waffe besaß vier um die Längsachse rotierende Läufe. Sie arbeitete als Gasdrucklader, so dass im Gegensatz zu westlichen Gatlings kein Fremdantrieb

Afghanische Techniker munitionieren eine Mi-35 unter Aufsicht amerikanischer Ausbilder auf. (Foto: US Army Angelita Lawrence)

notwendig war. Dieser Aufbau hatte den Vorteil, dass die maximale Feuergeschwindigkeit sehr schnell erreicht wurde. Ein Nachteil eigenangetriebener Gatlingwaffen bestand darin, dass es bei Zündversagern der Patronen zum sofortigen Abbrechen der Feuerführung kam. Um Ladehemmungen beseitigen zu können gab es zwei Pyropatronen, mit denen der Mechanismus wieder in Gang gesetzt werden konnte.

Nach dem Aufmunitionieren werden die Wartungsklappen geschlossen. (Foto: US Army Angelita Lawrence)

Die Munitionszuführung erfolgte über einen Munitionsgurt, der aus Zerfallgliedern bestand.

Im März 1970 fand das erste Probeschießen der neuen Waffe statt. Dabei zeigte sich, dass die Lebensdauer der MG-Läufe weit unter der geforderten Norm lag.

Zur Lösung dieses Problems beschichtete man fortan die Seelen der Läufe mit einer Kobaltlegierung und verwendete Patronen mit einer schwächeren Pulverladung.

Bei der weiteren Erprobung des TKB-063, die sich über das Jahr 1971 hinzog, tauchten immer wieder Probleme hinsichtlich der Zuverlässigkeit der Waffe auf. Die Beseitigung der Mängel war schwierig und zeitaufwändig, so dass die Erprobung auch noch bis in den Herbst des Jahres 1972 dauerte. Im September 1972 hatten modifizierte TKB-063 die Werkstests erfolgreich bestanden. Daraufhin wurden drei Musterexemplare der Waffe zur staatlichen Erprobung freigegeben. Die Erprobung lief im Zeitraum von September 1972 bis August 1973. Nach dieser erfolgreichen Bodenerprobung wurde die Waffe zum Einbau in ein fliegendes Waffensystem zugelassen und die Flugerprobung begann.

Trotz dieses positiven Ergebnisses waren die Konstrukteure Jakuschew und Borsow mit dem TKB-063 nicht wirklich zufrieden. Von einer robusten und zuverlässigen Kriegswaffe war das Design des TKB-063 noch ziemlich weit entfernt, was unter anderem daran lag, dass die Waffe sehr kompliziert aufgebaut war. So gab es z.B. für jeden Lauf ein eigenständiges Gaskolbensystem zum Zwecke der Kraftübertragung. Obwohl die einzelnen Komponenten für sich gesehen zuverlässig arbeiteten, war durch den komplexen Aufbau bedingt, die Gesamtzuverlässigkeit des Waffensystems deutlich eingeschränkt. Um die Komplexität zu reduzieren musste die Waffe stark vereinfacht werden.

Im Dezember 1972 wurden in Tula zwei Prototypen mit vereinfachter Konstruktion gefertigt. Das Antriebssystem bestand nun aus nur noch zwölf statt bisher 88 Einzelteilen. Statt bisher vier Gaskolben gab es fortan nur noch einen einzigen, der sich beim Schießen zwischen zwei Gaskammern hin und her bewegte und somit die nötige Energie zum Antrieb des Rotationsmechanismus erzeugte. Das neue System funktionierte zufriedenstellend.

Im Mai 1973 wurde die Waffe unter verschiedensten Temperaturbedingungen getestet.

Im selben Jahr starb Pjotr Jakuschew und sein Stellvertreter Boris Afanasjewitsch Borsow übernahm die Aufgabe die Erprobung der neuen Waffe abzuschließen und sie in die Serienfertigung zu überführen. Und das war nicht einfach.

Bis ins Jahr 1974 zogen sich die Arbeiten zur Feinjustierung des Gaskolbenmechanismus und der damit zusammenhängenden kontinuierlichen Feuergeschwindigkeit. Noch bevor diese Arbeiten abgeschlossen waren wurde das Herstellerwerk im Juni 1973 beauftragt die Serienproduktion des TKB-063 vorzubereiten. Der Start der Serienfertigung war für den Juli 1974 vorgesehen.

Zwischen 1975 und 77 erfolgte die Flugerprobung des TKB-063 an Bord von Mi-24B und Mi-24D. Hierbei wurde die Waffe sowohl in einem Kinnturm, als auch in einer an den Stummelflügeln mitzuführenden Kanonengondel installiert. Als Kinnturm fungierte der vom Cockpit aus ferngesteuerte USPU-24 (УСПУ-24). Der USPU-24 ermöglichte ein horizontales Schwenken der Waffe von +/- 60°. Weiterhin konnte die Waffe 20° nach oben und 40° nach unten geneigt werden.

Für den Einsatz des Bord-MGs war vorrangig der 2. Hubschrauberführer (2.HSF, Bordschütze, Operator) verantwortlich. Er visierte das Ziel über ein Zielgerät des Typs KPS-53AW im Cockpit an. Die dort ermittelten Werte wurden über einen Drehmeldegeber an den Waffenrechner WSB-24 weitergegeben. Dieser berechnete den Richtwinkel der Waffe und steuerte die Ausrichtung des Kinnturms USPU-24. Zur Feuereröffnung musste der 2.HSF beide Feuertasten am Zielgerät drücken.

Im Notfall konnte auch der 1.HSF (Pilot) das Bord-MG benutzen. Dazu musste die Waffe aber erst in der Nullstellung arretiert werden.

Als Munition kamen die Patronen B-32 und BST-44 (Б-32, БЗТ-44) zum Einsatz.

Das TKB-063 wurde im März 1976 vom Ministerrat der UdSSR in die Bewaffnung der sowjetischen Streitkräfte aufgenommen. Die offizielle Typenbezeichnung änderte man in Jakuschew-Borsow JakB-12,7 (9A624) (ЯкБ-12,7 (9A624) конструкции Якушева-Борзова).

In Friedenszeiten und unter Schießplatzbedingungen erwies sich das JakB als eine zuverlässige Waffe. Der erste Härtetest war jedoch der sowjetische Afghanistanfeldzug, bei dem sich einige Schwachpunkte des Maschinengewehrs offenbarten, die während Erprobung und Friedensbetrieb nicht zu Tage getreten waren. Erst unter den extremen Bedingungen Afghanistans zeigte sich, dass einige Teile der Waffe bei anhaltendem Dauerfeuer nahe der thermischen und physischen Belastbarkeitsgrenze arbeiteten. Überhitzungserscheinungen, die zum Heißschießen der Waffe führen konnten und daraus resultierende Ladehemmungen, waren an der Tagesordnung. Es kam sogar gelegentlich zur Selbstentzündung der Munition im Patronenlager und somit zum unkontrollierten Feuern der Waffe.

Um diesen Problemen vorzubeugen wurde bei manchen Einheiten vor Ort der Kampfsatz der Mi-24 von ursprünglich 1.470 Schuss auf 400 bis 500 Patronen begrenzt. Das wurde von den Piloten als suboptimal angesehen, weil bei der hohen Feuergeschwindigkeit des JakB (4.000 Schuss pro Minute) der mitgeführte Kampfsatz innerhalb von sechs bis siebeneinhalb Sekunden aufgebraucht war. Deshalb wurden die Bordschützen angewiesen sich auf kurze Feuerstöße von maximal einer halben Sekunde Dauer zu beschränken. Problematisch war weiterhin, dass sich die Waffe als nicht so robust bei Verschmutzung erwies, wie man es von sowjetischen Schusswaffen gewohnt war. Auch aus diesem Grund kam es wiederholt zu Ladehemmungen.

Obwohl mit dem JakB Ziele bis zu einer Distanz von etwa 1.200 m bekämpft werden konnten, wurde die Waffe am Hindukusch vornehmlich auf kürzere Distanz eingesetzt. Bis zu einer Kampfentfernung von 800–1.000 m war das Feuer sehr genau und konnte mit verheerender Wirkung geführt werden. Afghanistanveteranen berichteten, dass ungepanzerte Fahrzeuge durch den Beschuss mit JakB-12,7 regelrecht halbiert wurden.

Trotz aller Probleme, die sich auftaten, war das JakB, als Bord-MG der Mi-24 eingesetzt, eine effiziente, vom Freund geschätzte und vom Feind gefürchtete Waffe.

Bereits 1977 begann man in Tula an der Weiterentwicklung des Maschinengewehrs zu arbeiten. Ziel der Bemühungen war es die Zuverlässigkeit der Waffe zu verbessern und ihre Lebensdauer zu erhöhen. Die Streitkräfte sahen aber zunächst keinen besonderen Handlungsbedarf.

Das änderte sich 1980, nach den ersten Kampferfahrungen im Afghanistanfeldzug. Jetzt verlangte die Führung der sowjetischen Luftstreitkräfte das JakB so zu verändern, dass mindestens der halbe Kampfsatz einer Mi-24 (750 Schuss) im Dauerfeuer, ohne zwischenzeitliches Abkühlen der Waffe, verschossen werden konnte. Weiterhin sollte die Zuverlässigkeit und Betriebssicherheit des JakB verbessert werden. Eine entsprechende taktisch-technische Anforderung wurde herausgegeben.

In der Folge wurden die Probleme des Maschinengewehrs einer tiefgreifenden theoretischen und praktischen Analyse unterzogen. Man überarbeitete die Waffe, woraufhin sich eine intensive, realitätsnahe Erprobung, sowohl werksseitig, als auch von staatlicher Stelle, anschloss. Die Arbeiten waren zeitaufwändig und wurden durch das aufkeimende Chaos der Perestroika behindert. So konnten sie erst Ende 1987 abgeschlossen werden. Im Januar 1988 wurde die modernisierte Version unter der Bezeichnung Jakuschew Borsow Jurischtschew JakBJu-12,7 (ЯкБЮ-12,7 конструкции Якушева, Борзова, Юрищева) per Erlass des Verteidigungsministers in die Bewaffnung der sowjetischen Streitkräfte aufgenommen. Die Serienfertigung begann.

Das JakBJu-12,7 war so konstruiert, dass es das bisherige JakB mit nur geringen Umbauarbeiten am USPU-24-Kinnturm der Mi-24 ersetzen konnte und das obwohl die Waffe mit nun 60 kg Gewicht um immerhin 15 kg schwerer war als das Vorgängermodell. Der Masseanstieg resultierte aus massiveren Läufen, die allein 13 kg zusätzlich auf die Waage brachten, sowie aus technischen Maßnahmen zur Ableitung der beim Schießen auftretenden thermischen Energie.

Das JakBJu wurde ab 1988 zur Standardwaffe neugebauter Mi-24W. Ältere Maschinen rüstete man nach und nach auf die neue Waffe um.

Grjasew-Schipunow GScha-23 (9A472)

Die GScha-23 (russ: ГШ-23, engl: GSh-23, deutsche Aussprache: Ge-Scha-23) war eine doppelläufige 23-mm-Flugzeugkanone, die nach dem von Karl Gast im Jahr 1916 entwickelten Doppellaufprinzip arbeitete. Während der Feuerführung schoss die Waffe aus einem Lauf, während gleichzeitig der zweite Lauf geladen wurde. Dieser Vorgang wiederholte sich alternierend und kontinuierlich. So wurde eine vergleichsweise hohe Feuergeschwindigkeit bei relativ einfacher Konstruktion erreicht.

Die GScha-23 wurde nach Erkenntnissen des Koreakriegs entwickelt. Dort hatten sich die damals in der MiG-15 eingesetzten sowjetischen Maschinenkanonen durch eine zu geringe Feuergeschwindigkeit als suboptimal bei der Bekämpfung hochbeweglicher Luftziele erwiesen. Die aus dem Krieg zurückgekehrten Piloten verlangten eine schneller feuernde Maschinenkanone. Woraufhin die Streitkräfte eine taktisch technische Anforderung herausgaben, die für eine zukünftige Flugzeugkanone eine Feuergeschwindigkeit von mindestens 2.000 Schuss pro Minute forderte.

In den Tulaer Waffenschmieden entstand das Projekt TKB-613 (russ.: ТКБ-613). 1954 wurden die ersten Probeexemplare der neuen Waffe gefertigt und einer intensiven Werkserprobung unterzogen. Dabei wurden etliche Schwachstellen entdeckt und ausgemerzt. So musste allein der Abzugsmechanismus fünfmal überarbeitet werden, bis er endlich die geforderte Zuverlässigkeit erreichte. Die Arbeiten an der Waffe dauerten fünf lange Jahre. 1959 wurde beschlossen die TKB-613 unter der Bezeichnung Grjasew-Schipunow GScha-23 (9A472) in Serie zu fertigen.

Die ersten Serienkanonen zeigten unter Einsatzbedingungen eine unbefriedigend kurze Lebensdauer, so dass noch einige Nacharbeiten an der Konstruktion notwendig wurden. Die Arbeiten an diesen Verbesserungen dauerten noch ein gutes halbes Jahrzehnt, so dass die GScha-23 erst 1965 offiziell in die Bewaffnung aufgenommen wurde.

Danach avancierte die GScha-23 zur sowjetischen Standardflugzeugkanone und wurde in einer Vielzahl von Flugzeugtypen verbaut. Im Kampf erwies sie sich als eine zuverlässige und schlagkräftige Waffe.

Die Doppelrohrkanone GScha-23 bestand in ihrem generellen Aufbau im Prinzip aus zwei einzelnen Maschinenkanonen, die sich ein gemeinsames Gehäuse, ein gemeinsames Gasdrucksystem zum Nachladen der Waffen, eine gemeinsame Munitionszuführung und Abfeuerung teilten. Die Nachladeautomatiken beider Waffen waren miteinander so verbunden, das der beim Abfeuern einer Granate entstehende Gasdruck die Nachladeautomatik der anderen Kanone antrieb. So wurde sichergestellt, dass jeweils nur ein Rohr feuerte und das andere Zeit hatte nachzuladen. Auf diese Weise entstand ein dichterer Feuervorhang, als wenn beide Rohre simultan schießen würden.

Da alle Bewegungen der Waffeneinzelteile entlang der Längsachse der Waffe vonstattengingen waren die Vibrationen der Waffe im Vergleich zu Waffen mit rotierenden Bauteilen (Gatlings, Revolverkanonen) geringer, was eine präzisere Feuerführung ermöglichte. Die maximale Einsatzschussweite einer GScha-23 lag bei etwa 2.000 m.

Die Munition der Waffe wurde über einen Zerfallgurt zugeführt. Ein sternförmiger Mechanismus zog die einzelnen Granatpatronen aus dem Gurt und führte sie den jeweiligen Patronenlagern der Maschinenkanonen zu. Als Munition kamen Granatpatronen des Kalibers 23x115 mm zum Einsatz. Es gab sie mit Panzerbrandgranaten, Panzerbrandgranaten mit Leuchtspur, Splittersprenggranaten, Splittersprenggranaten mit Leuchtspur, sowie mit Düppelstreifen enthaltende Funkmessstörgranaten. Nach Berichten von NVA-Piloten wurde als Kampfmunition in der Regel Munition ohne Leuchtspur verwendet.

Die GScha-23L einer brasilianischen Mi-35M. (Foto: Claudio Lucchesi via Rostvertol PLC)

(Foto: Claudio Lucchesi via Rostvertol PLC)

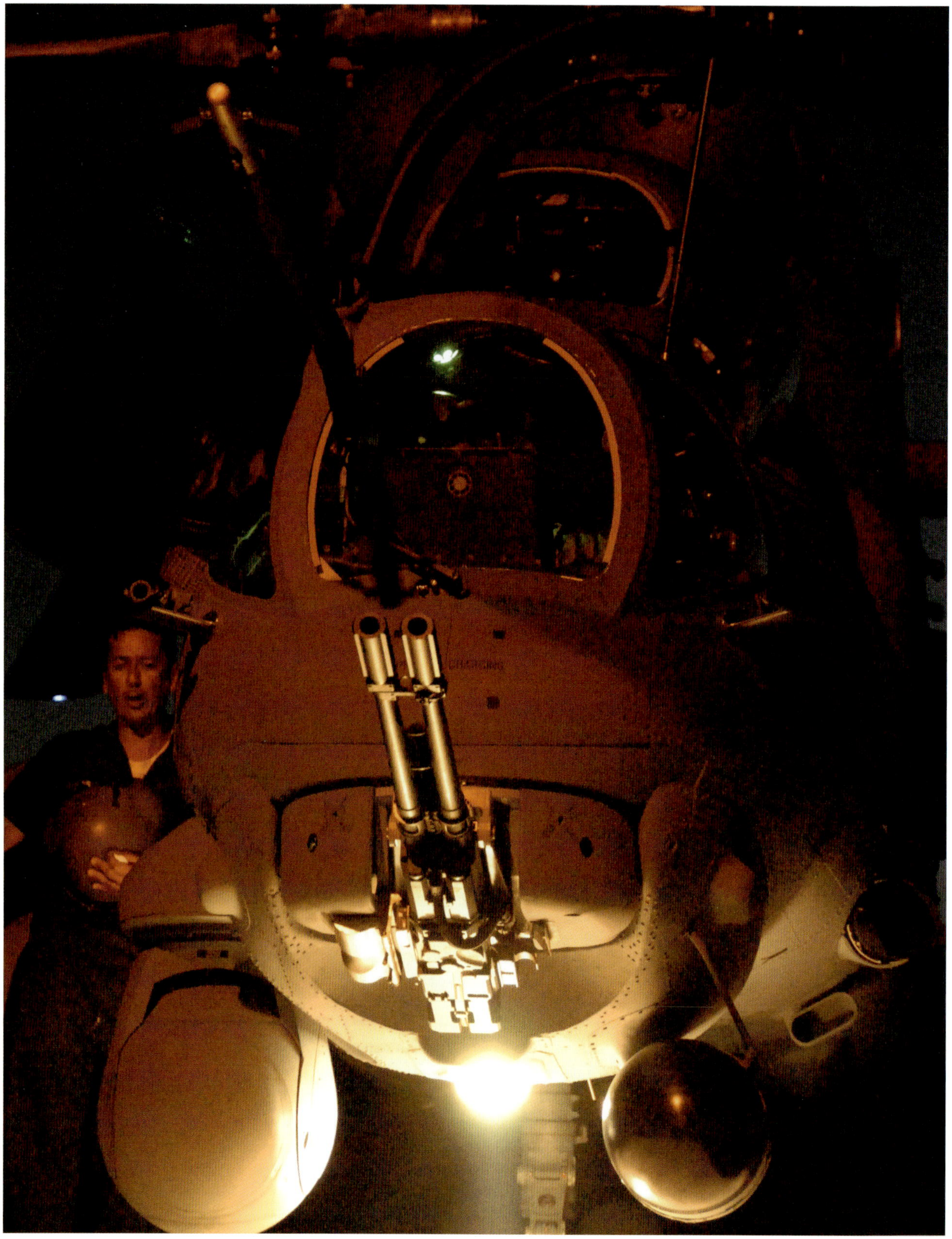

Grjasew-Schipunow GScha-30-2K (9A623K)

Die GScha-30-2 (russ: ГШ-30-2, engl: GSh-30-2, deutsche Aussprache: Ge-Scha-30-2) wurde mitunter auch als GScha-2-30 oder GScha-302 bezeichnet. Sie war eine doppelläufige Flugzeugkanone, die eng mit der GScha-23 verwandt war. Wie die Vorgängerwaffe funktionierte auch die GScha-30-2 nach dem von Karl Gast entwickelten Arbeitsprinzip des abwechselnden Feuerns beider Läufe.

Die GScha-30-2 (9A623) entstand im Rahmen der MiG-29-Entwicklung. Für die zukünftige Generation von Jagdflugzeugen forderten die Streitkräfte eine schnellfeuernde Maschinenkanone mit größerer Durchschlagskraft und erhöhter Trefferwirkung. Da sich die Konstruktion der GScha-23 im Kampf bewährt hatte sah man die Lösung des Problem darin die Waffe auf ein größeres Kaliber umzukonstruieren. Als Kaliber der Waffe wurden 30 mm festgelegt, als Munition schlug man die Verwendung der neuentwickelten Patrone 30x165 mm vor. Mit dieser Patrone wollte die sowjetische Militärführung eine Einheitspatrone für alle zukünftigen 30-mm-Maschinenkanonen schaffen, um eine vereinfachte Logistik zu ermöglichen. Heute ist diese Patrone bei allen Waffengattungen vertreten. Die bestückt die 30-mm-Bordkanonen der Schützen- und Flakpanzer, die 30-mm-Gatlings der Schiffsartillerie und die Bordkanonen aller modernen sowjetischen/russischen Kampfflugzeuge.

Im Laufe der MiG-29-Entwicklung entschieden sich die Konstrukteure aus Gewichtsgründen auf die GScha-30-2 zu verzichten und sie stattdessen durch die leichtere, einläufige GScha-301 zu ersetzen. Die GScha-30-2 erwies sich aber als ideale Waffe für das im Hause Suchoi auf Sparflamme entwickelte Schlachtflugzeugprojekt T-8. Die zunächst vom Militär abgelehnte T-8 wurde im Afghanistanfeldzug einem intensiven Feldversuch unterzogen, für gut befunden und sofort als Su-25 in die Serienproduktion übernommen.

Da es Probleme mit der MG-Bewaffnung der Mi-24 gab untersuchte das Mil OKB die Möglichkeit die GScha-30-2 in das Waffensystem der Mi-24 zu integrieren. Prinzipiell wurde ein starrer, achsparalleler Einbau für möglich erachtet. Allerdings ließ die Durchschlagskraft der GScha-30-2 zu wünschen übrig. Bei der schnellfliegenden Su-25 hatte es mit der Durchschlagskraft der Granaten keine Probleme gegeben, da sich die Eigengeschwindigkeit des Flugzeugs zur Mündungsgeschwindigkeit der Waffe addierte und die Granate so zusätzliche kinetische Energie erhielt. Die Mi-24 flog aber bedeutend langsamer. Deshalb wurde beschlossen die GScha-30-2 zu modifizieren und sie mit längeren Läufen auszustatten. Die Waffe wuchs sage und schreibe 900 mm in die Länge, das Gewicht stieg von 105 auf 126 kg. Die Mündungsgeschwindigkeit erhöhte sich von 870 auf 940 m/sek. Die Durchschlagskraft der Granaten verbesserte sich dementsprechend. Die neue Variante erhielt die Bezeichnung GScha-30-2K.

Um dem Einsatz als Waffe eines Kampfhubschraubers besser gerecht werden zu können statteten die Tulaer Waf-

Zur Wartung der Waffe und zum Nachladen konnte die GScha-30-2K abgeklappt werden. Bei Verlegungsflügen wurde das Munitionsfach von den Piloten gern zum Transport persönlicher Sachen verwendet. (Foto: Mambour)

Blick in das gefüllte Magazinfach der Mi-24P. (Foto: Feller via Mambour)

fenentwickler die GScha-30-2 mit einem Feuergeschwindigkeitsregler aus. Für präzisen Zielbeschuss konnte die Waffe auf eine Feuergeschwindigkeit von 300 bis 400 Schuss pro Minute heruntergeregelt werden. Im Normalfall feuerte man aber im Schnellfeuermodus 2.000 bis 2.600 Schuss pro Minute ab.

Um ein Heißschießen der Kanone zu verhindern und die Lebensdauer der Waffe zu verlängern statteten die Konstrukteure die GScha-30-2K mit einem Wasserkühlsystem aus. Dieses System kühlte den Waffenkörper, nicht die Läufe. Es wurde bei warmer Witterung mit Wasser befüllt, bei Frost war ein Zusatz von 40%igem Alkohol vorgeschrieben.

Um den Rumpfbug des Kampfhubschraubers vor dem Druck des Mündungsfeuers zu schützen wurde die Laufmündung der Waffe mit trichterförmigen Mündungsfeuerkompensatoren versehen. Sie verhindern gleichzeitig das Blenden der Besatzung durch den Mündungsblitz.

Die Feuergeschwindigkeit der GScha-30-2K lag deutlich unter der des JakB oder der GScha-23. Sie glich diesen Nachteil aber durch das deutlich größere Gewicht eines Feuerstoßes aus. Die Wirkung im Ziel war dementsprechend größer.

Ungelenkte Raketen

S-5

Die Rakete S-5 entstand als sowjetische Antwort auf deutsche ungelenkte Luft-Luft-Raketen des Typs R4M, die im Zweiten Weltkrieg bei der Abwehr schwerer amerikanischer Bomber zum Einsatz gekommen waren. Mit der 57-mm-Rakete S-5 wollte man der Bedrohung durch kernwaffentragende schwere Bombenflugzeuge eines möglichen Kriegsgegners entgegentreten. Es war vorgesehen Jagdflugzeuge an die einfliegenden Feindmaschinen heranzuleiten, damit diese den Bomber mit einem Raketenhagel überschütten und ihn so vernichten konnten.

Die Entwicklung der Rakete und ihres Startbehälters begann in den frühen 50er-Jahren. Rakete und Behälter waren als Bewaffnung für das erste Überschalljägerprojekt des OKB MiG, das die internen Bezeichnung SM trug, vorgesehen. Die SM ging als MiG-19 in Serie. Die Rakete S-5 konnte in einem acht Raketen fassenden Startbehälter ORO-57K mitgeführt werden.

Obwohl ungelenkte Raketen im Luftkampf recht ungenau waren gelang es doch mehrfach gegnerische Flugzeuge vom Himmel zu holen. Der spektakulärste Fall war der Abschuss eines amerikanischen Aufklärungsflugzeugs RB-66 über einem sowjetischen Großmanöver nahe der Stadt Gardelegen im Jahr 1964.

Raketenstartbehälter UB-32. (Foto: Normann)

Durch das Aufkommen gelenkter Luft-Luft-Raketen wurde die S-5 in die Rolle einer Luft-Boden-Rakete abgedrängt. Für einen möglichst effizienten Einsatz der Raketen wurden größere, mehr Raketen fassende Startbehälter entwickelt. Hier seien die Universalblöcke UB-16 und UB-32, sowie der in Polen konstruierte Behälter Mars-2 genannt.

Die Rakete S-5 bestand aus einem Stahlrohr in dessen Ende sich ein Feststoffraketenmotor samt Düse befand. Der Raketenmotor hatte eine Brennzeit von etwa 1,1 Sekunde, was ausreichte um die Rakete über eine maximale Gefechtsentfernung von etwa 3 km zu tragen. Am Ende des Raketenmotors, kurz vor der Düse, waren acht nach hinten aufklappbare Stabilisierungsflossen befestigt. Sie entfalteten sich erst nach Abschuss der Rakete und verliehen dem Flugkörper eine stabilisierende Rotationsbewegung um die Längsachse (Drall).

Das Vorderteil der Rakete wurde durch den Gefechtskopf inklusive Zünder ausgefüllt.

Für die S-5 gab es eine Vielzahl unterschiedlicher Gefechtsköpfe. Sie reichte von reinen Splittergefechtsköpfen mit Aufschlagzündung, über Hohlladungsköpfe mit zusätzlichem Splittermantel und piezoelektrischen Zündern, bis zu Radartäuschkörpern und Gefechtsfeldbeleuchtungsmitteln.

Die S-5 kam zusammen mit ihren Startbehältern UB-16 und UB-32 bei einer Vielzahl militärischer Auseinandersetzungen zum Einsatz. Dank der hohen Schussfolge der Startbehälter war sie für die Bekämpfung von ungepanzerten Flächenzielen durchaus geeignet. Ihre Durchschlagskraft gegen gepanzerte Fahrzeuge ließ jedoch zu wünschen übrig.

Deshalb wurde sie allmählich durch die stärkere Rakete S-8 ersetzt.

Raketenstart. (Foto: US Army Shank)

Luft-Boden-Varianten:			
Typ	**Gefechtskopf**	**Bemerkung**	**Splitterzahl**
S-5K (S-5K1)	Hohlladung	150 mm Stahl Durchschlagsleistung	---
S-5KO	Hohlladung/Splitter	170 mm Stahl Durchschlagsleistung	220
S-5KPB	Hohlladung/Splitter	250 mm Stahl Durchschlagsleistung	?
S-5M (S-5M1)	Splitter	---	75
S-5MO	Splitter	---	360
S-5S	Flechette	---	1.000
S-5P1	Düppelstreifen	Radarstörkörper	
S-5O1	Magnesium	Leuchtkörper für 15-25s Gefechtsfeldbeleuchtung	

S-8

Die Entwicklung der Rakete S-8 begann Ende der 60er-Jahre mit dem Ziel eine schlagkräftigere Alternative zur weit verbreiteten S-5 zu bekommen. Gefordert wurden die Vergrößerung der Splitterzahl, eine erhöhte Durchschlagskraft der Hohlladungsgefechtsköpfe, eine größere Reichweite, sowie eine bessere thermische Stabilität, um eine größere Geschwindigkeit der Trägerflugzeuge zu ermöglichen. Da beim Start von Raketen immer die Gefahr bestand, das Abgase in die Triebwerkseinläufe der Flugzeuge gelangten und somit einen Triebwerksausfall herbeiführten, wurde weiterhin verlangt Maßnahmen zu ergreifen, die einem solchen Ereignis vorbeugen sollten.

Dies geschah durch die Entwicklung neuer Raketenbehälter der Typen B-8M, B-8M1 und B-8W7. Erstere Behälter trugen jeweils 20 Raketen des Typs S-8 Kaliber 80 mm in sich, während der B-8W7 nur sieben Raketen mitführen konnte. Für Hubschrauber wurden die Blöcke B-8W20-A und B-8-10 entwickelt. Ihnen fehlte die aerodynamische Verkleidung der anderen Startbehälter.

Die Rakete S-8 ähnelte im Aufbau der S-5. Sie bestand ebenfalls aus einem Stahlrohr, diesmal Kaliber 80 mm, in dessen hinterem Teil der Feststoffraketenmotor untergebracht war. Modernisierte Raketen (Index M) erhielten einen stärkeren Raketenmotor um eine größere Reichweite zu erzielten.

Die Zahl der Stabilisierungsflossen wurde auf 6 reduziert. Sie klappten bei der S-8 durch Federdruck nach vorn auf. Ihre Spannweite betrug im entfalteten Zustand 38,4 cm.

Afghanische Techniker munitionieren einen Raketenbehälter auf. (Foto: US Army Lawrence)

Der Gefechtskopf befand sich im vorderen Teil der Rakete. Wie bei der S-5 gab es auch bei der S-8 eine Vielzahl unterschiedlicher Gefechtsköpfe. Neben den von der S-5 bekannten Typen gab es betonbrechende Gefechtsköpfe zur Bunkerbekämpfung, Aerosolgefechtsköpfe und Zielmarkierer. Insgesamt soll es 25 unterschiedliche Serienvarianten der S-8-Rakete, sowie weitere Experimentalmuster geben.

Bei der Mi-24 wurde die Rakete S-8 ab der Version Mi-24W, Mi-24P in die Bewaffnung integriert.

Mi-24W feuert eine Salve ungelenkter Raketen S-8. (Foto: Rostvertol PLC)

Einige Varianten:			
Typ	**Gefechtskopf**	**Bemerkung**	**Reichweite**
S-8B/BM	betonbrechend	800 mm Beton Durchschlagsleistung	bis 2.200 m
S-8D/DM	Aerosol	---	bis 3.000 m
S-8DF	Aerosol	---	bis 4.000 m
S-8M/KOM	Hohlladung/Splitter	400 mm Stahl Durchschlagsleistung	bis 4.000 m
S-8O	Magnesium	Leuchtkörper für 30s Gefechtsfeldbeleuchtung	
S-8P	Düppel	Radarstörkörper	bis 3.000 m
S-8T	Tandemhohlladung	400 mm Stahl hinter einer Reaktivpanzerung	bis 4.000 m
S-8S	Flechette	2.000 pfeilförmige Splitter	bis 3.500 m
S-8ZM	Rauch	Zielmarkierer	bis 3.000 m

S-13

Die ungelenkte 122-mm-Rakete S-13 entstand in den 70er-Jahren um die leistungsmäßige Lücke zwischen den relativ kleinkalibrigen Raketen S-5 und S-8 auf der einen Seite und den großkalibrigen Raketen S-24 mit einer modernen Rakete zu schließen. Dies war notwendig, weil nach den Erfahrungen des israelisch arabischen 6-Tage-Krieges von 1967 alle Militärmächte Europas damit begannen ihre Flugzeuge in befestigten Flugzeughangars unterzubringen. Um trotzdem feindliche Flugzeuge in ihren Bunkern bekämpfen zu können wurde eine ausreichend leistungsstarke ungelenkte Rakete benötigt. Die stand zwar mit der S-24 bereits zur Verfügung, doch konnten die sowjetischen Jagdbombenflugzeuge auf Grund der Größe dieser Rakete nur wenige Exemplare mit sich führen. Damit war abzusehen, dass nicht alle potenziellen Ziele auf den gegnerischen Flugplätzen bekämpft werden konnten. Es wurde deshalb eine Rakete kleineren Kalibers benötigt, die auch in ausreichend großer Zahl mitgeführt werden konnte.

Die Arbeiten an der S-13 (russ.: C-13) begannen 1973 im Institut für angewandte Physik Nowosibirsk. Die Entwicklungsarbeiten dauerten bis 1979. Dann waren Rakete und Startbehälter UB-13 bereit für die staatliche Erprobung.

Zur Erprobung wurden NATO Aircraft Sheltern nachempfundene, bogenförmige, mit einer 2 m dicken Erdschicht bedeckte, stahlbetonarmierte Flugzeugschutzbauten errichtet und mit S-13-Raketen beschossen. Die dabei erzielten Ergebnisse waren so befriedigend, dass die Rakete in die Serienproduktion übernommen wurde und ab 1983 offiziell zur Bewaffnung der sowjetischen Luftstreitkräfte gehörte.

Bereits 1982 arbeitete man an weiterentwickelten Gefechtsköpfen, weil es bei einigen Testschüssen das Phänomen gegeben hatte, dass die Rakete S-13 nicht nur die Außenwand eines dünnwandigen Flugzeugbunkers glatt durchschlagen hatte, sondern die Betonabstellfläche im Inneren des Gebäudes gleich mit. Der Gefechtskopf explodierte unterhalb der Betonplatte, hatte aber wenig oder gar keinen Schaden am eigentlichen Ziel, dem Flugzeug, angerichtet. Deshalb wurden Tandemgefechtsköpfe entwickelt. Der erste Teil der Ladung sollte die Außenhaut des Flugzeugschutzgebäudes aufreißen und der zweite Teil der Ladung innerhalb des Bunkers explodieren. 1984 wurde die S-13T (russ.: С-13Т) genannte Rakete an Bord von Su-17M4-Jagdbombern getestet. Bei 31 Flügen wurden 99 Raketen verschossen. Dabei wurden meterdicke Betonmauern unter einer 6 m starken Erdaufschüttung durchschlagen. Mit diesen Leistungen war die Rakete auch in der Lage Start- und Landebahnen erfolgreich zu zerstören. Bei der Erprobung wurden 25 cm starke Betonbahnen durchbrochen und auf einer Fläche von etwa 16 m² zerstört. Die mittlere Zielabweichung lag maximal bei 10 m.

Auf Grundlage der betonbrechenden S-13T wurde eine panzerbrechende Variante zur Bekämpfung von gepanzerten Fahrzeugen und schwachgeschützten Unterständen entwickelt. Sie erhielt die Bezeichnung S-13OF (russ.: С-13ОФ). Auch sie wurde an Su-17M4-Jagdbombern getestet. Als Ziele dienten ausrangierte Schützenpanzer BMP-1. Die Panzerung der Fahrzeuge wurde nicht nur bei Volltreffern durchschlagen. Es reichte aus, wenn eine S-13OF im Umkreis von 5 m neben dem Schützenpanzer einschlug. Die Wucht der großkalibrigen Splitter (25–35 g) durchdrang die Panzerung. Erst ab 10 m Distanz zum Einschlag schützte die Panzerung des BMP in einigen Fällen. Ab 25 m Distanz war die Schutzwirkung des BMP-1 akzeptabel, erst ab 50 m Distanz zum Einschlagsort einer S-13 war das Fahrzeug zu 100% sicher.

1986 wurde die S-13OF in die Bewaffnung aufgenommen.

Speziell für den Afghanistanfeldzug wurde die S-13D (russ.: С-13Д) mit Aerosolgefechtskopf ab 1987 entwickelt. Die Entwicklung konnte aber erst 1993 abgeschlossen werden. In die Bewaffnung der russischen Streitkräfte wurde die Rakete 1995 übernommen.

Verschossen wurden S-13-Raketen aus B-13L-Behältern, die fünf Raketen beinhalten. Für den Einsatz bei Hubschraubern nutzte man den Behälter B-13L1.

Einige Varianten:

Typ	Gefechtskopf	Bemerkung	Reichweite
S-13	betonbrechend	1 m Stahlbeton unter 3 m Erdschicht	bis 3.000 m
S-13T	Tandem	1 m Stahlbeton unter 6 m Erdschicht	bis 4.000 m
S-13OF	Splitterspreng	450 großkalibrige Splitter	bis 3.000 m
S-13D	Aerosol	---	bis 3.000 m
S-13DF	Aerosol	---	bis 6.000 m

Abwurfwaffen

Bomben

Die Mi-24 konnte herkömmliche Freifallbomben bis zum Gewicht von 500 kg zum Einsatz bringen. Das Gesamtgewicht der Bombenlast durfte jedoch 1.000 kg nicht überschreiten.

Zu den Freifallbomben gehörten die **Sprengbomben** FAB, die in der russischen Sprache als Fugasnuije Awiabombui (russ.: Фугасные авиабомбы (ФАБ)) bezeichnet wurden. Etwa die Hälfte ihres Gewichtes bestand aus Sprengstoff. Das restliche Gewicht verteilte sich auf das Leitwerk, den Zünder und die massiv ausgelegte Bombenhülle.

Weiterhin kamen **Splitter-Sprengbomben** OFAB zum Einsatz. (russ.: Осколочно-фугасные, ОФАБ). Sowjetische/russische Splittersprengbomben unterschieden sich von den reinen Sprengbomben durch einen geringeren Anteil von Sprengstoff, der hier nur etwa ein Drittel der Bombenmasse betrug. Dafür besaßen sie einen vorgefertigten Splittermantel. Das war im Prinzip ein Stahlring, in den Sollbruchstellen eingearbeitet waren. Das Gewicht eines Splitters lag in der Regel zwischen fünf und zehn Gramm, um einerseits eine möglichst große Splitterzahl zu erzielen und andererseits dem Splitter genügend kinetische Energie mitzugeben, um auch auf größere Entfernung wirksam zu sein. Äußerlich unterschied sich eine sowjetische Splittersprengbombe von einer Sprengbombe durch eine stumpfe Nase. Sie erzeugte einen hohen Luftwiderstand, der nach dem Abwurf die Bombe schnell abbremste. So traf die Bombe nahezu senkrecht auf dem Boden auf, was die Ausbreitung der Splitter im Umfeld optimierte.

Brandbomben (russ: Зажигательная авиационная бомба, ЗАБ) beinhalteten einen Brandbeschleuniger. Das konnte metallisches Thermit, auf Erdöl basierendes Napalm oder weißer Phosphor in Pulverform sein.

Sprengbrandbomben (russ: фугасно-зажигательная авиационная бомба, ФЗАБ) waren eine Kombination aus Spreng- und Brandbomben.

Aerosolbomben (russ.: объёмно-детонирующая авиационная бомба, ОДАБ), wurden auch als thermobarische Bomben oder Fuel-Aerosol-Bombs (FAE) bezeichnet. Sie wurden mit einem leichtentzündlichen Brennstoff (Benzin oder Propan) befüllt. Beim Aufschlag explodierte eine kleine Sprengladung, die dafür sorgte, dass sich der Brennstoff im Umkreis fein verteilte und ein leicht entzündliches Luft-Brennstoff-Gemisch entstand. Mit Verzögerung wurde eine Sekundärladung gezündet, um das Gemisch zur Explosion zu bringen. Die dabei ausgelöste Druckwelle hatte eine verheerende Wirkung auf einfache Gebäude und Menschen.

Damit das Trägerflugzeug, bzw. der Hubschrauber aus dem Bereich der Detonationswirkung entkommen konnte waren die ODAB in der Regel mit einem Bremsfallschirm ausgestattet.

Die ODAB wurde während des Afghanistanfeldzugs eingesetzt. Sie funktionierten nicht immer zuverlässig, doch wenn sie funktionierten war ihre Wirkung verheerend. Deshalb wurden sie im Soldatenjargon, als »Atombombe des kleinen Mannes« bezeichnet.

Streubombenbehälter KMGU

Der KMGU (russ: КМГУ, Контейнер малогабаритных грузов унифицированный) war ein Schüttbombensystem, das zur Bekämpfung von Flächenzielen durch Flugzeuge und Hubschrauber vorgesehen war. Bei der Mi-24 wurde der KMGU ab der Version Mi-24W bzw. Mi-24P verwendet.

Er bestand aus einem aerodynamisch geformten Behälter, der mit einer Vielzahl unterschiedlichster Kleinbomben (Bomblets) und Minen bestückt werden konnte. Zum Waffeneinsatz wurden vier pneumatisch betriebene Klappen an der Unterseite des Behälters geöffnet. Über Federdruck erfolgte der Ausstoß der Submunition. Der Ausstoß konnte in unterschiedlichen Intervallen erfolgen, so dass unterschiedlich lange Geländeabschnitte bekämpft und den unterschiedlichen Fluggeschwindigkeiten Rechnung getragen werden konnte.

Der Abwurf von Submunition durch einen KMGU wurde in einem Höhenbereich bis zu 1.000 m als effizient angesehen. Die Mindesteinsatzhöhe sollte allerdings 30 bis 50 m nicht unterschreiten, weil sonst die bekämpfte Fläche zu schmal ausgefallen wäre.

Wie alle Flächenwaffensysteme wird der KMGU heute von den Vereinten Nationen als eine zu ächtende Waffe angesehen, was aber seinen Einsatz in den verschiedensten Kriegen bisher nicht unterbunden hat.

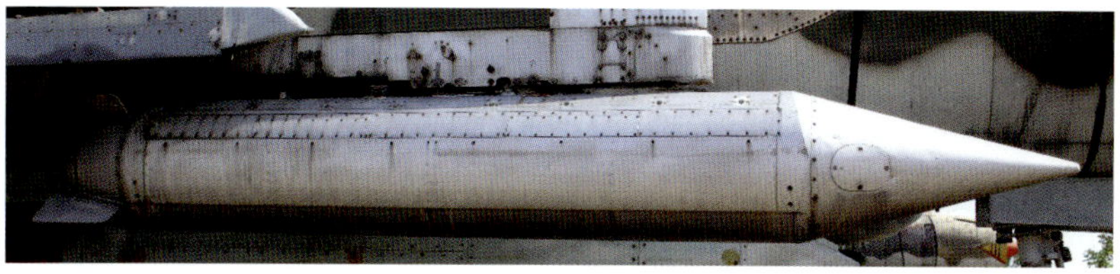

Streubombenbehälter KMGU an einer Su-22M4 montiert. (Foto: Normann)

Waffenbehälter

Die Mi-24 war in der Lage Kanonen- bzw. Waffenbehälter mitzuführen.

Der erste Behälter war der **UPK-23-250**. Dieser Behälter beinhaltete eine Doppelrohrkanone GScha-23L, die für diese Waffe notwendige Stromversorgung, sowie einen Kampfsatz von 250 Granaten.

Der zweite Waffenbehälter war der **GUW-8700 (9A669)** (russ.: ГУВ-8700). Sinngemäß übersetzt bedeutete diese Abkürzung: universeller Behälter (Gondel) für Hubschrauber (russ.: Универсальная вертолётная гондола). Der GUW konnte unterschiedlich bewaffnet werden.

Die erste Variante des GUW war als MG-Behälter konfiguriert. In der Längsachse angeordnet trug er ein 12,7-mm-Gatling des Typs JakB mit einem Munitionsvorrat von 750 Schuss.

Diese Mi-24W ist mit Kanonenbehälter UPK-23-250, UB-32-Raketenblöcken und PALR Schturm-W bewaffnet. (Foto: Radomil Talk)

Dieser GUW ist in den Wehrtechnischen Sammlungen Koblenz an einer Mi-24P ausgestellt. (Foto: Normann)

Es war die gleiche Waffe, wie sie als Bug-MG bei der Mi-24D und W zum Einsatz kam. Links und rechts des JakB waren jeweils ein 7,62-mm-Gatling des Typs GSchaG-7,62 eingebaut. Hier betrug der Kampfsatz 1.800 Schuss.

Das GSchaG-7,62 (russ.: ГШГ-7,62) alias TBK-621 (ТКБ-621), alias 9A622, war ein vierläufiger Gatling-Gasdrucklader mit Eigenantrieb, der ab 1968 von den Konstrukteuren Grjasew, Schipunow und Glagolew als Hubschrauberwaffe entwickelt wurde. Die Indienststellung erfolgte 1979.

Das GSchaG war für die Gewehrpatrone 7,62x54R eingerichtet. Die Geschosse erreichten eine Mündungsgeschwindigkeit von etwa 850 m/s. Als maximale Schussentfernung waren 1.000 m angegeben. Es gab zwei Feuergeschwindigkeiten. Im langsamen Betrieb wurden 3.500 Schuss pro Minute abgegeben. Im Schnellfeuermodus waren es 6.000 Schuss pro Minute

Die zweite Variante des Waffenbehälters GUW (einige Quellen bezeichnen sie als GUW-1) war mit einer automatischen 30-mm-Granatwaffe AG-17A Plamja-A (9A800) ausstattet. Der Munitionsvorrat bestand aus 300 Granaten des Kalibers 30x29 mm.

Der automatische Granatwerfer Plamja war als Rückstoßlader konstruiert. Er konnte Einzel- und Dauerfeuer verschie-

Waffenbehälter GUW mit ausgebauten Maschinengewehren GSchaG-7,62 und JakB-12,7. (Foto: Feller via Mambour)

ßen. Die Feuergeschwindigkeit lag dabei zwischen 50 und 500 Schuss pro Minute. Die Mündungsgeschwindigkeit der Granate war mit 185 m/s vergleichsweise niedrig.

GSchaG-7,62. (Foto: Sammlung Normann)

Waffenbehälter GUW mit ausgebautem Granatwerfer Plamja. Plamja bedeutet ins Deutsche übersetzt Flamme. (Foto: Karl-Heinz Feller via Mambour)

Größenvergleich einer Patrone M43 7,62x39 mm wie sie in der Kalaschnikow verwendet wurde und einer Granate für den Plamja. (Foto: Sammlung Normann)

Panzerabwehrlenkraketen

Panzerabwehrlenkraketen (PALR), im westlichen Sprachgebrauch mitunter auch Panzerabwehrlenkflugkörper (PzAbwLFK) oder Anti-Tank-Guided-Missiles (ATGM) genannt, waren bei nahezu allen Mi-24-Versionen das Hauptwaffensystem zur Bekämpfung gepanzerter Fahrzeuge.

Zunächst kam als Notlösung die manuell gesteuerte PALR Falanga-M zum Einsatz. Sie wurde später durch die halbautomatisch gelenkten PALR Falanga-P abgelöst. Mit der Einführung der Mi-24W waren die Falangas nicht mehr nutzbar. An ihre Stelle trat die neuentwickelte PALR Schturm-W. Anfang der 80er-Jahre begann die Arbeit an der PALR Ataka-W, die heute zur Standardbewaffnung der Mi-24 gehört.

Falanga

Die Falanga (russ.: Фаланга 9M11) war eine PALR der ersten Generation. Sie entstand in den 50er-Jahren im OKB-16 unter der Leitung des bekannten Waffenkonstrukteurs A. Nudelman und wurde ab 1960 in Serie gefertigt. Bei der NATO erhielt sie die Bezeichnung AT-2 Swatter.

Die Weiterentwicklung Falanga-M (9M17M) wurde 1967 vom Militär akzeptiert und ging 1968 in Serie. Mit dieser Waffe wurde die Mi-24A ausgerüstet. Sie konnte aber auch von der Mi-24B und der Mi-24D verschossen werden.

PALR Falanga. (Foto: Dirkse)

Die **Falanga-M** war eine Lenkrakete die vom Lenkschützen manuell ins Ziel gesteuert werden musste. Bei der auch Dreipunkt-Lenkverfahren genannten Methode (NATO-Bezeichnung MCLOS) hatte der Lenkschütze den eigenen Standort, den Standort des Ziels, sowie die sich schnell verändernde Position der Rakete bei der Steuerung des Flugkörpers in Rechnung stellen. Es war ein sehr kompliziertes Verfahren, das vom Schützen viel Fingerspitzengefühl und noch mehr Erfahrung verlangte. Die Treffsicherheit war sehr von den Fähigkeiten des Lenkschützen abhängig. Im Durchschnitt trafen knapp ein Drittel aller abgeschossenen Raketen ihr Ziel.

Daraufhin wurde die **Falanga-P** (9M19P) entwickelt. Mit ihr gelang der Übergang zur zweiten PALR-Generation, denn sie war bereits mit einem halbautomatischen Flugsteuerungssystem (NATO-Bezeichnung SACLOS) ausgestattet.

Bei einer halbautomatischen Steuerung visierte der Lenkschütze das Ziel mit Hilfe einer Optik an und hielt es mit einem Fadenkreuz bedeckt. Zur gleichen Zeit beobachtete ein automatisches Infrarotpeilgerät den Flug der Rakete und ein Goniometer maß die Abweichung der aktuellen Raketenposition von der Visierlinie. Aus der Abweichung errechnete ein Bordcomputer (im Fall der Mi-24B und D ein Analogrechner) die Steuerbewegungen, die notwendig waren, um die Rakete auf die Visierlinie zu steuern. Die dazu notwendigen Befehle wurden über einen Funkkommandosender an die PALR übertragen und durch die Steuerflächen des Flugkörpers ausgeführt. Die Trefferwahrscheinlichkeit stieg auf 80%, unter optimalen Bedingungen.

Die Falanga-P war eine 31,5 kg schwere und 116,5 cm lange Rakete mit stumpfer, abgerundeter Nasensektion. Das Kaliber der Rakete betrug 14,2 cm, die Spannweite der vier kreuzförmig angeordneten Steuerflächen war 68 cm. Die Rakete bestand im Wesentlichen aus drei Teilen, dem Gefechtskopf, dem Geräteblock und der Antriebssektion.

In der Antriebssektion befand sich ein Einkammer-Feststofftriebwerk, das zwei Halbladungen als Treibmittel beinhaltete. Die Startladung beschleunigte die Rakete in kurzer Zeit von 0 auf 220 m/s, während die Marschladung den Auftrag hatte die Geschwindigkeit bis zum Brennschluss aufrecht zu erhalten. Ebenfalls in der Antriebssektion befanden sich der Rudermaschinenblock, die Funkempfangsanlage und der Leuchtsatz, der zur besseren Erkennbarkeit der Rakete für den Infrarotpeiler diente.

Der Geräteblock enthielt die Stromversorgung, einen Druckluftbehälter, den Zünder und einen Elektronikblock. Im Elektronikblock befand sich ein Stabilisierungssystem, das einen integrierten Kreisel (Gyroskop) beinhaltete.

Der Gefechtskopf war als Hohlladung ausgelegt und

konnte bei einem Aufschlagswinkel von 90° eine 500 bis 560 mm starke monolithische Panzerplatte durchdringen. Bei einem Aufschlagwinkel von 30° konnten immerhin noch 280 mm starke monolithische Panzerungen durchschlagen werden. Die Falanga-P war damit in der Lage alle in den 60er- und 70er-Jahren eingesetzten westlichen Panzertypen zu vernichten. Erst mit Aufkommen der nächsten Panzergeneration (M1 Abrams, Leopard 2) wurde ihre Durchschlagskraft obsolet.

Die PALR Falanga-P wurde vom Bordschützen (auch Operator oder 2. Hubschrauberführer genannt) mit Hilfe des Leitgerätes Raduga-F ins Ziel gelenkt. Mit Hilfe des Raduga-F war es möglich die PALR im Vorwärtsflug und in der Standschwebe einzusetzen. Während der Ziel- und Startphase der Rakete mussten beide Hubschrauberführer zusammenarbeiten. Der Pilot hatte das Ziel mit seinem Visier PKW grob anzupeilen und den Hubschrauber in einer ruhigen Fluglage zu halten. Der Bordschütze visierte das Ziel mit Hilfe der kreiselstabilisierten Optik des Steuergeräts an und leitete den Start der Waffe ein. 3,5 Sekunden nach Betätigung des Kampfknopfes startete die Rakete und flog nach ein bis zwei weiteren Sekunden in den Steuerbereich des Leitgerätes Raduga-F ein. Erst danach konnte der Hubschrauber vom Ziel abkurven, wobei eine maximale Schräglage von 20° und eine maximale Abweichung vom Zielwinkel von 60° möglich waren. Bei größeren Kursabweichungen ging die Rakete verloren.

Das Raduga-F ermöglichte eine Gefechtsfeldbeobachtung und Zielerkennung bis 5.000 m. Die Optik vergrößerte im Übersichtsbetrieb 3,3-fach, im Zielbetrieb 10-fach.

Der Zünder der Waffe wurde etwa 200 m vom Hubschrauber entfernt scharf gemacht, die tote Zone (Bereich in dem die Rakete noch nicht lenkbar war) betrug beim Feuern aus der Standschwebe 800 m, beim Vorwärtsflug 1.000 m.

Die günstigsten Einsatzbedingungen der PALR Falanga-P waren im Vorwärtsflug in 40 bis 80 m Höhe, bei Geschwindigkeiten zwischen 130 bis 230 km/h und bei einer Gefechtsentfernung von 2.000 bis 3.000 m gegeben. Unter 80 km/h und über 260 km/h vibrierte der Hubschrauber deutlich, was die Lenkung der PALR merklich erschwerte.

Aus der Standschwebe waren Ziele in einer Distanz von 1.500 bis 2.500 m am effektivsten zu bekämpfen. Auch hier lag die maximale Gefechtsentfernung bei etwa 4.000 m. Die Treffsicherheit der Rakete nahm in der Nähe der maximalen Gefechtsentfernung beträchtlich ab, weil nach Ausbrennen der Marschladung die Geschwindigkeit der PALR zurück ging und somit die Steuerflächen an Wirksamkeit verloren. Ungelenkt konnte die Rakete eine Strecke bis zu 4.500 m zurücklegen.

Schturm-W (9M114)

Die Schturm-W (russ.: Штурм-В, NATO: AT-6 Spiral) wurde Ende der 60er bis Mitte der 70er-Jahre als überschallschnelle, halbautomatisch gesteuerte Panzerabwehrlenkrakete der 2. Generation entwickelt. Es war vorgesehen jeweils eine landgestützte, schiffsgestützte und eine hubschraubergestützte Variante der PALR in Dienst zu stellen. Realisiert wurden jedoch nur die Schturm-S für die Landstreitkräfte und die Schturm-W für die Hubschrauber. (Der Index W steht für Wertoljot = Hubschrauber)

Die Schturm-W war ursprünglich als Hauptwaffensystem der Mi-24 vorgesehen, doch auftretende Entwicklungsverzögerungen machten die Nutzung der PALR Falanga als Übergangslösung notwendig.

Zwischen 1972 und 74 wurde die PALR Schturm-W als Bewaffnung für die Mi-24 erprobt. Dazu waren einige Veränderungen am Steuergerät notwendig. Das modernisierte Gerät erhielt die Bezeichnung Raduga-Sch. Der bisher übliche Analogrechner wurde durch einen Digitalrechner ersetzt, weshalb das Steuergerät des PALR-Komplexes Schturm leistungsfähiger als das Vorgangermodell war. Es erlaubte schnellere und größere Ausweichmanöver des Hubschraubers nach dem Start der Rakete.

Am 28. März 1976 wurde die Rakete offiziell in die Bewaffnung übernommen und zusammen mit dem Kampfhub schrauber Mi-24W in Dienst gestellt.

Die Rakete 9M114 Schturm befand sich bis zum Abschuss in einem kombinierten Transport- und Startbehälter. Der röhrenförmige Behälter konnte aus Aluminium oder aus Kunststoff gefertigt sein und schützte die Rakete vor Beschädigung und Witterungseinflüssen. Er war mit Schnellverschlüssen an der Starteinrichtung befestigt und konnte innerhalb kurzer Zeit montiert werden. Der Start der Rakete erfolgte durch die Abdeckung des Startrohres.

Die Rakete wog mit Container 46,5 kg, ohne Container brachte sie 31,4 kg auf die Waage. Sie hatte eine Länge von 116,5 cm und ein Kaliber von 13 cm. Die Spannweite der entfalteten Stabilisationsflächen betrug 46,8 cm. In der Transportlage waren sie, genau wie die Ruder eingeklappt. Erst nach dem Start des Flugkörpers entfalteten sie sich und verliehen der Rakete eine den Flug stabilisierende Drehbewegung.

Die Rakete bestand aus dem Gefechtsteil, inklusive Hohlladung, Zünder, piezoelektrischem Element und einer Sicherung; der Lenkzelle mit den Versorgungseinrichtungen für Strom und Gas, sowie den Steuersystem, inklusive Rudermaschine; der Triebwerkszelle mit Start- und Marschtriebwerk; und der Gerätezelle, die die Funkempfangsausrüstung und

Startcontainer der PALR Schturm-W an einer Mi-24P. (Foto: Normann)

Diese kasachische Mi-24W startet eine PALR Schturm. Das Ausstoßtriebwerk ist bereits ausgebrannt und bleibt zurück. Gleichzeitig feuert der Hubschrauber Täuschkörper. (Foto: Rostvertol PLC)

die Infrarotquelle beherbergte. Zum Start der Rakete aus dem Container wurde ein zusätzliches Beschleunigungstriebwerk verwendet, das nach dem Ausstoß des Flugkörpers aus den Container zu Boden fiel.

Nach dem Verlassen des Containers zündete das Starttriebwerk der Rakete und beschleunigte die Waffe innerhalb von zwei Sekunden auf 530–560 m/s. Nach dieser Zeit übernahm das Marschtriebwerk, das für weitere fünf Sekunden die Geschwindigkeit aufrechterhielt. Nach Brennschluss flog der Flugkörper auf Grund seiner hohen kinetischen Energie weiter und verlor dabei langsam an Geschwindigkeit. Die Durchschnittsgeschwindigkeit über maximale Startentfernung betrug im Mittel 400 m/s und lag damit deutlich im Überschallbereich.

Die tote Zone der Rakete war 400 m groß, die maximale Reichweite war mit 5.000 m angegeben. Kriegserfahrungen zeigten, dass es durchaus möglich war ein Ziel auf maximale Distanz mit hoher Präzision zu treffen. Die Abweichung vom Zielpunkt lag hier bei etwa 50–60 cm. Es erwies sich aber als schwierig bei Entfernungen jenseits von 3.500 bis 4.000 m Freund und Feind zu unterscheiden.

Die Lenkung der Waffe erfolgte, wie schon geschrieben, im halbautomatischen Lenkverfahren. Der Lenkschütze hielt das Ziel im Fadenkreuz seiner Visiereinrichtung und ein Infrarotpeilgerät maß die Diskrepanz zwischen Raketenposition und Visierlinie, woraus ein Digitalrechner die entsprechenden Lenkkommandos erzeugte und sie über einen Funkkommandogeber an die Rakete übermittelte. Ein Laserentfernungsmesser überwachte die Distanz zum Ziel. Die ermittelte Entfernung wurde zur Bestimmung des Flugprofils der Rakete verwendet. Beim Start auf kurze Entfernung wurde die Rakete sobald wie möglich auf die Visierlinie gesteuert, um einen präzisen Treffer zu ermöglichen. Beim Start auf große Entfernungen wurde die Rakete zunächst 3–5 m oberhalb der Visierlinie geführt. So konnte sie die Sichtverbindung zwischen Schützen und Ziel nicht behindern und war gleichzeitig vor unbeabsichtigter Kollision mit dem Erdboden oder anderen Objekten geschützt. Erst mit Annäherung an das Ziel wurde die Rakete automatisch auf die Visierlinie gelenkt, um das Ziel präzise zu treffen.

Die Wirksamkeit des Gefechtskopfes war unabhängig von Geschwindigkeit und Entfernung. Bei senkrechtem Aufschlag auf ein Ziel konnten monolithische Panzerplatten bis zu einer Stärke von etwa 600–650 mm durchdrungen werden. Das reichte in der Regel nicht aus um die Frontpanzerung moderner Kampfpanzer zu penetrieren, weshalb das Nachfolgemodell Ataka-W entwickelt wurde. Als Übergangslösung wurde das Model 9M114M mit einer Durchschlagskraft von 720–800 mm monolithischen Panzerstahl geschaffen und ab Mitte der 80er-Jahre verwendet.

Für den Einsatz in Afghanistan schuf man 1981 die Version 9M114F. Sie war im Prinzip baugleich mit der PALR, verfügte aber über einen Aerosolgefechtskopf zur Bekämpfung ungepanzerter Objekte und lebender Ziele.

Ataka-W (9M120)

Die Panzerabwehrlenkrakete Ataka-W (9M120) (russ.: Атака-В, NATO: AT-9 Spiral-2) war eine direkte Weiterentwicklung der im vorhergehenden Abschnitt beschriebenen Rakete Schturm-W (9M114). Wie diese war sie eine hubschraubergestützte, überschallschnelle, halbautomatisch gelenkte PARL der zweiten Generation, deren Kommandoübertragung per Funk erfolgte. Die Ataka-W wurde mit Beginn der 80er-Jahren im, in der Stadt Kolomna beheimateten, Konstruktionsbüro KMB entwickelt, als sich abzeichnete, dass die bis dato verwendeten sowjetischen Panzerabwehrlenkraketen mit hoher Wahrscheinlichkeit Schwierigkeiten haben würden die Frontpanzerung der damals in der Einführung befindlichen neuen Panzergeneration der NATO Staaten zu durchdringen.

Das Design der Schturm-W bot genügend Aufwuchspotential, um eine moderne, ausreichend leistungsfähige Lenkwaffe zur Bekämpfung stark gepanzerter Fahrzeuge, sowie langsamer und tieffliegender Luftziele entstehen zu lassen. So war es möglich die Rakete in relativ kurzer Zeit bis zur vollen Einsatzbereitschaft zu entwickeln.

Die Entwicklungsarbeiten begannen Anfang der 80er-Jahre. Bereits 1986 wurden die ersten Raketen des Typs Ataka-W in die Bewaffnung der sowjetischen Streitkräfte übernommen.

Die Ataka-W wurde in einem kombinierten Transport- und Startbehälter mitgeführt und konnte mittels Schnellverschlüssen leicht und zügig an den dafür vorgesehen Stationen des Kampfhubschraubers befestigt werden.

Der generelle Aufbau der Ataka-W war im Prinzip identisch mit dem der Schturm-W. Es wurde aber eine modernere und deutlich leistungsfähigere Elektronik verbaut, so dass die Rakete eine höhere Treffergenauigkeit als das Vorgängermodell erzielte. Unter optimalen Bedingungen konnten Ziele mit einer Wahrscheinlichkeit von bis zu 95% getroffen werden, unter widrigen Bedingungen lag die Quote bei etwa 65%. Die bessere Elektronik ermöglichte es die Endphase des Zielanflugs genauer zu steuern, so dass unter günstigen Umständen der Angriff auf die vergleichsweise schwache Dachpanzerung eines Feindpanzers möglich wurde. Die in den 80er-Jahren erzielten Fortschritte in der Mikroelektronik verhalfen der Rakete zu einem verbesserten Schutz gegen Funkstörung.

Außerdem konnte die Reichweite der Waffe durch ein ausdauernderes Marschtriebwerk auf zunächst 6.000 m gesteigert werden. Weiterentwickelte Versionen brachten es später auf Reichweiten von bis zu 8.000 m. (Erprobungsmodelle erreichten Distanzen bis zu 10.000 m, wobei festgestellt wurde, dass die Treffergenauigkeit auf solche Distanzen weniger von den Fähigkeiten der Rakete, als von der Qualität der zur Lenkung der Waffe notwendigen optischen Geräte abhängig war.)

Wichtigste Neuerung war die Schaffung eines verbesserten Gefechtskopfes. Er wurde als Tandemhohlladung ausgelegt und war deshalb in der Lage auch Fahrzeuge, die durch eine Reaktivpanzerung geschützt waren zu bekämpfen. Die erste Gefechtskopfvariante durchschlug nach Überwindung einer Reaktivpanzerung eine monolithische Panzerstahlplatte von 800 bis 850 mm. Ein weiterentwickelter Gefechtskopf durch-

PALR Ataka-W bei einer Luftfahrtmesse. (Foto: Rostvertol PLC)

Diese moderne russische Mi-35M ist mit einem Achtfachstarter für PALR Ataka-W und Schturm-W ausgerüstet. (Foto: Michejew via Rostvertol PLC))

drang unter den gleichen Bedingungen bis zu 950 mm Panzerstahl.

Zur Bekämpfung weicher Ziele wurde eine Lenkraketenvariante mit Aerosolgefechtskopf geschaffen und speziell für die Bekämpfung von Hubschraubern wurde eine Version mit Stabmantelgefechtsteil und Annäherungszünder in die Bewaffnung aufgenommen.

9M120	Tandemhohlladung mit bis zu 850 mm Durchschlagskraft, Reichweite 6.000 m
9M120M	Tandemhohlladung mit bis zu 950 mm Durchschlagskraft, Reichweite 8.000 m
9M120F	Aerosolgefechtskopf, Reichweite 6.000 m
9M120O	Stabmantelgefechtsteil und Annäherungszünder zur Luftzielbekämpfung, Reichweite 7.000 m

Luft-Luft-Raketen

Die Mi-24 war ursprünglich nicht für die Bewaffnung mit Luft-Luft-Raketen vorgesehen. Als die Amerikaner begannen ihre Kampfhubschrauber versuchsweise mit Luft-Luft-Raketen auszustatten, experimentierte man auch in der Sowjetunion mit dieser Bewaffnung.

Zunächst wurde versucht die Einmann-Fla-Rakete Strela-2M in die Bewaffnung der Mi-24W aufzunehmen. Die Strela-2M war genau wie die PALR Schturm in einem kombinierten Transport- und Startcontainer untergebracht. Für diesen Container wurden nun Halterungen gefertigt und die Waffe anstelle der Schturm-W mit Schnellverschlüssen angebracht.

Waffentests zeigten, dass es möglich war die Strela-2M einzusetzen. Da aber der Einsatzbereich der Rakete zu gering erschien wurde auf eine großflächige Einführung der Modifikation verzichtet.

Später, als das Nachfolgemodell Igla verfügbar war, wurde die Option diese Waffe an der Mi-24 zu installieren wieder aufgegriffen. Eine wirklich breite Bewaffnung der Mi-24 mit Iglas hat im Truppendienst aber bisher nicht stattgefunden, was wohl darauf zurückzuführen ist, dass die modernen PALR Ataka-W und Schturm-W auch in der Lage sind gegnerische Hubschrauber erfolgreich zu bekämpfen und das über Distanzen hinweg, die außerhalb der Reichweite einer Igla liegen.

Während des Kalten Krieges wurden einige sowjetische Mi-24 mit Startschienen für die Luftkampfrakete R-60 (NATO-Code: Aphid) ausgestattet. Dafür wurden die inneren Pylonen der Stummelflügel mit einer Startschiene versehen. So bewaffnete Hubschrauber sollten im grenznahen Raum operieren und bei Bedarf gegen Luftraumverletzer vorgehen. Bei der Durchführung von Gefechtsübungen der 16. Luftarmee der GSSD (Gruppe der sowjetischen Streitkräfte in Deutschland) stellte man fest, dass die Rakete R-60M, unter den normalen klimatischen Bedingungen Mitteleuropas, einen anderen Hubschrauber oder ein Propellerflugzeug nur bis zu einer Entfernung von 600 m erfassen konnte.

Im Internet kursierende Aufnahmen, die R-60-Raketen auf den Startschienen der PALR Falanga zeigen, entsprechen nicht der Einsatzrealität sondern sind als Scherze der Bodencrews zu betrachten.

Persönliche Waffen

Neben den konstruktiv in der Mi-24 vorhandenen Waffensystemen gab es zusätzlich Waffen an Bord des Kampfhubschraubers, die von der Besatzung zur Selbstverteidigung oder von den an Bord mitfliegenden Soldaten strukturmäßig mitgeführt wurden. Während des Afghanistanfeldzuges wurde es üblich den Bordingenieur mit einem schweren Maschinengewehr auszustatten, so dass dieser das Feuer auf seitlich auftauchende Ziele eröffnen konnte.

Pistole Makarow

Die Pistole Makarow war eine im Kaliber 9,2x18 mm eingerichtete Mehrladepistole. Ihre Konstruktion ist eng mit der in Zella-Mehlis entwickelten Pistole Walther PP verwandt. Die Konstruktionsunterlagen der Walther PP wurden als Kriegsbeute in die Sowjetunion verbracht, wo sie der Konstrukteur Makarow nutzte, um die Waffe an die neugeschaffene Patrone 9,2x18 mm anzupassen.

1951 wurde die Pistole Makarow zur sowjetischen Standardpistole und wurde als solche von den Piloten der Kampfhubschrauber bei ihren Flügen als persönliche Waffe stets mitgeführt. Die Makarow war eine Waffe mit kleinen Abmessungen, geringem Gewicht und einfacher Konstruktion. Sie war robust und zuverlässig, zumindest solange man die Spannfeder nicht durch übermäßiges Putzen verbog. Die Zielgenauigkeit der Pistole ließ jedoch zu wünschen übrig und ihre Reichweite war verhältnismäßig gering, weshalb sie im Afghanistanfeldzug von den Hubschrauberpiloten durch die Sturmgewehrvariante AKSU-74 (AKS-74U) ergänzt oder ersetzt wurde.

Waffenfamilie Kalaschnikow AK-47 und AK-74

Der Hubschrauber Mi-24 war von Anfang an dafür vorgesehen Soldaten ins Gefecht zu transportieren. Damit diese ihre Waffen während des Fluges einsetzen konnten war es möglich die Fenster der Frachtkabine zu öffnen. Um den beim Abfeuern der Sturmgewehre austretenden Pulverdampf ableiten zu können befand sich oberhalb jedes Fensters eine Absaugvorrichtung. An ihr wurde ein flexibler Schlauch angebracht, dessen Ende mit einem Adapter, der auf den Gehäusedeckel einer Kalaschnikow passte, versehen war. Über den Schlauch wurden Pulvergase, die beim Nachladen der Waffe austraten, abgesaugt und nach außen geleitet. So konnte die Kohlendioxidbelastung während des Schießens im Frachtraum reduziert werden.

Der Name Kalaschnikow stand als Synonym für eine legendäre Sturmgewehr-Familie. Sie umfasste Sturmgewehre der Kaliber 7,62x39 mm und 5,45x39 mm mit festem Kolben oder Klappschaft/Schulterstütze, leichte Maschinengewehre und Kurzversionen der Waffe.

Alle Kalaschnikows waren Gasdrucklader mit Drehverschluss, die sich durch eine äußerst robuste Konstruktion und absolute Zuverlässigkeit unter allen denkbaren Einsatzbedingungen auszeichneten. Die Varianten unterschieden sich hauptsächlich durch die Länge des Laufes. Alle anderen Bauteile waren gegeneinander austauschbar.

Die Kurzversion AKS-74U wurde in Afghanistan von vielen Piloten als persönliche Waffe mitgeführt. Um sie im engen Cockpit der Mi-24 unterzubringen entfernte man in der Regel Wasserflasche und Notration des Notlandepäckchens. An ihre Stelle kamen Waffe und Wechselmagazine. Viele Piloten führten zusätzlich als Waffe der letzten Wahl eine Handgranate des Typs F-1 mit sich. Da man aus Erfahrung wusste wie der Feind seine Gefangenen zu behandeln pflegte, hielten es viele Piloten für besser sich im Fall der Fälle selbst in die Luft zu sprengen, als sich gefangen nehmen zu lassen und den Grausamkeiten der Duschmanen auszuliefern.

Sowjetische AKM-47.

Maschinengewehr Kalaschnikow PK

Im Afghanistanfeldzug lernten die Duschmanen sehr schnell sich niemals auf ein Frontalduell mit einer Mi-24 einzulassen. Stattdessen vertrauten sie auf ihre exzellente Tarnung, ließen die Hubschrauber vorbei fliegen und bekämpften sie anschließend von der Seite, indem sie auf die seitlich ungepanzerte Cockpitverglasung schossen.

Um dieser Bedrohung Paroli bieten zu können wurde der im Einsatz stets mitfliegende Bordingenieur mit einem schweren Maschinengewehr PK ausgestattet. Er hatte fortan das Gelände seitwärts des Hubschraubers zu beobachten und beim Auftauchen des Feindes das Feuer auf ihn zu eröffnen.

Das Pulemet Kalaschnikowa (PK) war das schwere Standardmaschinengewehr der sowjetischen Streitkräfte und ihrer Verbündeten. Es wurde als tragbare Waffe für den Feldeinsatz verwendet (PK), kam als kolbenloses Koaxial-MG (PKT) in allen gepanzerten Fahrzeugen zum Einsatz und wurde auch als achsparallele Bewaffnung beim Hubschrauber Mi-2 genutzt.

Das Maschinengewehr PK war eine gasdruckbetriebene Waffe. Es besaß einen Gaskolben und einen Drehverschluss. Im Gegensatz zum Sturmgewehr AK-47 war das Gaskolbensystem nicht oberhalb des Laufes, sondern unterhalb angebracht. Das war notwendig um einen ungestörten Zugang zum Lauf der Waffe sicherzustellen.

Wie die Kalaschnikow Sturmgewehre zeichnete sich auch das PK durch eine robuste Konstruktion und herausragende Zuverlässigkeit aus. Es arbeitete praktisch störungsfrei. Durch die hohe Feuergeschwindigkeit hatte der Lauf, wie bei allen MGs, die Tendenz sich nach langen Feuerstößen heiß zu schießen. Deshalb war er als Wechsellauf ausgelegt. Er konnte mit zwei einfachen Handbewegungen entfernt und durch einen Wechsellauf ersetzt werden. Damit sich der Schütze beim Laufwechsel nicht die Hände verbrannte war der Lauf mit einem holzverkleideten Wechselgriff ausgestattet.

Die Munition wurde aus einem Gurtkasten über einen Zerfallgurt zugeführt. Als Patrone nutzte man die bereits aus der Zarenzeit stammende Konstruktion 7,62x54R.

Schweres Maschinengewehr PKM. (Foto: Wiki)

Selbstschutz-einrichtungen

Radarwarngeräte

In der Mi-24D wurde der Radarwarnempfänger **SPO-10** Sirena-3M (russ.: Сирена-3М) genutzt. Das SPO-10 (russ.: станция предупреждения об облучении) konnte feindliche Radargeräte bis zu einer Distanz von 45 bis 50 km aufspüren.

Das Gerät war mit vier Antennen ausgerüstet, die auf den Stummelflügeln des Hubschraubers angebracht waren. Die Antennen waren dabei so ausgerichtet, dass sie die elektronischen Anstrahlungen aus jeweils einem Quadranten rund um den Hubschrauber überwachten. Die einzelnen Antennenkanäle wurden im SPO-10 zusammengeführt und eine potenzielle Bedrohung auf einem Anzeigegerät im Cockpit dargestellt.

Die Anzeige bestand aus einem runden Gehäuse auf dem ein Flugzeug stilisiert dargestellt war. Im Gehäuse gab es vier Lampen, die jeweils einen Quadranten symbolisierten. Für den Nachteinsatz war es möglich die Lampen mit einem Filter abzudunkeln um ein Blenden des Piloten zu vermeiden.

Erfasste das Warngerät ein Radarsignal, so bekam der Pilot eine optische Meldung, indem eine oder mehrere Lampen des Warngerätes aufleuchteten und zusätzlich ein akustisches Signal erklang. Das bedeutet, dass ein im Suchmodus arbeitendes Radargerät im SPO-10 ein rhythmisches Aufleuchten der Lampen, bei gleichzeitigem Erklingen des Warnsignals, erzeugte. Da jede einzelne Anstrahlung des Hubschraubers durch das Suchradar eine eigene Warnung generierte, konnten Veränderungen im Suchverhalten des Radars akustisch und optisch dargestellt werden. Je enger das Feindradar den Suchstrahl fokussierte, desto häufiger wurde der Hubschrauber angestrahlt und desto schneller erfolgte das Blinken der Warnleuchten und die gleichzeitige schnellere Abfolge des Warnsignals. Wurde der Hubschrauber von einem Feuerleitstrahl erfasst, ertönte ein kontinuierlicher durchdringender Ton und die der Gefahrenrichtung entsprechenden Warnlampen leuchteten ständig.

Ab der Mi-24W kam das deutlich verbesserte System **SPO-15** Berjosa (russ.: Берёза, Birke) zum Einsatz. Es zeigte

Anzeigeteil des Radarwarngerätes SPO-10. (Foto: Normann)

Anzeigegerät des SPO-15 in einer zypriotischen Mi-35P. (Foto: Rostvertol)

die Richtung der Radaranstrahlung mit großen, leicht erkennbaren Leuchten weitaus genauer an, als es das SPO-10 konnte und unterschied auch, ob die Radaremissionen von oben oder von unten erfolgten. Ein Halbring kleiner Leuchten stellte die Richtung weiterer, als sekundär aufgefasster Radaremissionen dar.

Es gab eine ringförmige Anzeige die Informationen über die Stärke der empfangenen Radaremissionen lieferte. Eine weitere Reihe von Anzeigelampen definierte die Art des Radargerätes, welches den Hubschrauber anstrahlte. Sie gab Warnungen vor Luftzielradaren, Fla-Raketenkomplexen langer, mittlerer und kurzer Reichweite, Luftüberwachungsradaren und AWACS-Systemen.

Infrarottäuschkörperwerfer ASO-2W

Alle Mi-24 der ersten Serienfertigungsjahre liefen ohne Störkörperwerfer vom Band. Das Militär hielt solch eine Vorrichtung für unnötig, da man davon ausging, dass mit infrarotgelenkten Raketen ausgestattete gegnerische Jagdflugzeuge wohl kaum in der Lage wären sich ein Duell mit den kurz über der Erdoberfläche handelnden Kampfhubschraubern zu liefern. Das Auftauchen schultergestützter tragbarer Fla-Raketen (engl.: Manpads) wurde zur Kenntnis genommen, Gegenmaßnahmen ergriff man jedoch nicht. Das änderte sich mit dem Afghanistanfeldzug.

Die dortigen Kampferfahrungen zeigten, dass Einmann-Fla-Raketen eine ernstzunehmende Bedrohung für Hubschrauber und Flugzeuge waren. Daraufhin wurden alle im Einsatz stehenden Mi-24-Kampfhubschrauber mit Störkörperwerfern des Typs ASO-2W nachgerüstet. Dazu wurden Behälter für die austauschbaren Startkassetten mit Spannbändern am Heckausleger des Hubschraubers angebracht. Zunächst gab es zwei Startkassetten, später wurden vier Werfer montiert.

Zwei Kassetten (je 32 Patronen) zeigten dabei nach links, die anderen beiden Kassetten wiesen nach rechts. So konnten Infrarotstörkörper nach beiden Seiten abgeschossen werden, je nachdem aus welcher Richtung die Bedrohung kam.

Im Cockpit des 2.HSF (Bordschützen) wurden zwei Bedienteile für die Störkörperwerfer installiert. Das Hauptbedienpult ermöglichte es dem Bordschützen die Größe einer Störkörpersalve festzulegen. Es konnten Serien zu vier oder zu 16 Leuchtködern abgefeuert werden. Weiterhin war es möglich das Zeitintervall zwischen den Ausstößen zu bestimmen. Im Schnellfeuer wurde alle zwei Sekunden ein Störkörper gestartet, im langsamen Betrieb feuerten die Werfer im 6-Sekundenabstand. Der manuelle Start einzelner Täuschkörper war ebenfalls vom Hauptbedienpult aus möglich.

Weil das Hauptbedienpult ergonomisch schlecht platziert war, gab es ein einfach zu erreichendes Zusatzbedienteil. Es ermöglichte die Schussrichtung der Täuschkörper auszuwählen. Außerdem hatte es natürlich einen Startknopf, um die Gegenmaßnahmen zu aktivieren.

Der Störkörperwerfer ASO-2W verschoss zunächst Leuchtköder des Typs LO-56 und später PPI-26-1W, um Raketen mit Infrarotzielsuchkopf vom Hubschrauber abzulenken. Tests ergaben, dass die Leuchtköder LO-56 wenig wirksam waren. Temperatur und Brenndauer der LO-56 waren zu gering, so dass sie nur in 10 bis 15% aller Fälle infrarotgelenkte Raketen ködern konnten. Deshalb wurden sie durch die PPI-26-1W ersetzt.

Kriegserfahrungen aus Afghanistan zeigten, dass das mit den neuen Ködern bestückte System, bei korrektem Einsatz, eine hohe Wirksamkeit besaß und damals selbst modernste Fla-Raketen, wie die amerikanische Stinger, zuverlässig vom Kurs abbringen konnte. Der durch den ASO-2W, bei richtigem Einsatz, gewährte Schutz erreichte nahezu 90%. Damit das System wirken konnte war es notwendig, bei der Anwesenheit von Stinger-Raketen, stets Täuschkörper in der Luft zu haben. In Flughöhen unter 1.500 m über Grund wurden deshalb im Gefahrenfall kontinuierlich Täuschkörper im Intervall von zwei Sekunden gestartet. Bei Flughöhen größer als 1.500 m erfolgte der Täuschkörperstart alle sechs Sekunden.

Um Täuschkörper zu sparen flog man in Afghanistan größere Distanzen in Höhen von 3.000 m oder mehr, weil diese Höhen damals von der Stinger nicht erreicht werden konnten. Wichtig war der Einsatz des Störkörperwerfers bei Angriff und Rückzug. Hier sollte der Störkörperwerfer sieben bis zehn Sekunden vor Erreichen der Wirkungsreichweite der Fla-Raketen aktiviert werden. Während dieser Phase des Kampfeinsatzes waren kontinuierlich Serien von Täuschkörpern alle zwei Sekunden zu starten. Der Einsatz des ASO-2W sollte, laut Dienstvorschrift, solange erfolgen bis der Hubschrauber nach erfolgter Attacke eine Distanz von 3.000 m vom Angriffsziel erreicht, oder bis er den Wirkungsbereich der Fla-Raketen sieben bis zehn Sekunden lang hinter sich gelassen hatte.

Während ältere Mi-24-Modelle mit dem ASO-2W nachgerüstet wurden, erhielten neugebaute Hubschrauber bereits im Herstellerwerk festinstallierte Störkörperwerfer. Diese wurden beiderseits des Rumpfes angebracht und beinhalteten je Seite drei Kassetten zu jeweils 32 Patronen.

IR-Störgeräte

Die Infrarotstöranlage SOÄP-W1A (russ.: СОЭП-B1A) alias L166W Ispanka (NATO-Code: Hot Brick) bestand aus einem Infrarotstrahler (Xenonlampe) der auf dem Rumpfrücken der Mi-24 montiert wurde und einem Bedienteil im Cockpit des 2.HSF (Bordschützen). Sie schützte den Hubschrauber vor Raketen mit Infrarotzielsuchköpfen indem sie amplitudenmodulierte Lichtstörungen aussandte, die die genaue Zielerfassung durch den Suchkopf der Rakete beeinträchtigen sollten. Der Schutz, der durch Ispanka generiert wurde, überdeckte ein Gebiet das horizontal gesehen von 1 Uhr bis 11 Uhr (30° bis 330°) reichte und in der Vertikalen einen Raum von -30° bis + 10° einnahm. Eine Rundumabsicherung war durch Ispanka nicht möglich, da in Flugrichtung der Rumpf des Hubschraubers die Störstrahlung abschirmte. Am effektivsten arbeitete das System im Gebiet von 2 Uhr bis 5 Uhr und 7 Uhr bis 10 Uhr. Hier wurde eine anfliegende infrarotgelenkte Rakete mit einer Wahrscheinlichkeit von bis zu 80% abgelenkt. Direkt nach hinten war Ispanka weniger effektiv. (20–60%)

Direkte Sonneneinstrahlung aus Richtung der anfliegenden Rakete beeinträchtigte die Wirksamkeit von Ispanka erheblich.

Die Infrarotstöranlage Ispanka bestand aus einem Heizgerät, welches nach einer fünfminütigen Aufwärmphase maximal zwei Stunden im Dauerbetrieb arbeiten durfte und nach dem Einsatz eine Stunde abkühlen musste. Ober- und unterhalb des Heizgerätes waren konische Spiegel angebracht. Um das Ganze herum gab es zwei sogenannte Modulationsgitter. Das waren dünnwandige Zylinder, die mit Schlitzen versehen waren. Ein Gitter war fest montiert, das andere drehte sich um das feststehende Gitter herum. Die Geschwindigkeit der Drehung war für die ausgesandte Impulsfolgefrequenz verantwortlich. Sie konnte vom Bodenpersonal so verändert werden, dass sie der Suchfrequenz der unterschiedlichen Infrarotsuchköpfe entsprach.

Ispanka und Leuchtköderwerfer an einer zypriotischen Mi-35P. (Foto: Rostvertol PLC)

Die äußere Hülle des Gerätes bestand aus einer Keramikschicht, die nur Licht im infraroten Spektrum passieren ließ, jedoch für das Lichtspektrum, welches das menschliche Auge wahrnehmen konnte, undurchdringbar war.

Zum Schutz der Anlage vor Beschädigung und Schmutz konnte Ispanka mit einer metallenen Abdeckhaube versehen werden.

Die für den Export gebauten Anlagen L166W hatten die Bezeichnung Ispanka (russ.: Испанка, Spanierin). Die in den sowjetischen Streitkräften verwendeten Anlagen wurden Lipa (russ.: липа, Linde) genannt. Lipa war eine Abkürzung des russischen Fachterminus für Infrarotstörungslampe (russ.: Лампа инфракрасная помех).

Sie verwendete ein anderes Heizelement (Nickelchromspirale).

Wärmeschutzsystem ÄWU

Anfang der 80er-Jahre suchte man in der Sowjetunion, nach den ersten schlechten Erfahrungen aus dem Afghanistanfeldzug, ein Mittel um die Überlebensfähigkeit der Hubschrauber gegen Einmann-Fla-Raketen zu erhöhen. Es kam die Idee auf, die heißen Abgase der Triebwerke vor direkter Sicht abzuschirmen und sie mit kalter Luft zu mischen, um deren Temperatur zu senken. So wollte man die Infrarotsignatur des Hubschraubers reduzieren und die Suchköpfe der Raketen weniger wirksam machen.

Dazu wurden kastenförmige Gehäuse vor die Triebwerksausgänge gehängt, die die Aufgabe hatten vorn kalte Luft einzulassen, sie mit den heißen Abgasen zu mischen und das Gemisch dann nach oben, in den Rotorstrom umzuleiten, wo es weiter verwirbelt und gekühlt werden sollte. Das System nannte man ÄWU (russ.: ЭВУ – экранно-выхлопных устройств).

Die ersten Versuche eine ÄWU zu bauen waren nicht wirklich erfolgreich. Analysen des ZAGI-Institutes zeigten, dass die Wirksamkeit der Anlage gering war und der Durchgang der Rotorblätter durch die abgeleiteten Abgase regelrechte Infrarotblitze erzeugte, die infrarotgelenkte Raketen magisch anzogen.

Deshalb wurde das System mehrfach überarbeitet und es gelang die Wärmesignatur des Hubschraubers um etwa die Hälfte zu senken. Durch Kühlung und Verwirbelung der Abgase wurde die IR-Signatur so verzerrt, dass sie im Suchkopf einer Rakete kontrastarm (verwaschen) abgebildet wurde. Das war gut genug, um die Wirksamkeit der erste Generation der Einmann-Fla-Raketen, wie der amerikanischen Redeye oder der sowjetischen Strela-2, entscheidend zu reduzieren, vor allem dann, wenn der Hubschrauber zusätzlich mit Störkörperwerfern ausgestattet war. Gegen moderne Raketentypen (Stinger, Igla) war die Wirksamkeit des ÄWU nicht mehr ausreichend. 1982 wurde das System im scharfen Schuss in Afghanistan getestet.

Es zeigte sich, dass der Einsatz des ÄWU den Treibstoffverbrauch um etwa 6% steigerte. Durch das zusätzliche Gewicht und den Luftwiderstand reduzierten sich Höchstgeschwindigkeit und Gipfelhöhe geringfügig. Unter extremen Höhenbedingungen und bei hohen Temperaturen behinderte das ÄWU die Flugleistungen des Hubschraubers allerdings so stark, dass es nicht mehr einsetzbar war. Um dem entgegenzuwirken versuchten die Truppen vor Ort wo es nur ging Gewicht zu sparen. Zum Teil wurde sogar die Panzerung des Hubschraubers ausgebaut. Im Zweifelsfall verzichtete man dann lieber auf das ÄWU.

Trotzdem leistete das ÄWU im Verbund mit den anderen Schutzmaßnahmen einen wichtigen Beitrag um die Überlebensfähigkeit der Hubschrauber zu erhöhen. Deshalb wurden ab 1984 alle Mi-24 so gebaut, dass an ihnen das ÄWU montiert werden konnte.

Frühe, nicht erfolgreiche Variante des ÄWU während der Felderprobung. (Foto: OKB Mil)

L370 Witebsk

In den letzten beiden Jahren des Afghanistanfeldzugs war es, durch die Ausrüstung der Hubschrauber mit Gegenmaßnahmen und Störgeräten, gelungen die Wirksamkeit der amerikanischen Stinger Luftabwehrraketen deutlich zu reduzieren. Die amerikanischen Entwickler antworteten auf diese Entwicklung mit neuen Suchköpfen für die Raketen, die nicht mehr nur im Infrarotbereich, sondern auch im UV-Bereich nach Zielen suchten. Durch den Abgleich von Infrarotbild und UV-Bild konnten Störmaßnahmen besser erkannt und ausgefiltert werden. Damit war die Stinger wieder in der Lage Kampfhubschrauber effektiv zu bekämpfen.

Nun gibt es im Militärwesen die alte Weisheit, dass zu jeder Waffe eine Gegenwaffe entwickelt wird. Und dies geschah in Russland mit der Entwicklung des modularen Störsystems L370 Witebsk. Witebsk besteht aus verschiedenen Modulen, die an Flugzeuge und Hubschrauber angepasst werden können. Je nach Bedrohungslage werden verschiedene Module zur Anwendung gebracht.

Die bei den modernsten Mi-35M zum Einsatz gebrachte Variante wird als Witebsk-35 bezeichnet.

Sie besteht aus Modulen zur Erfassung von Raketenstarts und Modulen zur Abwehr anfliegender Raketen. Zur Abwehr anfliegender Raketen senden die Infrarotstrahler des Witebsk-Systems eng fokussierte Lichtbündel aus, die die Suchköpfe der Raketen blenden sollen. Durch die Blendung der Sensoren verliert die anfliegende Rakete ihr Ziel und geht fehl. Der Schutzbereich des Witebsk Systems soll zwischen 500 und 5.000 Metern liegen.

Während der Einsatzerprobung von Witebsk wurde eine mit diesem System ausgestattete Mi-8 mit zwanzig modernen Igla Raketen beschossen, von denen nicht eine einzige das Ziel traf.

Im Ukrainekrieg lieferte Witebsk gemischte Ergebnisse ab. Es kam vor, dass auf einzelne russische Kampfhubschrauber bis zu 15 Stinger Raketen abgeschossen wurden, die allesamt abgewehrt werden konnten. Bei anderen Einsätzen fielen russische Kampfhubschrauber bereits einer einzelnen Stinger Rakete zum Opfer, obwohl sie durch das Witebsk System geschützt waren. Es wird vermutet, dass in solchen Fällen die Stinger unterhalb der minimalen Schutzdistanz von Witebsk gestartet worden waren.

Das Selbsschutzsystem Witebsk wurde bei älteren Mi-35M nachträglich eingebaut. (Foto: Martin Baumann)

Neugebaute Mi-35M erhielten das Witebsk System vom Werk aus. (Foto: Martin Baumann)

Diese Mi-35M sind mit ÄWU-Systemen ausgestattet. (Foto: Alexej Michejew via Rostvertol PLC)

Gefechtsformation:
Reihe der Kette.
(Foto: Rostvertol PLC)

Gefechts-einsatz

Die Mi-24-Taktiken für Europa

Die Mi-24 wurde für eine potenzielle militärische Auseinandersetzung im Herzen Europas entwickelt. Sie sollte die Rolle eines fliegenden Schützenpanzers übernehmen und dabei auch Taktiken anwenden, die bereits im Zweiten Weltkrieg von den Il-2 Sturmowiks genutzt worden waren. Folgende Ausführungen basieren auf den taktischen Überlegungen der Nationalen Volksarmee der DDR, die im Wesentlichen mit den sowjetischen Vorstellungen übereinstimmten und wie sie in den Dienstanweisungen für den Gefechtseinsatz der Mi-24-Besatzungen und der Armeefliegerkräfte dargestellt wurden.

Nach der Einführung des Kampfhubschraubers in die Truppe stellte sich zunächst die Frage, welcher Teilstreitkraft die Kampfhubschrauberverbände angehören sollten. Sollte, wie bisher, nur den Luftstreitkräften das Recht zugestanden werden die eigenen Truppen im Felde aus der Luft zu unterstützen, oder sollten die Landstreitkräfte eigene fliegende Verbände erhalten? Die Diskussion war langwierig, doch letztendlich setzte sich die Überzeugung durch, dass die Kampfhubschrauber den Landstreitkräften zugeordnet werden sollten. So entstanden in den 80er-Jahren die Armeefliegerkräfte.

Die Armeefliegerkräfte wurden in der NVA, und natürlich auch vom sowjetischen Militär, als grundlegendes Mittel zur Luftunterstützung der eigenen Truppen angesehen. Sie waren vor allem zur Bekämpfung feindlicher Kräfte an der Front und im frontnahen Raum vorgesehen. Nebenaufgaben waren die Abwehr gegnerischer Hubschrauber, die Luftaufklärung oder das Verlegen von Minensperren.

Ausgehend von diesen Grundüberlegungen sollten die Mi-24 verschiedene Aufgaben lösen. Die Wichtigste war die Vernichtung von gegnerischen Objekten, welche sich an der vorderen Linie des Gegners oder kurz dahinter befanden. Weiterhin sollten Mi-24 zur Abwehr feindlicher Luft- und Seelandungen eingesetzt werden und dabei sowohl die fliegenden oder schwimmenden Transportmittel des Gegners bekämpfen, aber auch bereits angelandete Feindverbände zerschlagen.

Kampfhubschrauber sollten, entsprechend des militärischen Denkens der NVA, eigene Luftlandetruppen im Hinterland des Feindes absetzten oder Luftlandeoperationen absichern und unterstützen.

Das Suchen, Retten und Ausfliegen in Not geratener Piloten gehörte zum Aufgabenspektrum der Mi-24-Besatzungen, wie auch das Absetzen und Zurückholen von Aufklärungs- und Spezialkräften.

Nebenaufgaben waren die Luftaufklärung, die Lenkung des Feuers der eigenen Artillerie, das Verlegen von Minen aus der Luft, die Durchführung von Transportaufgaben zur Versorgung der eigenen Truppen und das Evakuieren von Verwundeten und Kranken aus der Kampfzone.

Die eigentliche Aufgabe der Mi-24-Besatzungen war die Bekämpfung des Gegners am vorderen Rand und in der taktischen Tiefe des Raumes.

Angriffsverfahren

Für den Waffeneinsatz waren vier Methoden vorgesehen. Die Bekämpfung des Gegners aus der Standschwebe, aus dem Vorwärtsflug, aus dem Sturzflug und aus dem Hochziehen.

Der **Kampf aus der Standschwebe** war aus Sicht der NVA als Hauptverfahren bei der Abwehr gegnerischer Panzervorstöße anzuwenden. Dazu wurden in der Handlungsrichtung des Gegners Hinterhaltstellungen eingerichtet, die von einzelnen Mi-24 oder Mi-24-Paaren besetzt werden sollten. Diese Stellungen waren hinter maskierenden Geländeformationen, Wäldern oder Ortschaften anzulegen. Zu jeder Hinterhaltstellung gehörte zwingend ein Fliegerleitoffizier, der die Annäherung des Gegners beobachtete und die darauffolgende Bekämpfung koordinierte.

Auf Befehl des Fliegerleitoffiziers starteten die Mi-24, erfassten die zugewiesenen Ziele und bekämpften diese mit PALR aus maximaler Kampfdistanz. Nach der Feuerführung verließen die Mi-24 die Feuerposition und bezogen eine Wechselstellung, von der aus ein erneuter Angriff auf die gegnerischen Panzer erfolgen konnte. Sie konnten aber auch in einer Bereitschaftszone in extremer Bodennähe kreisen und auf einen erneuten Einsatzbefehl durch den Fliegerleitoffizier warten.

Der von Hinterhaltstellungen geführte Kampf aus der Standschwebe ermöglichte eine Feuerführung unter optimalen Bedingungen was Schussbedingungen und Zielzuweisung betraf, bei weitest gehender Vermeidung gegnerischer Fla-Mittel und die optimaler Ausnutzung des Überraschungsmoments.

Nachteilig war, dass die Mi-24 in der Standschwebe stärker vibrierte als im Vorwärtsflug und so die Zielgenauigkeit und damit verbunden die Trefferwahrscheinlichkeit der PALR abnahm. Beim Kampf aus der Standschwebe gegen gepanzerte Fahrzeuge waren nur die PALR erfolgreich einsetzbar. Ungelenkte Raketen und die Kanonenbewaffnung waren nicht durchschlagskräftig genug, um aus der Standschwebe wirksame Treffer an Panzerfahrzeugen zu erzielen. Bomben, Brandmittel und Schüttwaffensysteme konnten naturgemäß nicht aus der Standschwebe eingesetzt werden, ohne dass sich die Mi-24 selbst gefährdete.

Der **Angriff aus dem Horizontalflug** war das Hauptangriffsverfahren der Mi-24. Bei ihm konnten alle Bewaffnungsvarianten erfolgreich zur Anwendung gebracht werden. Der Anflug ans Ziel hatte im extremen Tiefflug zu erfolgen. So konnte eine frühzeitige Entdeckung durch den Gegner vermieden werden. Beim Erreichen der Zone des effektiven Waffeneinsatzes sollten die Mi-24 auf Angriffshöhe gehen und erkannte Ziele mit PALR attackieren. Nach dem Waffeneinsatz hatten die Mi-24 abzudrehen, wenn die gegnerischen Truppen durch Fla-Mittel gedeckt waren, oder, falls dies nicht der Fall war, den Gegner mit ungelenkten Raketen, Bomben und Bordwaffenfeuer weiter energisch anzugreifen.

Der Vorteil des Angriffs aus dem Horizontalflug lag in der gedeckten Annäherung an den Gegner und den damit verbundenen günstigen Bedingungen für die Überwindung der gegnerischen Luftabwehr. Nachteilig war, dass bedingt durch die geringe Flughöhe die Zielerkennung mitunter unterhalb der maximalen Einsatzentfernung der PALR lag und so der Mehrfacheinsatz der PALR nicht vor Erreichen der Wirkungszone der gegnerischen Luftabwehr möglich war. Auch war das Schießen mit ungelenkten Raketen auf gepanzerte Ziele wenig wirksam. Die Durchschlagskraft der Raketen reichte in der Regel nicht aus, um die Frontpanzerung eines modernen Panzers zu überwinden.

Deshalb wurde für den Einsatz von ungelenkten Raketen der **Angriff aus dem Sturzflug** bevorzugt. Nach einer Annäherung an das Ziel, welche im extremen Tiefflug zu erfolgen hatte, stieg die Mi-24 auf Angriffshöhe, um sich anschließend, nach erfolgter Zielerkennung und -identifikation auf den Gegner herabzustürzen. So konnten Ziele hinter Deckungen unter Beschuss genommen werden. Günstig war auch, dass in diesem Angriffsverfahren auf die bedeutend schwächeren Dachpanzerungen gepanzerter Fahrzeuge geschossen wurde, was die Vernichtungswahrscheinlichkeit deutlich erhöhte.

Der Angriff aus dem Sturzflug hatte aber auch mehrere Nachteile. Zum einen exponierte sich der Hubschrauber der gegnerischen Luftabwehr, so dass dieses Verfahren nur dann sinnvoll anzuwenden war, wenn die feindlichen Flaksysteme

Mi-24 und BMD-2 bei einer Gefechtsübung. (Foto: russ MoD)

Zwei Mi-24P in Formation. (Foto: russ MoD Balaschowa)

zerschlagen oder desorientiert waren. Zum anderen war die einsetzbare Waffenpallette arg eingeschränkt. PALR konnten aus technischen Gründen nicht erfolgversprechend genutzt werden und beim Abwurf von Bomben, Brandbehältern und Flächenwaffensystemen bestand für die Mi-24 die Gefahr selbst in der Wirkungsbereich dieser Waffen zu geraten. Der Einsatz des Bord-MGs JakB war laut Dienstvorschrift bis zu einem Sturzflugwinkel von 15° erlaubt. Bis zu einem Winkel von 10° konnte es noch im beweglichen Modus vom Bordschützen bedient werden. Bei stärkeren Sturzwinkeln musste das MG in den starren Modus gebracht werden. Der Einsatz der Waffe oblag dann dem Piloten, der über das Visier PKW zielte.

Haupteinsatzmittel beim Angriff aus dem Sturzflug waren die ungelenkten Raketen, die bei diesem Angriffsverfahren die besten Trefferergebnisse und die höchste Wirksamkeit erzielten.

Ein letztes und das am wenigsten gebräuchlichste Angriffsverfahren war der **Angriff aus dem Hochziehen**. Dieses Verfahren war nur für die Bekämpfung großer Flächenziele geeignet und wurde mit ungelenkten Raketen durchgeführt.

Mit ihm sollten gut verteidigte Geländeabschnitte großflächig unter Feuer genommen werden, ohne dass sich die Mi-24 in den Wirkungsbereich der gegnerischen Luftverteidigung begeben mussten. Dabei sollten die Mi-24 mit möglichst hoher Geschwindigkeit anfliegen, in den Steigflug übergehen und einen vor dem Einsatz berechneten Steigflugwinkel einnehmen. Bei Erreichen einer vorher bestimmten Position waren die ungelenkten Raketen abzufeuern und der Hubschrauber hatte sofort ein Ausleitmanöver auszuführen, um in den extremen Tiefflug zurückzukehren und vom Ziel abzudrehen.

Die Mi-24 übernahm beim Angriff aus dem Hochziehen die Rolle eines fliegenden Geschosswerfers. Die Trefferwahrscheinlichkeit war gering, da das Waffensystem für dieses Einsatzverfahren nicht vorgesehen war und auch keinerlei Visiereinrichtungen besaß, die sich für das indirekte Schießen mit ungelenkten Raketen eigneten.

Das Verfahren Angriff aus dem Hochziehen wurde in verschiedenen Dienstvorschriften und Handbüchern beschrieben. Von den Piloten der Mi-24 wurde es jedoch skeptisch betrachtet.

Gefechtsformation

Über dem potenziellen mitteleuropäischen Kriegsschauplatz war der Einzeleinsatz von Mi-24 nur in Ausnahmefällen vorgesehen. Dieser sollte nur bei Sondereinsätzen stattfinden. Die Regel sah vor, dass die Mi-24 stets in Gruppen agierten.

Die kleinste **taktische Einheit** war das Paar, welches aus zwei Mi-24 gebildet wurde. Das Kommando hatte der Pilot des ersten Hubschraubers, der als Paarführender oder Führender bezeichnet wurde. Die Nummer Zwei im Verband hieß Geführter.

Zwei Paare bildeten eine Kette. Sie wurde vom Kettenkommandeur befehligt.

Drei oder vier Ketten bildeten eine Staffel, mehrere Staffeln ein Geschwader, bzw. im sowjetischen Sprachgebrauch ein Regiment.

Die Geschwader waren dem Kommandeur eines Militärbezirks, bzw. einer Armee direkt unterstellt. Er konnte frei über sie verfügen.

Die **Gefechtsordnungen** der Mi-24-Verbände waren vielfältig. Es wurde sowohl in geschlossener Formation, d.h. die Abstände zwischen den einzelnen Kampfhubschraubern betrugen maximal das Doppelte des Tragschraubendurchmessers, als auch in geöffneter Formation operiert.

Die geschlossene Formation wurde relativ selten angewandt, da sie eine große Aufmerksamkeit der Piloten erforderte, um Zusammenstöße in der Luft zu vermeiden. Dies lenkte naturgemäß von der Beobachtung des Gefechtsfeldes ab und behinderte die Erfüllung der Gefechtsaufgabe. Deshalb war die geschlossene Gefechtsordnung nur vorgesehen, wenn es darum ging die Zone der gegnerischen Luftabwehr mit einer kurzen und kompakten Formation möglichst schnell zu überwinden, kleine Feindziele mit möglichst vielen Hubschraubern simultan angegriffen werden sollten, oder wenn Luftlandeeinheiten auf kleinen Geländeabschnitten abgesetzt werden mussten.

Beim Fliegen in geöffneten Gefechtsordnungen betrug der Abstand zwischen den einzelnen Mi-24 mehr als zwei Tragschraubendurchmesser. Die maximale Distanz wurde durch die visuelle Sichtbarkeit begrenzt, da sich die Hubschrauber gegenseitig unterstützen sollten und die Piloten die anderen Helikopter dazu sehen mussten.

Die geöffneten Formationen erlaubten die maximale Ausnutzung der Manövrierfähigkeit der Mi-24 und boten exzellente Voraussetzungen für eine optimale Zielsuche und präzisen Waffeneinsatz. Sie verringerten gleichzeitig die Gefahr der Kollision zweier Hubschrauber in der Luft und minimierten die Wahrscheinlichkeit, dass zwei oder mehrere Hubschrauber durch eine einzelne gegnerische Rakete erfolgreich bekämpft werden konnten.

Flogen die Mi-24 in Formationen, bei denen sich die Abstände zwischen den einzelnen Hubschraubern so groß waren, dass es nicht mehr möglich war sich gegenseitig zu sehen, sprach man von dezentralisierten Gefechtsordnungen. Sie wurde bei Transport- und Luftlandeeinsätzen unter schwierigen Wetterbedingungen oder bei Nacht angewendet. Bei Gefechts-

Georgische Mi-24W und P. (Foto: georgisches Verteidigungsministerium)

Mi-24P im Winter. (Foto: Russische Armee)

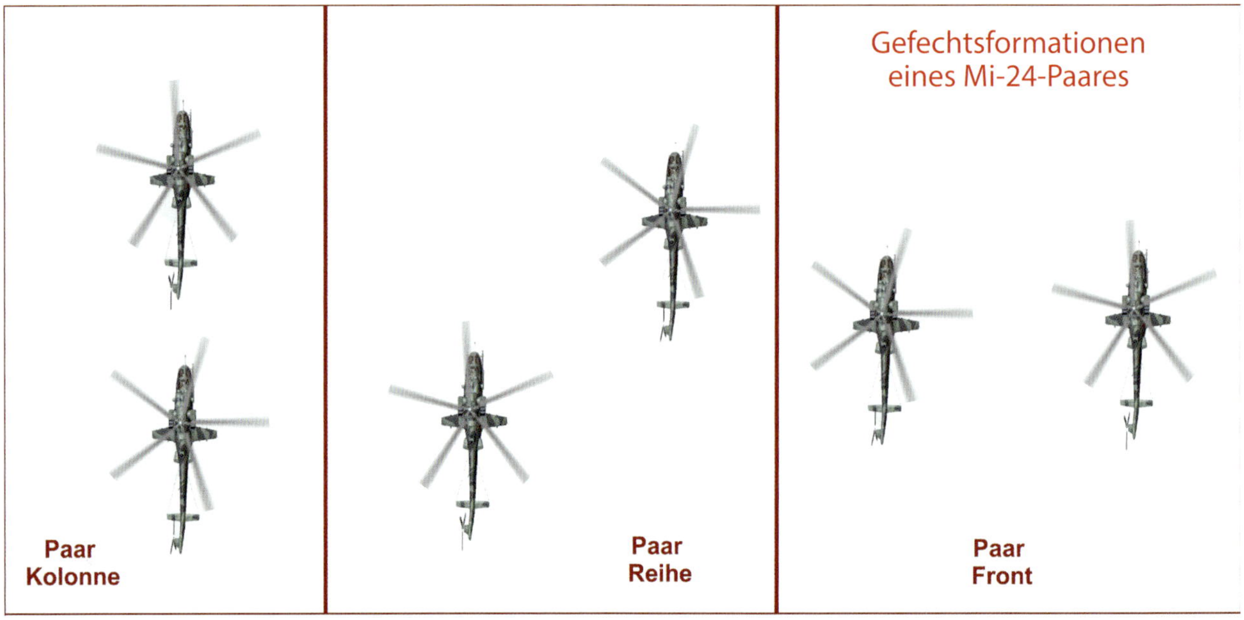

einsätzen unter schlechten Sichtbedingungen konnten mit dezentralisierten Formationen aufeinanderfolgende Schläge gegen einzelne Feindziele geführt werden. Massierte Attacken waren mit dezentralisierten Gefechtsordnungen nicht möglich.

Die kleinste taktische Einheit eines Mi-24-Verbandes war, wie bereits erwähnt, das Paar. Mi-24-Paare flogen für gewöhnlich in den Gefechtsordnungen Front (nebeneinander), Kolonne (hintereinander) oder Reihe (seitlich nach hinten gestaffelt).

Zwei Paare bildeten eine Kette. Die vier Mi-24 konnten die Gefechtsordnungen Front (nebeneinander), Kolonne (hintereinander), Kolonne der Paare, Reihe (seitlich nach hinten gestaffelt), Reihe der Paare und Keil (Vierfingerformation) einnehmen.

Eine Staffel, die aus mehreren Ketten gebildet wurde, operierte in den Gefechtsformationen Kolonne der Ketten (hintereinander), Reihe der Ketten (Ketten seitlich versetzt), Front der Ketten (nebeneinander) und Schlange (Ketten alternierend seitlich versetzt hintereinander fliegend). Die Gefechtsordnung der einzelnen Ketten konnte dabei variieren.

Ein Geschwader formierte sich als Kolonne der Staffeln oder als Schlange der Staffeln, wobei sich auch hier die Gefechtsordnungen innerhalb der einzelnen Staffeln und Ketten unterscheiden konnten.

Ziel jeder Gefechtsordnung war es Formationen zu bilden, die entsprechend der jeweiligen Lage maximale Gefechtsfeldbeobachtung, sichere Feuerführung und besten Schutz für die eigenen Mi-24-Besatzungen bot.

Da die Strategie des Warschauer Vertrages bis in die Mitte der 80er-Jahre offensiven Charakter trug, war auch für die Kampfhubschrauberverbände der Angriff die Hauptkampfform. Weil man mit einem starken, gut organisiertem Gegner rechnen musste ging das Militär des östlichen Verteidigungsbündnisses davon aus, dass zur Erringung des Sieges auf dem Gefechtsfeld massierte Schläge von Kampfhubschrauberverbänden notwendig sein würden.

Massierte Mi-24-Verbände waren nach Ansicht der NVA in ihrer Gefechtsordnung so zu gliedern, dass die einzelnen Gruppen unterschiedliche Aufgaben lösen konnten.

Die **Hauptgruppe** hat den Auftrag die eigentliche Gefechtsaufgabe zu erfüllen. Sie konnte als Schlaggruppe gegnerische Land- und Seeziele bekämpfen, als Luftlandegruppe Truppen im Hinterland des Feindes absetzen, als Lufttransportgruppe Kampftechnik und Material transportieren oder als Minenlegegruppe Geländeabschnitte durch das Verlegen von Minen unpassierbar machen. Zur Hauptgruppe gehörte in der Regel der größte Teil der eingesetzten Hubschrauber.

Zur Unterstützung der Hauptgruppe wurden **Sicherstellungsgruppen** abgestellt. Sie hatten den Auftrag günstige Bedingungen für die Gefechtshandlungen der Hauptgruppe zu schaffen.

Zu den Sicherstellungsgruppen gehörten die Nachaufklärungsgruppe, die Zielmarkierungsgruppe, die Gruppe für den Funkelektronischen Kampf (FEK), die Gruppe zur Vernichtung gegnerischer Luftabwehrmittel (Niederhaltungsgruppe), die Gruppe zur Deckung der Hauptgruppe vor Angriffen gegnerischer Hubschrauber und Flugzeuge (Deckungsgruppe), die Gruppe zur Ablenkung und Täuschung des Gegners (Demonstrationsgruppe), sowie die Gruppe zur Bergung und

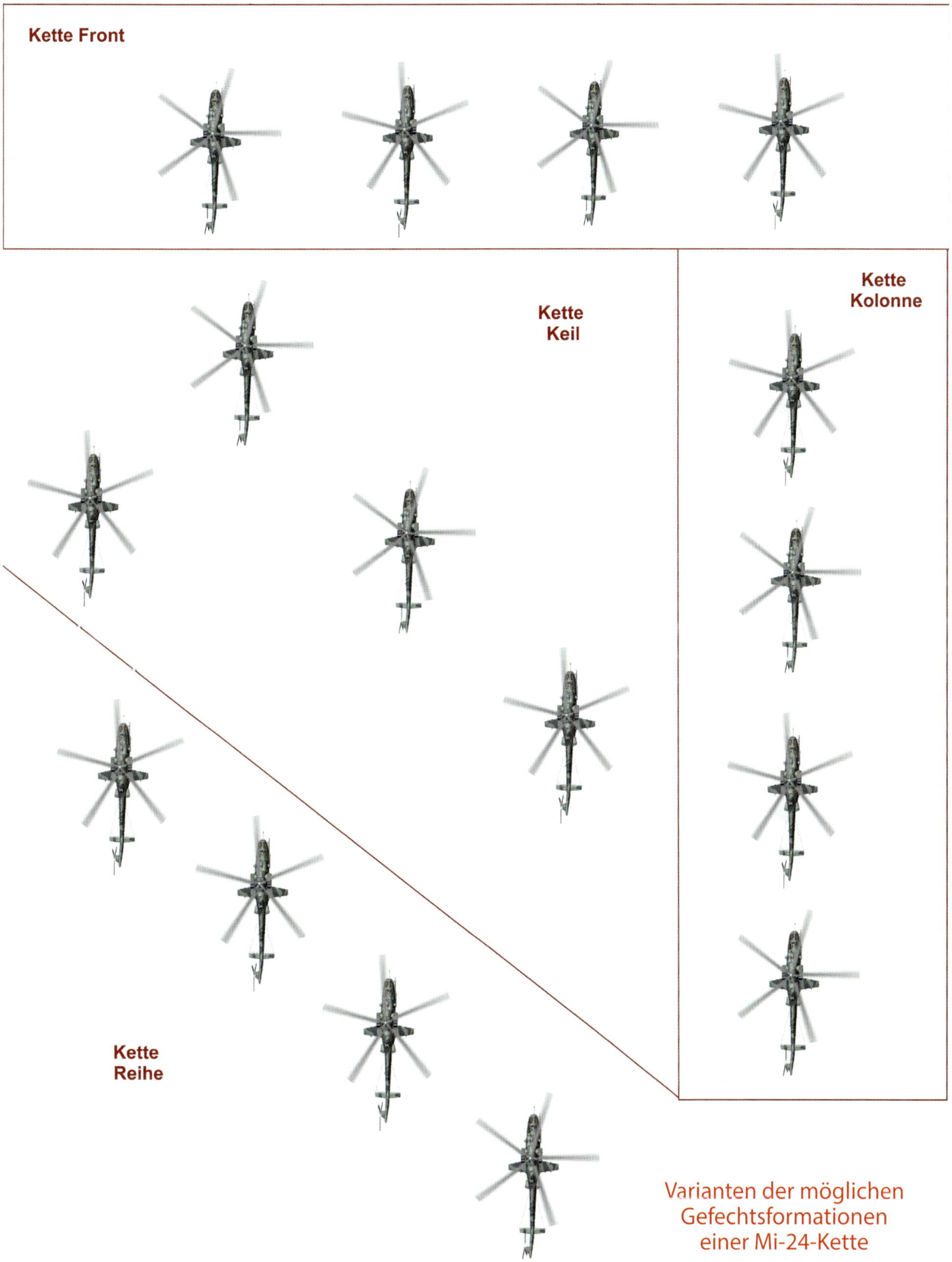

Varianten der möglichen Gefechtsformationen einer Mi-24-Kette

Rettung in Not geratener Hubschrauberbesatzungen (SAR-Gruppe).

Die **Nachaufklärungsgruppe** hatte Angaben über die Ziele, bzw. Landeplätze zu sammeln, das Wetter auf der Flugstrecke zu prüfen und im Zielgebiet eine Nachaufklärung zu betreiben. Sie musste der Hauptgruppe mit einigen Zeitabstand vorausfliegen, damit die gesammelten Informationen an den Kommandeur der Hauptgruppe übermittelt und von diesem in seine Gefechtsplanung eingearbeitet werden konnte.

Die **Zielmarkierungsgruppe** hatte den Auftrag die Angaben über den Standort der Ziele oder Landeplätze zu präzisieren und sollte bei Notwendigkeit Ziele oder Landeplätze mit funktechnischen oder optischen Mitteln markieren. Die Gruppe sollte als Pfadfinder agieren, dem Hauptverband vorausfliegen, ihn zum Ziel führen und vor Ort, falls nötig die Zielbeleuchtung übernehmen.

Zielmarkierungs- und Nachaufklärungsgruppe wurden oft zusammengefasst.

Die **Gruppe des FEK** sollte gegnerische Funkmessstationen jeglicher Art niederhalten, sowie die Feuerleitstationen der Flak und die Zielsuchköpfe gelenkter Boden-Luft und Luft-Luft-Raketen wirkungslos machen. Dazu waren aktive und passive Störmittel einzusetzen.

Ihre Positionierung in der Gesamtformation sollte vom Kommandeur des Gesamtverbandes an Hand der örtlichen Gegebenheiten festgelegt werden. Angemerkt sei, dass die NVA keine Hubschrauber mit speziellen aktiven Störsystemen im Bestand hatte. Andere Armeen des Warschauer Vertrages, allen voran die Sowjetarmee, verfügten jedoch über Varianten der Mi-8 / Mi-17, die mit hervorragenden Störsendern bestückt waren.

Die **Niederhaltungsgruppe** hatte die Luftabwehrmittel des Gegners im Überflugstreifen zum Ziel und im direkten Zielgebiet zu bekämpfen. Feindliche Fla-Stellungen waren entweder zu vernichten oder, falls dies nicht möglich war, solange niederzuhalten, dass sie keine Gefahr für die Hauptgruppe darstellen konnten. Die Niederhaltungsgruppe konnte auch zur direkten Luftunterstützung von Luftlandetruppen während und nach erfolgter Anlandung eingesetzt werden. Die Niederhaltungsgruppe, bzw. -gruppen hatten vor der Hauptgruppe und an den Flanken des Verbandes zu agieren und dabei so aufgeteilt zu sein, dass eine kontinuierliche Deckung der Hauptgruppe vor feindlichen Fla-Mitteln gewährleistet war.

Die **Deckungsgruppe** hatte Angriffe gegnerischer Hubschrauber und Flugzeuge auf die Hauptgruppe abzuwehren. Dabei sollte sie feindliche Hubschrauber vernichten oder durch die Aufnahme des Luftkampfes binden, bevor diese ihre Waffensysteme auf die Hubschrauber der Hauptgruppe abfeuern konnten. Die Kampfhubschrauber der Deckungsgruppe sollten die Hauptgruppe in jede Richtung absichern und dabei in einer Entfernung zur Hauptgruppe agieren, die ein rechtzeitiges Abfangen eines auftauchenden Luftgegners ermöglichte. In dieser Gruppe sollten speziell für den Luftkampf trainierte Hubschrauberbesatzungen eingesetzt werden.

Die **Demonstrativ- bzw. Ablenkungsgruppe** hatte die Luftabwehrmittel des Gegners durch die Durchführung von Scheinangriffen von der eigentlichen Handlungsrichtung der Hauptgruppe abzulenken. Ihre Position in der Formation war entsprechend der örtlichen Gegebenheiten festzulegen.

Die **Gruppe zur Rettung in Not geratener Besatzungen** war aus dem Bestand der Hauptgruppe zu bilden und zwar aus jenen Kampfhubschraubern, die am Ende der Formation flogen. Diese hatten auf Befehl des Formationsführers in Not geratene Besatzungen zu bergen.

Fliegerschlag

Der **Fliegerschlag** eines Mi-24-Verbandes **gegen Ziele in der taktischen Tiefe** begann nach Vorbereitung und Befehlsausgabe naturgemäß mit dem **Start der Einheit**. Dieser hatte möglichst schnell und gedeckt zu erfolgen. Um die Tarnung weitestgehend aufrechterhalten zu können sollten Flugleitung und Hubschrauberbesatzungen den Funkverkehr einschränken, bzw. der ganze Startvorgang unter Funkstille erfolgen. Des Nachts waren Lichtsignale auf das absolut notwendige Minimum zu beschränken. Eine Zeitverkürzung beim Start der Einheit versprach man sich durch die Anwendung von Gruppenstarts, die zeitliche Verringerung der Startintervalle und eine zweckmäßige Auswahl der Hubschrauberabstellflächen, die die Zeit zum Rollen am Boden möglichst verkürzen sollte. Letzter Punkt stand der Forderung nach dezentralisierter Unterbringung und Tarnung des Verbandes am Boden allerdings diametral gegenüber.

Das anschließende **Sammeln des Verbandes** in der Luft und der Aufbau seiner Gefechtsordnung sollte in geringen und sehr geringen Höhen durchgeführt werden. Auf diese Weise wollte man verhindern, dass der Gegner den Hubschrauberverband mit Radar erfasste und frühzeitig gewarnt wurde.

Um die Gefechtsordnung schnellstmöglich aufbauen zu können wurden drei verschiedene Methoden angewendet. Es war möglich den Start der einzelnen Hubschrauber und Hubschrauberabteilungen zeitlich so abzustimmen, dass er den einzunehmenden Abständen in der Gefechtsordnung entsprach. Der gesamte Verband entfaltete sich quasi bereits vom Startplatz aus in Gefechtsordnung.

Wenn die räumlichen Gegebenheiten einen Gesamtstart des Verbandes nicht zuließen, konnte das Sammeln in der Luft durch Geschwindigkeitsmanöver durchgeführt werden. Die zuerst gestarteten Maschinen hielten zunächst ein niedri-

Staffel steht für den Start im Gesamtverband bereit. (Foto: Mambour)

ges Tempo ein, während die später gestarteten Hubschrauber versuchten mit Vollgas die vorausfliegenden Maschinen einzuholen. Wenn alle Hubschrauber den Verband erreicht und ihre Position in der Gefechtsordnung eingenommen hatten ging der gesamte Verband zur vorgesehenen Marschgeschwindigkeit über.

Dieses Verfahren hatte mehrere Nachteile. Zum einen dauerte es verhältnismäßig lange bis alle Hubschrauber ihre Plätze in der Gefechtsformation eingenommen hatten. Zum zweiten bestand immer die Gefahr, dass Nachzügler dem Verband nicht, oder nur schwer erreichen konnten. Und zum dritten verbrauchten die später gestarteten Mi-24 durch den Flug mit Höchstgeschwindigkeit mehr Treibstoff, was die Reichweite des gesamten Verbandes reduzierte.

Deshalb wurde, wenn es möglich war, versucht den Verband durch Kreisen in der Nähe des Startplatzes oder durch Fliegen einer 180° Kurve in der Luft zu sammeln.

Der Flug des Verbandes zum Ziel konnte gemeinsam auf einer oder getrennt auf mehreren Flugstrecken erfolgen. Geschwader und Staffeln hatten die Möglichkeit sowohl auf einer, als auch auf mehreren Flugstrecken zu agieren, während es nicht vorgesehen war, dass sich Ketten und Paare trennten.

Der Flug auf mehreren Flugstrecken wurde angewandt, wenn der Verband unterschiedliche Gefechtsaufgaben in unterschiedlichen Handlungsgebieten lösen musste. Der Flug auf einer Flugstrecke kam zur Anwendung, wenn er sich gegen ein einzelnes Ziel richtete. Gab es im Zielgebiet mehrere nah beieinander liegende Ziele wurde der Flug auf einer Flugstrecke mit anschließendem Auflösen der Gefechtsordnung in Paare und Ketten durchgeführt. Der Gesamtverband splittete sich nahe der Ziele auf und einzelne Abteilungen übernahmen die separate Zielbekämpfung.

Der Flug des Kampfhubschrauberverbandes zum Handlungsraum sollte in geringen und extrem geringen Höhen erfolgen. So sollte die Wahrscheinlichkeit der Ortung der Hubschrauber durch gegnerisches Radar und patrouillierende Jagdflugzeuge des Gegners vermindert werden.

So lange der Verband über eigenem Gebiet handelte war der Flug auf der kürzesten Flugstrecke und in möglichst ökonomischer Flughöhe durchzuführen. Aber auch hier galt der Grundsatz die Flugstrecke so zu wählen, dass eine frühzeitige Ortung durch den Gegner ausgeschlossen war.

Die Überwindung der Frontlinie wurde als besonderes Problem betrachtet, da anzunehmen war, dass der Gegner über eine gut ausgebaute und schlagkräftige Luftabwehr besitzen würde. Deshalb sollte die Front in Abschnitten überquert werden in denen die Luftabwehrmittel durch Maßnahmen des FEK oder durch eigene Feuerschläge niedergehalten wurden.

Der Überflug hatte schnellstmöglich zu erfolgen. Durch massierten Anflug in engen Formationen sollte die Überflugzeit reduziert und die vorhandene Luftabwehr des Gegners überlastet werden. Auf diese Weise hoffte man die eigenen Verluste auf ein erträgliches Maß begrenzen zu können.

Die Navigation zum Ziel konnte mit Hilfe des in der Mi-24 eingebauten Dopplernavigationssystems erfolgen. Hauptsächlich vertraute man in der NVA aber der altbewährten Methode der Navigation nach Kurs und Zeit. Ausgehend von einem markanten Orientierungspunkt waren vorgegebene

Fluggeschwindigkeiten und Kurse einzuhalten, um sicher zum Handlungsraum zu gelangen. Sollte sich der Fliegerschlag gegen Objekte an der Frontlinie oder kurz dahinter richten, war es auch möglich sich von Fliegerleitoffizieren ans Ziel leiten zu lassen. Darüber hinaus gab es die Möglichkeit den Kampfhubschrauberverband mit Hilfe von Flugsicherungssystemen, wie Funkpeiler, Nahnavigationssystem, Funkmarkierungsstellen usw. zum Handlungsgebiet zu navigieren.

Die Überraschung des Gegners galt als eine der wichtigsten Voraussetzungen, um den Gefechtseinsatz eines Mi-24-Verbandes erfolgreich durchführen zu können. Deshalb sollte der **Anflug auf das Zielgebiet** in extrem geringen Höhen unter Ausnutzung des Geländereliefs, von Waldgebieten, Ortschaften, sowie des Wetters erfolgen. Die Attacke hatte Tags wenn möglich aus Richtung der Sonne, nachts oder in der Dämmerung aus Richtung des dunklen Teils des Horizonts zu erfolgen. Gebiete mit gegnerischen Luftabwehrmitteln waren wenn möglich zu meiden.

Vor Anflug des Zielgebietes hatte der Kampfhubschrauberverband seine Gefechtsordnung so umzugruppieren, dass die Feuerkraft des Gesamtverbandes optimiert zum Einsatz gebracht werden konnte. Die einzelnen Mi-24-Besatzungen hatten sich während des Angriffs auf bereits aufgeklärte Ziele zu konzentrieren, aber auch neu auftauchende Ziele zu bekämpfen. Dabei war sicherzustellen, dass jede Besatzung sich auf ein einzelnes Ziel konzentrierte, ein Verzetteln oder auch eine Mehrfachbekämpfung eines Ziels durch mehrere Mi-24 war zu vermeiden.

Der **Angriff** sollte mit einer zügigen Annäherung an des Ziel beginnen und den gezielten Einsatz der Bewaffnung der Mi-24 ermöglichen. Die Angriffe hatten vornehmlich aus dem Horizontal- aber auch aus dem Sturzflug zu erfolgen. Angriffe aus der Standschwebe waren möglich, sollten aber bei Fliegerschlägen möglichst vermieden werden, da Hubschrauber, die sich kaum bewegten, einfache Ziele für die gegnerische Luftabwehr darstellten.

Als wichtigste Phase der Attacke wurde der erste Angriff angesehen. Mit ihm sollte ein maximaler Bekämpfungsgrad erreicht, der Gegner geschockt und desorientiert werden.

Während der Durchführung des Fliegerschlages hatten alle Mi-24-Besatzungen, gleich welcher taktischen Gruppe sie auch angehörten, bereit zu sein, unabhängig von ihrer eigentlichen Gefechtsaufgabe, plötzlich auftauchende Ziele, wie nicht niedergehaltene Luftabwehrmittel, zu bekämpfen oder Gegenangriffe feindlicher Kampfhubschrauber abzuwehren. Angriffe auf nicht identifizierte Ziele in unmittelbarer Nähe eigener Bodentruppen waren strikt verboten.

Nach erfüllter Gefechtsaufgabe, bzw. nach erfolgtem Waffeneinsatz setzten sich die Mi-24 im Tiefstflug vom Zielgebiet ab. Dies konnte einzeln oder in Gruppen erfolgen. Der Abflug hatte in eine Richtung zu erfolgen, die außerhalb der Anflugrichtung weiterer angreifender Hubschrauberverbände lag und die möglichst wenig von gegnerischer Luftabwehr verteidigt wurde.

Beim Überqueren der Frontlinie war das Kennungsgerät einzuschalten und das Signal »Hier eigener Hubschrauber« abzugeben.

Auf dem Rückflug hatten die Besatzungen wenn möglich wieder eine Gefechtsordnung herzustellen und in extrem geringer Flughöhe zum eigenen Landeplatz zurückzukehren. Dabei war soweit es ging Funkstille zu halten und der Funkverkehr zwischen Hubschrauberverband und Landeplatz auf das absolute Minimum zu beschränken.

Am **Landeplatz** angekommen wurde die Gefechtsformation aufgelöst. Die Hubschrauber hatten sich für den Landeanflug aufzureihen und dabei Sicherheitsabstände einzuhalten. Dabei galt die Regel, dass beschädigte Kampfhubschrauber und Maschinen mit geringen Treibstoffvorräten bei der Landung Vorrang hatten.

Die Landung des Verbandes musste zügig und in der für den Landeplatz festgelegten Ordnung erfolgen. Zur Beschleunigung der Landung war es möglich Gruppenlandungen durchzuführen, die Landeintervalle zeitlich zu straffen und alle möglichen Landeflächen simultan zu nutzen.

Während des gesamten Rückflugs zum eigenen Landeplatz, während des Auflösens der Formation und auch während des Landeanflugs hatten die Mi-24-Besatzungen den Auftrag den Luftraum nach etwaiger Feindaktivität abzusuchen. Zwar sollte laut Dienstvorschrift die Rückkehr des Kampfhubschrauberverbandes durch eigene Jagdfliegerkräfte gedeckt und abgesichert werden, doch sah man voraus, dass dies nicht immer der Fall sein würde.

Wenn für die Durchführung eines Kampfhubschrauberfliegerschlages keine eigenen Jagdflieger bereitgestellt werden konnten, hatte der Kommandeur des Einsatzes für eine **Rückkehreskorte** zu sorgen. Dies konnten Kampfhubschrauber sein, die auf dem Landeplatz in Reserve gehalten wurden. Bei der Rückkehr des Einsatzverbandes hatte die Rückkehreskorte zu starten, den heimkehrenden Kampfhubschraubern entgegenzufliegen und diese vor jeglichen Angriffen aus der Luft zu schützen. Nach erfolgter Landung des Einsatzverbandes konnten auch die Hubschrauber der Rückkehreskorte landen.

Gelandete Hubschrauber waren sofort zu dezentralisieren, zu tarnen und für den Wiederholungsstart vorzubereiten. Beschädigte Maschinen mussten so schnell es ging wieder einsatzbereit gemacht werden. Kampfhubschrauber, die so beschädigt waren, dass sie nicht aus eigener Kraft zu den Dezentralisierungsplätzen rollen konnten, sollten durch das Bodenpersonal abgeschleppt oder falls nötig gleich an Ort und Stelle abgetarnt und repariert werden.

Kampf gegen Fla-Waffen und Luftgegner

Als wichtige Voraussetzung für die erfolgreiche Durchführung von Gefechtseinsätzen wurde die **Überwindung der gegnerischen Luftabwehr** und Luftverteidigung angesehen.

Um die gegnerische Luftabwehr mit minimalen eigenen Verlusten überwinden zu können sollten die Mi-24-Besatzungen grundlegende taktische Verfahren anwenden, sich in ihnen üben und sie ständig verfeinern. Dazu gehörte der Flug auf der günstigsten Flugstrecke, der ein Umfliegen von Gebieten mit starker gegnerischer Luftabwehr beinhaltete, bzw. Durchquerung jener Gebiete, wenn die Luftabwehr durch FEK oder Feuerführung niedergehalten wurde. Der Flug hatte in der günstigsten Höhe unter Ausnutzung des Geländeprofils, von Deckungsmöglichkeiten und begünstigender Wetterbedingungen zu erfolgen. Während des Gefechtsfluges war die jeweils optimale Gefechtsformation zu wählen. Erkannte Fla-Stellungen waren durch Mittel des FEK zu lähmen oder aus maximaler Gefechtsdistanz zu bekämpfen, wobei sich die Mi-24 möglichst aus dem wirksamen Feuerbereich der Luftabwehr heraushalten sollten. Wenn der Gegner trotzdem zum Schuss kam, waren sofort Ausweichmanöver zu fliegen und die individuellen Störmittel des Kampfhubschraubers einzusetzen.

Hatten die Mi-24 Einsätze im Wirkungsbereich der gegnerischen Luftabwehr durchzuführen, so hatte die Bekämpfung gegnerischer Flak und Fla-Raketenstellungen oberste Priorität. Mittels Feuerführung und FEK sollten im Verteidigungsgürtel des Gegners Durchbruchsstreifen geschaffen werden, in denen die feindlichen Fla-Mittel vernichtet oder soweit niedergehalten waren, dass eine Gegenwehr unwahrscheinlich war. Die Kampfhubschrauber hatten die Wirkungszonen der gegnerischen Luftabwehrmittel mit hoher Geschwindigkeit, unter dem Schutz individueller Mittel des FEK und mittels abrupter Kursmanöver zu überwinden. Wenn möglich sollten sie die Wirkungszonen des Gegners nur an deren Rand durchfliegen und sich nur für einen kurzen Zeitraum dem Feindfeuer aussetzen.

Setzte der Gegner Luftabwehrraketen ein, hatte jedes Besatzungsmitglied die Pflicht sofort eine Warnmeldung an alle anderen Hubschrauber abzugeben. Daraufhin befahl der Kommandeur der Einheit unverzüglich Raketenausweichmanöver auszuführen. **Raketenausweichmanöver** waren Kurs-, Höhen- und Geschwindigkeitsmanöver, die eine erfolgreiche Bekämpfung des Hubschraubers verhindern sollten. Dazu gehörten die sofortige Einleitung eines Sinkfluges in extrem geringe Höhen, bei gleichzeitigem Einsatz von Störmitteln und Ausflug aus der Vernichtungszone der Fla-Rakete unter Ausnutzung des Geländereliefs und anderer Deckung gebender Objekte. Weiterhin waren Kursmanöver möglich, bei denen

Der Einsatz von Infrarotstörkörpern ist überlebenswichtig bei der Abwehr infrarotgelenkter Raketen. (Foto: Rostvertol PLC)

möglichst hohe Winkelgeschwindigkeiten erreicht wurden, die den Start oder die Lenkung der Fla-Rakete erschweren sollte oder ihn sogar unmöglich machte. Auch hierbei waren Störkörpereinsatz und gleichzeitige Aktivierung der IR-Störgeräte überlebenswichtig.

Geriet der Kampfhubschrauberverband in den Wirkungsbereich der gegnerischen **Flakartillerie** waren unverzüglich energische Kurs- und Höhenmanöver einzuleiten. Durch die permanente Veränderung der Entfernung zur Flakstellung und der Kurswinkel der Hubschrauber sollte das Schießen der Flak verhindert oder die Effektivität des Flakfeuers verringert werden. Der Einsatz von Störkörpern wurde im Kampf gegen feindliche Flak als kontraproduktiv angesehen.

Beim Gefechtsflug in Handlungsräumen, die von **gegnerischen Jagdfliegerkräften** gedeckt wurden, waren die Kampfhubschrauber auf die Unterstützung eigener Jagdflieger oder Jagdbombenflieger angewiesen. Diese hatten die Aufgabe die Flugplätze des Gegners zu blockieren, seine Führungs- und Leitstellen zu vernichten, ihn durch die Durchführung von Demonstrationshandlungen vom Handlungsraum der Kampfhubschrauber abzulenken und den Kampfhubschrauberverbänden Geleitschutz zu geben.

Kampfhubschrauberverbände hatten eine zweckmäßige Gefechtsordnung einzunehmen, die jederzeit die Durchführung von Jagdfliegerausweichmanövern gestattete und in der sich die einzelnen Hubschrauber gegenseitig Feuerschutz geben konnten.

Die rechtzeitige Erkennung feindlicher Jagdflugzeuge war durch eine ununterbrochene Luftraumbeobachtung zu gewährleisten. Dazu wurde den einzelnen Besatzungen jeweils ein Beobachtungssektor zugewiesen für den sie verantwortlich waren. Die Sichtung gegnerischer Jagdflugzeuge war sofort zu melden, wobei jedes nicht identifizierte Flugzeug als Gegner anzusehen war.

Beim Zusammentreffen mit Jagdflugzeugen des Gegners hatten die Mi-24-Besatzungen Maßnahmen zu ergreifen, die einen feindlichen Angriff verhindern oder zumindest seine Wirksamkeit reduzieren sollte. Dazu gehörten standardmäßig die Erhöhung der eigenen Geschwindigkeit, der Übergang in den extremen Tiefflug und die Auflösung enger Gefechtsformationen.

Griff der Feind aus der vorderen Halbsphäre an, hatten die Mi-24-Piloten den Befehl den Sinkflug in Richtung des Gegners auszuführen. Dem Gegner war die Front zu bieten, was der Mi-24 die Möglichkeit zum Gegenfeuer verschafften sollte und den Gegner möglicherweise zum Abdrehen bewegte. Der Übergang in den extremen Tiefflug machte es für den gegnerischen Jagdflieger schwierig die Mi-24 zu entdecken, vor allem dann, wenn die Kampfhubschrauber die Deckungseigenschaften des Geländes ausnutzten. Weiterhin hatten damalige Radargeräte Probleme damit Hubschrauber kurz über dem Boden zu entdecken, zu erfassen und zu begleiten, sodass der Einsatz radargelenkter Luft-Luft-Raketen unwahrscheinlich wurde. Infrarotgelenkte Raketen hatten in den 70er- und 80er-Jahren ebenfalls Schwierigkeiten bei der Bekämpfung extrem fliegender Hubschrauber, vor allem dann, wenn der Waffeneinsatz aus der Überhöhung erfolgen musste.

Griffen gegnerische Jagdflieger die Mi-24 aus der hinteren Halbsphäre an, so waren sofort energische Kurs- und Höhenmanöver in Richtung des Angreifers durchzuführen.

Zur **Abwehr gegnerischer Hubschrauber** hatten die Verbandskommandeure spezielle Deckungsgruppen einzusetzen, deren Position in der Gefechtsordnung so festzulegen war, dass sie jederzeit nach dem Entdecken angreifender gegnerischer Hubschrauber den Kampf aufnehmen konnten. Die Mi-24 der Deckungsgruppen sollten Richtungs-, Höhen- und Geschwindigkeitsmanöver durchführen, um günstige Bedingungen zur Abwehr des Angriffs zu schaffen und die Feindhubschrauber vernichten.

Die Mi-24-Besatzungen hatten den Luftkampf mit gegnerischen Hubschraubern in geringen und extrem geringen Höhen zu führen. Dabei sollten sie die MG- und Kanonenbewaffnung, ungelenkte Raketen und die PALR zum Einsatz bringen. Infrarotgelenkte Luft-Luft-Raketen des Typs R-60 waren in den 80er-Jahren nur an wenigen Mi-24 der GSSD (Gruppe der sowjetischen Streitkräfte in Deutschland) montiert. Modifikationen erlaubten es bei Mi-24W und P später tragbare Fla-Raketen des Typs Igla mitzuführen. Wenn solche Waffen vorhanden waren, dann waren sie naturgemäß die Waffe der Wahl für den Luftkampf. Beobachtungen aus dem Iran-Irak Krieg zeigten, dass PALR erfolgreich gegen gegnerische Hubschrauber eingesetzt werden konnten.

Der Erfolg im Luftgefecht war, nach Ansicht der NVA, durch eine entschlossene Annäherung an das Ziel, einen überraschenden und energisch vorgetragenen Angriff, sowie die Ergreifung und Behauptung der Initiative im Nahluftkampf zu gewährleisten. Dazu war es wichtig den Gegner als Erster zu entdecken. Die Beobachtung des Luftraumes hatte deshalb oberste Priorität. Die Entdeckung des Feindes war unverzüglich dem Kommandeur des Verbandes zu melden. Dieser hatte die Stärke des gegnerischen Verbandes, den Typ der gegnerischen Hubschrauber, deren Gefechtsordnung, Höhe und Flugrichtung einzuschätzen und zu prüfen, ob sich keine weiteren feindlichen Hubschrauber in der Nähe befanden.

Nach Einschätzung dieser Prämissen entschied der Verbandsführer, ob das Luftgefecht aufgenommen werden sollte oder nicht.

Entschloss er sich zum Kampf musste er einer oder mehreren Deckungsgruppen, bzw. dem gesamten Verband den Befehl zum Abfangen des Feindes geben. Die Kampfhubschrauber hatten sich daraufhin schnell an die gegnerischen Hubschrauber anzunähern und dabei eine günstige Ausgangsposition einzunehmen. Als günstige Ausgangspositionen galten Anflugrichtungen mit der Sonne im Rücken oder auf die hintere, schlecht einsehbare Halbsphäre des Gegners.

Nach Einnahme einer günstigen Ausgangsposition hatten die Mi-24 zu den gegnerischen Hubschrauber aufzuschließen, sie ins Visier zu nehmen und zum Angriff überzugehen.

Der Angriff war die entscheidende Phase des Luftgefechtes. Er begann mit dem Zielen und war mit dem Beenden der

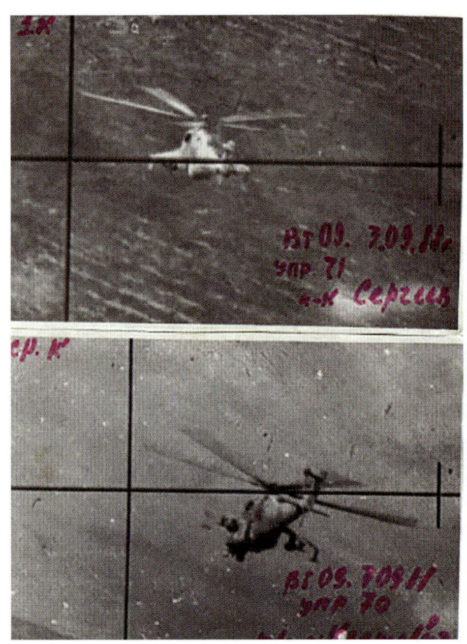

Mi-24W im Visier einer anderen Mi-24 während eines Luftkampftrainings. (Foto: Pajewskij via www 16va.be)

Feuerführung abgeschlossen. Der Angriff konnte von unten, oben oder auf gleicher Flughöhe erfolgen. Das Schießen mit MG und Kanone, sowie mit Raketen hatte aus Entfernungen zu erfolgen, die eine sichere Zielvernichtung garantierten.

Der Angriff aus der hinteren Halbsphäre wurde als effektivste Methode für den Waffeneinsatz angesehen.

Nach einem erfolgreichen Waffeneinsatz hatten sich die Mi-24 aus dem Luftgefecht zu lösen und zum zu deckenden Verband zurückzukehren. Dazu hatten sie sich in extrem geringen Flughöhen, in Richtung Sonne oder maskierenden Wolkenformationen abzusetzen.

War der erste Angriff nicht erfolgreich, so sollten die Mi-24 in einen Manöverluftkampf eintreten und versuchen eine aussichtsreiche Position für die Ausführung eines Wiederholungsangriffs einzunehmen.

Wichtig war es einem sich zurückziehenden Feind nicht nachzusetzen, weil die Gefahr bestand von der zu deckenden Hauptgruppe weggelockt zu werden. Der Schutz der Hauptgruppe hatte oberste Priorität.

Die Mi-24 bei der Luftunterstützung eigener Truppen im Frontbereich

Eine der wichtigsten Aufgaben der Kampfhubschrauberverbände war die Bekämpfung von Objekten am vorderen Rand und in der taktischen Tiefe im Verlaufe der zu leistenden Luftunterstützung für die eigenen Truppen. Für diese Aufgabe waren nicht nur die Mi-24, sondern auch die Mi-8TB vorgesehen, doch hatten letztere vornehmlich in der unmittelbaren Nähe der eigenen Bodentruppen zu handeln, während die Mi-24 weiter ausschwärmen sollten, um Objekte des Gegners auch im weiteren Umfeld zu bekämpfen.

Die hauptsächlichen Bekämpfungsziele (Objekte) waren Panzer, Schützenpanzer, Schützenpanzerwagen und Kraftfahrzeuge, sowie lebende Kräfte die in Marsch-, Vorgefechts- oder Gefechtsordnung angetroffen wurden. Darüber hinaus waren Panzerabwehrmittel, Artillerie und Raketen taktischer oder operativtaktischer Art auf dem Marsch und in Feuer- bzw. Startstellungen zu bekämpfen. Die Zerstörung von Kernwaffeneinsatzmitteln hatte hierbei höchste Priorität.

Funkmessposten, Fla-Waffen und Führungsstellen waren genauso zu bekämpfen wie Transport-, Kampf- und Panzerabwehrhubschrauber des Gegners.

Bei der Luftunterstützung konnte die Gefechtsordnung des handelnden Mi-24-Verbandes analog zu den Einsätzen während eines Fliegerschlages im Hinterland des Feindes aus einer Schlaggruppe und mehreren Sicherstellungsgruppen bestehen. Das konnten, wie gehabt, Nachaufklärungs-, Niederhaltungs- und Deckungsgruppen usw. sein.

Der Gefechtsflug war in extrem niedrigen Höhen durchzuführen. Der Zielanflug erfolgte selbständig auf Sicht nach der Methode Kurs und Zeit oder durch das Heranleiten und Zielzuweisen durch Fliegerleitoffiziere am Boden oder von anderen Hubschraubern aus.

Die Richtung des Zielanfluges war so auszuwählen, dass die Kampfhubschrauber günstige Bedingungen zu Zielerkennung und Waffeneinsatz bekamen. So sollte dem Ziel maximaler Schaden zugefügt werden. Zu beachten war, dass sich die Hubschrauber nicht der Gefahr der Vernichtung durch Feuerschläge der eigenen Artillerie aussetzten. Ebenso musste sichergestellt werden, dass eigene Truppen durch das Feuer der Mi-24 nicht gefährdet wurden.

Die Schlaggruppe konnte Angriffe auf ein Ziel aus einer oder auch aus mehreren Richtungen durchführen. Bei koordinierten Attacken aus mehreren Richtungen musste beachtet werden, dass sich die Kampfhubschrauber nicht gegenseitig behinderten oder ungewollt bekämpften. Während des Angriffs waren die Waffensysteme einzusetzen, die eine möglichst hohe Vernichtungswirkung im Zielgebiet entfalteten. Um sich während des Angriffs vor der gegnerischen Luftabwehr zu schützen waren neben der direkten Bekämpfung der Fla-Mittel und dem Einsatz von Störmitteln, Flak- und Fla-Raketenausweichmanöver durchzuführen.

Paarstart von einer Hinterhaltstellung aus. (Foto: Sammlung Scheffler)

Befanden sich **gegnerische Panzereinheiten**, Panzergrenadier- und mechanisierte Truppenteile voll entfaltet **im Vormarsch**, so hatten die Mi-24-Staffeln den Auftrag diesen Vormarsch durch einen gleichzeitigen Schlag im Gesamtbestand oder durch aufeinanderfolgende Angriffe einzelner Ketten und Paare zum Stehen zu bringen.

Die Angriffe sollten nach Abruf von Zwischenlandeplätzen und aus Hinterhaltstellungen erfolgen. Hierzu waren Fliegerleitoffiziere dringend erforderlich.

Das Hauptaugenmerk lag auf der Vernichtung von Panzern, Schützenpanzern und anderen gepanzerten Fahrzeugen. Als Faustregel galt, dass eine Mi-24-Staffel den Kampf gegen ein Panzerbatallion, ein Panzergrenadier- oder Infanteriebatallion des Feindes aufnehmen sollte. Eine Kette, die im Gesamtbestand der Staffel handelte, hatte es mit einem Gegner in Kompaniestärke aufzunehmen, während einzelne Paare Panzer- und Panzergrenadierzüge zu bekämpfen hatten.

Die Angriffe auf den vorrückenden Feind konnten auf maximale Distanz aus der Standschwebe heraus erfolgen, oder aber mit hoher Geschwindigkeit anfliegend im Horizontal- oder Sturzflug durchgeführt werden.

Angriffe aus der Standschwebe sollten nur aus Hinterhaltstellungen erfolgen. Dazu waren Paare und Ketten einzusetzen, die auf Kommando von Fliegerleitoffizieren zum Einsatz kamen. Um die Präzision des PALR-Schießens zu erhöhen war es auch möglich nach dem Start von Hinterhaltstellungen aus in den Vorwärtsflug zu gehen, wobei beachtet werden musste, dass der Einsatz der PALR auf maximale Distanz erfolgte und sich die Mi-24 außerhalb des Wirkungsbereichs der gegnerischen Luftabwehr aufhielt.

Nach erfolgtem Angriff hatten sich die Kampfhubschrauber zurückzuziehen, sofort die Flughöhe zu verringern und eine andere Stellung aufzusuchen. Es durfte niemals zweimal aus einer Feuerposition geschossen werden. Weitere Angriffe auf den Feind waren stets aus anderen Richtungen vorzutragen.

Befand sich der **Gegner in der Verteidigung** und verschanzte sich in Stützpunkten, so hatten die Mi-24-Staffeln den Auftrag diese Positionen durch einen massierten Schlag im Gesamtbestand oder durch aufeinanderfolgende Schläge einzelner Ketten und Paare zu attackieren. Wichtige Ziele waren auch hier Panzer und Schützenpanzer, aber auch Luftabwehr- und Panzerabwehrmittel in ihren Feuerstellungen.

Zur Bekämpfung waren gelenkte und ungelenkte Raketen, sowie die Bordbewaffnung einzusetzen. Eine Staffel führte in der Regel einen Schlag gegen einen Kompaniestützunkt, während eine Kette einen Zugstützpunkt bekämpfen sollte.

Bei Angriffen auf befestigte Stellungen des Gegners war es wichtig ihn zu überraschen. Der Anflug sollte schnellstmöglich und direkt vom eigenen Gebiet aus erfolgen. Ein Einflug in die Vernichtungszonen der gegnerischen Luftabwehr war zu vermeiden. Der Angriff war spätestens dann zu beenden, wenn der Kampfhubschrauber im Begriff war in den wirksamen Feuerbereich gegnerischen Fla-MGs und Schützenwaffen zu geraten.

Befanden sich die **gegnerischen Verbände in Marschformation** noch in ihrem eigenen Hinterland konnten Mi-24-Verbände zu Streifzügen entsandt werden, um die Marschkolonnen zu suchen und zu vernichten. Da diese Schläge mit dem Eindringen in die taktische Tiefe des Gegners verbunden waren konnten sie nur durchgeführt werden, wenn die Luftabwehr des Gegners im Überflugstreifen über die Front niedergehalten oder desorientiert war, bzw. es Lücken in der gegnerischen Gefechtsordnung gab durch die die Mi-24 schlüpfen konnten.

Streifzüge waren nur im Gesamtbestand der Staffel durchzuführen, wobei die Staffel, wie gehabt, in Gruppen unterschiedlicher taktischer Bestimmung aufzugliedern war.

Zur Vernichtung von Raketen und Artillerie des Feindes, Führungsstellen, Funkmessposten, sowie Hubschraubern auf ihren Landeplätzen waren ungelenkte Raketen, MG und Kanone, Brandmittel, Bomben und Schüttwaffensysteme einzusetzen. Zur Bekämpfung taktischer und operativ-taktischer Raketen, welche als potenzielle Kernwaffenträger anzusehen waren, sollten PALR zum Einsatz kommen.

Als wichtige Einzelziele wurden Startrampen mit Raketen, Artillerie SFL, Feuerleitmittel, Antennenanlagen und Hubschrauber angesehen.

War der Standort des Gegners oder seine Marschroute unbekannt sollten Paare und Ketten in geöffneter Formation eingesetzt werden. Sie hatten den Auftrag den Feind zu suchen. Diese Einsatzart, auch Freie Jagd genannt, konnte ein bestimmtes, vorher festgelegtes Gebiet abdecken oder entlang von Straßen und Wegen erfolgen. Ziele waren sofort nach ihrer Erkennung anzugreifen und zu vernichten. Die Formationsführer hatten bei der freien Jagd große Handlungsspielräume hinsichtlich Suchmethodik und Angriffsdurchführung.

Kampfhubschrauber bei der Bekämpfung gegnerischer Luftlandungen

Nach Erfahrungen des Vietnamkrieges ging man in der NVA davon aus, dass die Amerikaner bei einer kriegerischen Auseinandersetzung im Herzen Europas, dank ihrer starken Hubschrauberverbände, luftbewegliche Truppenteile zum Einsatz bringen würden. Man sah großangelegte Luftlandungen voraus, bei denen NATO-Transporthubschrauber zahlenmäßig starke Truppenverbände tief im Hinterland der östlichen Koalition absetzen würden. Die Lufttransportverbände des Gegners würden dabei selbstverständlich von Kampfhubschraubern begleitet werden.

Zur Abwehr solcher Vorstöße sollten Mi-24-Kampfhubschrauber eng mit Truppen der Landstreitkräfte und der Frontfliegerkräfte zusammenwirken. Die Mi-24-Staffeln hatten gleichzeitige Schläge im Gesamtbestand der Einheit zu führen oder aufeinanderfolgende, rollende Attacken einzelner Ketten und Paare nach Anforderung durch die Bodentruppen zu starten.

Wichtige Ziele bei der Vernichtung der Luftlandetruppen des Gegners waren alle Hubschrauber am Boden und in der Luft, Luftabwehrmittel, Artillerie und lebende Kräfte. Zu ihrer Vernichtung waren ungelenkte Raketen, MG und Kanonenfeuer, Bomben, Schüttwaffensysteme, Brandmittel und Bomben, sowie PALR gegen Hochwertziele einzusetzen.

Zur Vernichtung der gegnerischen Truppen im Absetzraum war es notwendig die Gefechtsordnung der Kampfhubschrauber in Schlaggruppe, Nachaufklärungsgruppe, Niederhaltungsgruppe und Deckungsgruppe zu gliedern.

Die Schlaggruppe war beim Antreffen des Feindes in der Luft aufzuspalten, wobei ein Teil der Gruppe den Kampf gegen feindliche Kampfhubschrauber aufzunehmen hatte und der andere Teil die Transporthubschrauber zerstören sollte. War der Feind bereits am Boden gelandet, hatte die Schlaggruppe ihn durch sich wiederholende Angriffe aus mehreren Richtungen zu vernichten.

Die Nachaufklärungsgruppe hatte als erste in den Absetzraum des Gegners einzudringen, Ziele zu identifizieren, die Lage zu sondieren. Die Niederhaltungsgruppe, die den Nachaufklärern folgte, hatte unverzüglich den Kampf gegen Luftabwehrmittel des Gegners aufzunehmen und diese bis zum Eintreffen der Schlaggruppe zu vernichten. Die Kampfhubschrauber der Deckungsgruppe hatten gegnerische Kampfhubschrauber in der Luft zu binden, sie zu vernichten und die Handlungen der Schlaggruppe im Absetzraum der gegnerischen Luftlandeeinheiten aus der Luft zu decken.

Um die eigenen Bodentruppen im Kampf gegen die feindliche Luftlandung zu unterstützen war es vorgesehen in einem solchen Fall eigene Luftlandeeinheiten mit Transportkampfhubschraubern in das Kampfgebiet einzufliegen, d.h. eine Gegenlandung durchzuführen. Die dazu eingesetzten Transportkampfhubschrauber waren durch Mi-24-Kampfhubschrauber abzusichern. Nach dem Absetzten der eigenen Luftlandeeinheiten hatten sowohl die Mi-24-Geleithubschrauber, als auch die Mi-8TB-Transportkampfhubschrauber den Kampf mit den gegnerischen Luftlandetruppen aufzunehmen.

Kampfhubschrauber bei der Abwehr von Seelandungen

Seelandungstruppen des Gegners waren in deren Landungszonen von Kampfhubschraubern im engen Zusammenwirken mit den anderen zur Küstenverteidigung eingesetzten Verbänden der Land-, Luft- und Seestreitkräfte zu bekämpfen.

Prioritäre Ziele waren hier Landungsschiffe und -boote, Hubschrauber, die während des Anlandens abgesetzten Panzer, Schützenpanzer und SPW des Gegners, sowie seine bereits etablierten Stützpunkte, Artillerie und Personal im Küstenabschnitt.

Bekämpfung gegnerischer Sondereinheiten im eigenen Hinterland

Ins eigene Hinterland vorgedrungene gegnerische Aufklärungsgruppen oder Trupps von Spezialeinheiten (Diversionsgruppen) sollten von einzelnen Kampfhubschraubern aus geringen Flughöhen gesucht werden. Wurde eine gegnerische Gruppe entdeckt, hatte die Kampfhubschrauberbesatzung sofort eine dementsprechende Meldung an die Führungsstelle abzugeben und Befehle abzuwarten.

Befahl die Führungsstelle die Vernichtung der Gruppe, so war diese mit ungelenkte Raketen, MG und Kanonenfeuer anzugreifen und auszuschalten.

Wurde die Gefangennahme der Gruppe befohlen hatte die Mi-24-Besatzung die Eindringlinge ununterbrochen zu beobachten und falls notwendig diese zu bekämpfen, um sie zu fesseln, niederzuhalten und an Ausweichmanövern zu hindern. Dies hatte bis zur Festnahme des Gegners durch eigene Bodentruppen zu erfolgen.

Absetzen eigener Luftlandetruppen

Eine Mi-24 konnte bis zu acht Luftlandesoldaten transportieren. Allerdings wurde dies nur selten praktiziert und war bei den Mi-24-Besatzungen auch nicht wirklich beliebt. Es ging unter der Hand der Spruch, dass man dann doch lieber Fracht transportiere, denn »Fracht motzt nicht, Fracht kotzt nicht!« Außerdem wurden die Gefechtseigenschaften der Mi-24 durch das zusätzliche Gewicht im Frachtraum nicht unerheblich behindert.

Für den Truppentransport im Rahmen einer Luftlandeoperation wurden deshalb bevorzugt Transportkampfhubschrauber (Mi-8, Mi-17) eingesetzt, die ihrerseits von den Mi-24 geschützt werden mussten.

Kleinere Luftlandeoperationen (taktische Luftlandungen) waren bis zu einer Eindringtiefe von 50 km vorgesehen. Großangelegte operativ-taktische Luftlandungen konnten bis zu 100 km tief ins feindliche Hinterland führen. Die Startplätze für solche Operationen sollten 50 bis 70, bzw. 100 bis 120 km von der Frontlinie angelegt werden, so dass Distanzen von 100 bis 200 km überwunden werden mussten.

Während die Transportkampfhubschrauber die Lufttransportgruppe bildeten, hatten die Mi-24 alle anderen Gruppen taktischer Verwendung zu stellen.

Dazu gehörten die Nachaufklärungsgruppe, die Niederhaltungsgruppe, sowie Deckungsgruppen zum Schutz vor Angriffen gegnerischer Kampfhubschrauber.

Zur Einnahme der Landeplätze und zur Sicherstellung des Absetzens der Luftlandetruppen war es möglich eine Vorausgruppe zu bilden, die aus Kampf- und Transporthubschraubern bestand. Die Vorausgruppe sollte beim Erreichen der Landezonen den Gegner durch Waffeneinsatz niederhalten oder vernichten, die Luftlandesoldaten absetzten, sofort wieder starten und Feuerunterstützung bei der Einnahme der Landeplätze geben. Beim Eintreffen der Hauptkräfte hatten die Hubschrauber der Vorausgruppe diese gegen jegliche Angriffe des Gegners zu decken.

Zur Sicherstellung des Fluges der Luftlandegruppe hatten die Mi-24 der Sicherungsgruppen die gegnerischen Luftabwehrmittel im Überflugstreifen über die Front zu vernichten. Gegnerische Luftabwehrstellungen in der Landezone waren ebenso zu bekämpfen, wie sich in der Zone verteidigende gegnerische Bodentruppen auszuschalten waren. Prioritäre Ziele waren hier Panzer und gepanzerte Fahrzeuge, Artillerie und Raketenstartrampen, sowie lebende Kräfte. Zum Entsatz anrückende Feindverbände waren mit allen Mitteln zu vernichten.

Angriffe gegnerischer Hubschrauber auf die Transporthubschrauber waren abzuwehren, ohne sich von der Luftlandegruppe weglocken zu lassen.

Kampfhubschrauber beim Absetzen und Zurückholen von Aufklärungs- und Spezialkräften

Der Einsatz von Aufklärern und Sondereinheiten im Hinterland des Feindes hat im Militär eine lange Tradition. Mit dem Hubschrauber stand erstmalig ein Waffensystem zur Verfügung, das Angehörige von Sondereinheiten schnell und tief im Feindgebiet absetzen und sie auch wieder zurückholen konnte.

Für diese Aufgabe waren die Mi-24-Kampfhubschrauber, wegen ihrer zum Personaltransport geeigneten Frachtkabine und ihrer Fähigkeit sich im Notfall den Weg auch selber freischießen zu können, prädestiniert.

Das Absetzen von Aufklärungs- und Spezialkräften im Rücken der gegnerischen Truppen wurde durch einzelne Hubschrauber oder Paare in der Regel nachts durchgeführt. Bei schlechten Wetterbedingungen konnten Einsätze dieser Art auch am Tage erfolgen.

Bei der Vorbereitung eines Einsatzes war es wichtig Maßnahmen einzuleiten, die dazu dienten einer Entdeckung durch den Feind vorzubeugen. Flugstrecke und Landeraum musste so geplant werden, dass sie gegnerische Truppen und Luftabwehrmittel möglichst mieden. Dazu musste die Position des Gegners bekannt sein. Als Landeplätze im Hinterland des Gegners sollten möglichst ebene, feindfreie Geländeabschnitte ausgewählt werden.

Da ein Flug, der bei Nacht und, oder schwierigen Wetterbedingungen tief ins gegnerische Territorium führte, höchste Anforderungen an das fliegende Personal stellte, waren für solche Einsätze nur die am besten ausgebildeten Besatzungen auszuwählen. Die Besatzungen mussten darüber hinaus das Terrain des Einsatzes gut kennen, mit den Verfahren zur Überwindung der gegnerischen Luftabwehr gut vertraut sein, sowie in der Lage sein auch bei schlechtesten Bedingungen auf nichtmarkierten Landeplätzen minimalster Größe landen zu können.

Vor dem Start waren der Besatzung die neuesten Aufklärungsergebnisse bezüglich Wetter, Feindlage usw. mitzuteilen. Der Flug hatte über gegnerischem Territorium in extrem geringen Höhen bei maximaler Ausnutzung der Deckungseigenschaften des Geländes stattzufinden. Naturgemäß hatte Funkstille zu herrschen und die Positionsbeleuchtung ausgeschaltet zu sein. Die Landung am Landeplatz hatte unter den Bedingungen der Lichttarnung zu erfolgen. Landescheinwerfer waren nur äußerst kurz oder am besten gar nicht zu verwenden.

Bei der Abholung einer Aufklärungsgruppe musste die Hubschrauberbesatzung die Identität der Abzuholenden abklären. Dazu war die ausgegebene Parole zu überprüfen und von den Abzuholenden das Signal »Hier eigene Truppen!« zu übermitteln.

Die Besatzung der Mi-24 hatte dazu beim Eintreffen im Landeraum Funkverbindung zu den Aufklärern herzustellen, oder falls diese keine Funkgeräte mitführen den Standort der Gruppe und den Landeplatz an Hand von Lichtsignalen zu suchen.

Verlegen von Minensperren aus der Luft

Das Verlegen von Minensperren aus der Luft wurde als Notmaßnahme angesehen. Es sollte angewendet werden, wenn der Gegner die eigene Verteidigung durchbrochen oder mit Kernwaffenschlägen Breschen geschlagen hatte. Das Verlegen

Aufnahme eines Stoßtrupps durch Mi-24. Diese Aufnahme entstand während einer Vorführung für die Partei und Staatsführung der DDR. (Foto: Luftwaffenmuseum Gatow)

von Minen durch Kampfhubschrauber sollte dem vorrückenden Gegner Verluste zufügen, den Durchbruch von Panzer-, Panzergrenadier- und mechanisierten Infanterieeinheiten verzögern, in eine bestimmte Richtung kanalisieren oder stoppen.

Die Kampfhubschrauber konnten dabei sowohl separat, als auch im Zusammenwirken mit Sperrabteilungen, Pioniertruppen oder allgemeinen Truppen der Landstreitkräfte agieren.

Die Gefechtsordnung einer Mi-24-Staffel beim Minenlegen aus der Luft sollte neben der eigentlichen Minenlegergruppe auch eine Nachaufklärungsgruppe, eine Gruppe zur Markierung der zu verminenden Geländeabschnitte, sowie eine Deckungsgruppe umfassen.

Das Verlegen von Minen aus der Luft hatte paar- oder kettenweise zu erfolgen. Die für den abzuwerfenden Minentyp optimale Flughöhe und Fluggeschwindigkeit war zwingend einzuhalten um den gewünschten Sättigungsgrad am Boden zu erhalten.

Während für Mi-8 / Mi-17 spezielle Minenlegevorrichtungen vorhanden waren, konnten die Mi-24 zur Verminung von Geländeabschnitten lediglich auf Schüttwaffensysteme wie KMGU-2 zurückgreifen, es sei denn man behalf sich als Notlösung damit Abwurfminen einfach aus dem Fenster zu werfen.

Der zu verminende Sektor war nach Sicht anzufliegen und bei Bedarf von Bodentruppen oder Hubschraubern der Sicherstellungsgruppe zu markieren.

Entsprechend des gültigen Kriegsvölkerrechts mussten die angelegten Minenfelder auf Karten oder Luftbildern dokumentiert werden. Die Dokumente waren nach der Landung an die Führungsstelle des Truppenteils zu übergeben, welcher den Auftrag zur Verlegung der Minen erteilt hatte. Dieser Truppenteil hatte die Minenlegeprotokolle so zu archivieren, dass sie nach Beendigung der Kampfhandlungen zur Räumung des Minenfeldes wieder genutzt werden konnten.

Patrouillen an der Staatsgrenze

Der Schutz der Grenze zur Bundesrepublik hatte für die DDR aus verschiedensten Gründen oberste Priorität. Aus der Luft wurden die Grenzgebiete durch Hubschrauber Mi-2 und Mi-8 der HS-16, der Hubschrauberstaffel der Grenztruppen, patrouilliert. In den 80er-Jahren erfolgten diese Flüge in der Regel unbewaffnet.

Da auf der anderen Seite der Grenze die Amerikaner mit bewaffneten AH-1 Cobra Kampfhubschraubern Patrouillen

Es geschah immer wieder, dass sowjetische Mi-24 westliche Sportpiloten nach deren Eindringen in den Luftraum der DDR zur Landung zwangen. (Foto: Sergej Komarow via www 16va.be)

flogen entschloss man sich im Osten mit eigenen Kampfhubschraubern zu antworten. So wurden entlang der Grenze Hubschrauberlandeplätze angelegt, bzw. vorhandene Plätze mit einzelnen Mi-8TB oder Mi-24 besetzt. Diese Hubschrauber standen im sogenannten DHS, im Diensthabenden System, was in etwa mit dem QRA-System der NATO vergleichbar war.

Sowjetische und NVA-Hubschrauber standen auf Abruf, um auf Aktionen der Gegenseite zu reagieren. Sie flogen aber auch eigene Patrouillen entlang der Grenze, wobei es, nach Aussagen von DDR-Grenzern, die sowjetischen Piloten, wie auch ihre amerikanischen Counterparts, nicht immer ganz so genau mit dem Grenzverlauf nahmen.

Es kam gelegentlich zu Scheinduellen entlang der Grenze, wobei eines spektakulär endete, als eine Mi-24 der sowjetischen Streitkräfte abstürzte. Von westlichen Medien wurde aus diesem Ereignis auf eine fliegerische Überlegenheit der amerikanischen AH-1 Cobra über die sowjetische Mi-24 geschlossen. Sowjetische Untersuchungsberichte belegen aber, dass es der Mi-24-Pilot beim fliegen des Scheinduells einfach übertrieben und den Hubschrauber weit über die zulässigen Grenzen belastet hatte. Dabei hatten sich die Rotorblätter des Hauptrotors soweit durchgebogen, dass sie auf dem Heckausleger aufschlugen und zerstört wurden. Ein Absturz war danach unvermeidlich.

Ein großes Ärgernis für den Osten waren zivile Grenzverletzungen auf dem Luftweg. Obwohl der zivile Flugbetrieb auf westlicher Seite entlang der innerdeutschen Grenze stark reglementiert war, machten es sich einige Hobbypiloten einen Spaß daraus die Luftverteidigung des Warschauer Vertrages zu testen. Sie flogen mit ihren Cessnas in den DDR-Luftraum und warteten ab was dann passierte. Die dabei erflogenen Eindringtiefen waren mitunter beträchtlich. Vorstöße soll es bis in den Raum Erfurt – Gera, zum Teil sogar in den Leipziger Raum, gegeben haben.

In der Regel antworteten die für die Luftverteidigung der ersten Staffel verantwortlichen sowjetischen Luftstreitkräfte mit dem Aussenden von Abfangjägern, die die eingedrungenen Cessnas zur Landung zwingen sollten. Beim Auftauchen der MiG's verlangsamten die Cessnas jedoch ihre Fluggeschwindigkeit so sehr, dass sie langsamer flogen als es die Abreißgeschwindigkeit der MiG's zuließ. Da ein Waffeneinsatz gegen eindeutig als zivil erkannte Kleinflugzeuge in der Regel ausgeschlossen war mussten die MiG's ihren Anflug abbrechen, Geschwindigkeit aufnehmen und erneut anfliegen. Diese Zeit nutzten die westlichen Privatpiloten um in Richtung Heimat abzudrehen und zu entkommen. Notfalls wiederholten sie den Vorgang mehrmals.

In den 80er-Jahren änderten sich die Spielregeln. Nun wurden für die Abfangeinsätze in den DDR-Luftraum eingedrungener privater Flugzeuge vermehrt Mi-24 eingesetzt. Da eine Mi-24 deutlich schneller und manövrierfähiger war, als es eine Cessna je sein konnte, wendete sich das Blatt und etliche Hobbyluftraumverletzer wurden auf frischer Tat gestellt und zur Landung gezwungen. Zwar gab es immer wieder Versuche sich durch Flucht zu entziehen, doch endeten diese meist in dem Augenblick wenn der Hobbypilot in die auf ihn gerichteten Mündungen eines JakB-Maschinengewehrs blickte. In ganz wenigen Fällen mussten Warnschüsse abgegeben werden, um der Forderung zur sofortigen Landung Nachdruck zu verleihen. In der Regel wurden die Luftraumverletzer nach relativ kurzer Zeit wieder in den Westen abgeschoben.

Abfangaktionen gegen langsam fliegende zivile Luftraumverletzer wurden nur durch sowjetische Mi-24 durchgeführt. DDR-Maschinen kamen dabei nicht zum Einsatz.

Die sowjetischen Mi-24 waren entlang der Westgrenze auf zehn kontinuierlich oder temporär besetzten Landeplätzen stationiert. Hinzu kamen die Hauptlandeplätze sowjetischer Kampfhubschrauberregimenter, die ebenfalls nicht allzu weit von der Grenze entfernt lagen und von denen aus, bei Bedarf, ebenfalls Patrouillen geflogen werden konnten.

Im Raum Berlin gab es zwei Plätze, jeweils einer nördlich und südlich der Stadt, die für Patrouillen entlang der Staatsgrenze zu Westberlin genutzt wurden.

NVA-Hubschrauber nutzten für das DHS eigene Plätze, die in der Nähe von vorgeschobenen NVA-Radarstationen angelegt wurden, oder wurden temporär auf den Hubschrauberlandeplätze der DDR-Grenzfliegerkräfte stationiert. Im DHS standen neben den Mi-24D auch Mi-8TB. Die DHS-Plätze waren stets nur von einem einzigen Hubschrauber belegt. Ausnahmen bildeten hier natürlich die Landeplätze in Meinigen, Nordhausen und Salzwedel, auf denen die Grenzflieger der HS-16 strukturmäßig stationiert waren.

Taktik in Afghanistan

Kurz vor dem Jahreswechsel 1979/80 überrannte die sowjetische 40. Armee Afghanistan. In schnellen raumgreifenden Operationen brachten die Sowjets das Land unter ihre Kontrolle, um eine ihnen genehme Regierung an der Macht zu halten. Von hohen amerikanischen Militärs wurde diese Operation mit Hochachtung und auch ein wenig Neid beobachtet, glaubte man im Pentagon doch, im schnellen sowjetischen Vorstoß eine Blaupause zu sehen, wie die USA den Vietnamkrieg zu ihren Gunsten hätten entscheiden können.

Doch bald schon zeigte sich, dass dieses Gedankenkonstrukt falsch war. So wie die USA in Vietnam im sprichwörtlichen Sumpf steckengeblieben waren, sahen sich die Sowjets im afghanischen Bergland bald mit schier unüberwindlichen Problemen konfrontiert.

Zur Eroberung Afghanistans hatte die Sowjetarmee 110 Hubschrauber aufgeboten. Darunter waren 90 mittlere Transporthubschrauber Mi-8, wenige schwere Transporthubschrauber Mi-6 und wenige Mi-2, die zur Aufklärung und für Verbindungsflüge verwendet wurden. Den Einmarsch unterstützten lediglich sechs Mi-24A. Trotzdem dauerte es keine zwei Wochen bis die Sowjets ganz Afghanistan in der Hand hatten.

Bald jedoch regte sich Widerstand, der sich stetig verstärkte. Die Mi-24 wurden zur Partisanenbekämpfung eingesetzt, wobei sich zeigte, dass die Mi-24A, wegen ihres unzureichenden Panzerschutzes, für diese Aufgabe alles andere als optimal geeignet war. Deshalb wurde bereits im Februar 1980 ein Kampfhubschrauberregiment mit 40 Mi-24D nach Afghanistan verlegt. Die modernen Mi-24-Varianten wurden sehr schnell zum Alptraum der Aufständischen, da sie sich mit den damals verfügbaren Handfeuerwaffen kaum erfolgreich zu bekämpfen ließen. Die von den Sowjets Duschmanen genannten Aufständischen bezeichneten die gefürchtete Mi-24 deshalb als »Scheitan Arba«, was ins Deutsche übersetzt »des Teufels Streitwagen« bedeutet. Die Aussage eines Mujaheddin Kommandeurs, dass die Afghanen nicht die sowjetischen Soldaten fürchteten, wohl aber ihre Hubschrauber, zeigte anschaulich die moralische Wirkung, die die Mi-24 auf den Feind ausübte.

Die Mi-24D flog zunächst klassische Luftschläge zur Unterstützung der eigenen Bodentruppen. Dabei operierten sie einzeln, in Paaren oder in kleinen Gruppen. Hauptwaffen waren in dieser frühen Phase des Krieges ungelenkte Raketen, Bomben und das JakB Bord-MG. Der einzuhaltende Mindestabstand zu den eigenen Truppen betrug 300 m beim Einsatz des Bord-MGs, 500 m bei ungelenkten Raketen und 1.500 m beim Bombenwurf.

Mi-24 auf einem afghanischen Landeplatz. (Foto: Sammlung Scheffler)

Bei Bedarf und Gelegenheit setzte man die Mi-24 zur freien Jagd ein. Sie sollten in klar definierten Gebiete patrouillieren, dort nach feindlichen Kräften suchen und diese nach Möglichkeit vernichten. Die Duschmanen erkannten schnell, dass die Mi-24D in großen Höhen einige Probleme hatten und verlegten ihre Aktionen bald in diese Regionen.

In großen Höhen war die Leistungsfähigkeit der Mi-24D recht eingeschränkt. Sie konnte dort schlechter manövrieren und es war ihr nicht möglich hohe Bergkämme zu überfliegen. Hinzu kam, dass die Masse der nach Afghanistan entsandten Mi-24-Piloten keinerlei Erfahrungen mit Flügen im Hochgebirge hatten. Ein großer Prozentsatz der im Jahr 1980 verloren gegangenen 21 Mi-24 ging auf das Konto von Abstürzen, die auf unzureichende Pilotenausbildung und fehlende Triebwerksleistung zurückzuführen waren. Nach der Einführung verbesserter Triebwerke, modernerer Mi-24-Varianten und einer dem Einsatz im Hochgebirge angemessenen Pilotenschulung gingen die Verluste im Folgejahr auf fünf zurück. Diesmal war vor allem das im Soldatenjargon Duschka genannte 12,7-mm-Maschinengewehr DSchK für die Verluste verantwortlich. Um dem Fla-MG-Feuer zu entgehen gingen die Mi-24 dazu über Streckenflüge vornehmlich in großen Höhen außerhalb der Schussweite der Luftabwehr der Duschmanen durchzuführen. Erst im Einsatzgebiet gingen sie wieder in den Tiefflug über.

Während in der Anfangsphase des Afghanistanfeldzugs Einsätze zur Luftunterstützung und zur freien Jagd die Hauptmasse aller Mi-24-Einsätze ausmachten, begannen schließlich ab Mitte 1980 Eskortierungsflüge das Tagesgeschehen zu bestimmen. Die Duschmanen hatten begonnen sich der direkten Auseinandersetzung mit sowjetischen Kampftruppen zu entziehen und führten stattdessen einen klassischen Partisanenkrieg, bei dem sie die Verbindungsrouten der sowjetischen Verbände attackierten. Verminte Straßen, Sprengfallen, vereinzelte Heckenschützen und massierte Hinterhalte gehörten seitdem zum Alltag in Afghanistan. Die Versorgungsstraßen waren schnell von ausgebrannten Fahrzeugwracks gesäumt.

Die Mi-24-Besatzungen erhielten nun den Auftrag die Versorgungskonvois zu schützen. Sie patrouillierten entlang der Straßen, suchten und bekämpften Feindkräfte. Da sich die Konvois mit einer Durchschnittsgeschwindigkeit von gerade einmal 15 - 20 km/h durchs Gelände bewegten, waren die Geleitflüge eine zeitraubende Angelegenheit, die oft weit über die maximale Flugzeit der Mi-24 hinausging. Deshalb waren die Sowjets gezwungen mobile Versorgungspunkte einzuführen. Dabei wurden entlang der Route temporäre Landeplätze eingerichtet, die zum Auftanken und Aufmunitionieren der Mi-24 genutzt wurden. Treibstoff und Munition wurden entweder mit Hubschraubern auf dem Luftweg herbeigeschafft

Blick aus dem vorderen Cockpit einer Mi-24 beim Anflug auf ein afghanisches Dorf. (Foto: Sammlung Scheffler)

oder wurden durch Fahrzeuge aus der zu schützenden Kolonne bereitgestellt.

So wichtig die Eskortierungsflüge für die Aufrechterhaltung der Versorgungslinien auch waren, banden sie doch einen nicht unerheblichen Teil der in Afghanistan befindlichen Kampfhubschrauberverbände.

Effektiver waren Eskortierungsflüge, die dem Schutz von Luftlandungen gewidmet waren. Wie bereits die Amerikaner in Vietnam, so nutzten auch die sowjetischen Streitkräfte den Hubschrauber zur schnellen Verlegung größerer Truppenkontingente tief ins feindliche Territorium. An solch großangelegten hubschraubergestützten Luftlandeoperationen nahmen oft über 60 Hubschrauber teil.

Die Mi-24 hatten bei diesen Einsätzen stets die Aufgabe als erste ins Feindgebiet einzufliegen und die dortige Luftabwehr auszuschalten. Dazu bewährten sich PALR, die außerhalb der Reichweite der feindlichen Flak abgefeuert werden konnten und ihre Ziele mit hoher Präzision trafen. PALR wurden auch dazu verwendet befestigte Stellungen und Bunker zu attackieren. In der Anfangsphase des Krieges kamen dabei Raketen mit herkömmlichen Hohlladungssprengköpfen zum Einsatz, später nutzte man für diese Aufgaben Raketen mit thermobarischen Gefechtsköpfen.

Nach der ersten, mit PALR geführten Attacke begannen die Mi-24 dann das vorgesehene Landungsgebiet mit ungelenkten Raketen zu beschießen. Hierbei kam es weniger auf Präzision an, denn der Gegner sollte durch den Flächenbeschuss lediglich am Boden gefesselt werden, damit er anschließend mit Bomben bekämpft werden konnte. Dabei kamen in der Anfangsphase des Krieges normale Freifallbomben zum Einsatz. Ab August 1980 setzten die sowjetischen Mi-24 auch Aerosolbomben (thermobarische Bomben) ein. Diese waren zwar nicht immer zuverlässig, aber wenn sie so funktionierten, wie sie sollten, hatten sie einen verheerenden Effekt. Die Soldaten vor Ort sprachen nicht umsonst von der »Atombombe des kleinen Mannes«.

Zur Bekämpfung der feindlichen Bodenkräfte bei der Säuberung der Landezone kamen auch regelmäßig Streubomben und andere Flächenwaffensysteme zum Einsatz.

Nachdem der örtliche Widerstand gebrochen war, konnten die Transporthubschrauber in die Kampfzone einfliegen und die Luftlandesoldaten anlanden.

Während das geschah, umkreisten die Mi-24 die Landezone auf der Suche nach Feindkräften.

Beim Verlassen der Landezone blieben die Mi-24 solange vor Ort bis die letzten Transporthubschrauber abgeflogen waren. In der Luft bildete man dann einen Verband, bei dem die Mi-24 an der Spitze flogen und bei Bedarf mit ihrer nach vorn gerichteten Bewaffnung den Weg freischossen. Die Deckung der Seite und des Rückens der Hubschrauberformation oblag den Bordschützen an Bord der Mi-8 / Mi-17 Transporthubschrauber.

Blick durchs Visier PKW auf eine afghanische Ortschaft. (Foto: Sammlung Scheffler)

Ab 1982 tauchten die ersten tragbaren Fla-Raketen in den Händen der Duschmanen auf. Es waren Strela-2-Raketen die aus Beutebeständen stammten, die den Israelis 1982 im Libanon in die Hände gefallen waren. Über den Umweg USA gelangten diese Waffen in die Hände der Aufständischen. Große Erfolge konnten die Mujaheddin damit nicht erzielen, da ihnen die notwendige Ausbildung zum erfolgreichen Einsatz fehlte. Es blieb bei ein paar Achtungserfolgen. Diese alarmierten aber die sowjetische Seite, die sofort daran ging ihre Hubschrauber mit Gegenmitteln auszustatten.

Zunächst erhielten alle Mi-24 im afghanischen Kriegsgebiet zwei Startkassetten für Täuschkörper. Diese wurden mit Spannbändern unter dem Heckausleger montiert. Später wurde die Zahl der Startkassetten auf vier erhöht. Ab 1983/84 konnte an den Mi-24 das ÄWU-System montiert werden, welches die direkte Sicht auf die heißen Triebwerksauslässe blockierte und die Abgase in den Rotorstrom verwirbelte. Dieses System war gegen die Strela-2 und auch gegen die Redeye wirksam.

Ab 1984 stiegen die Verluste der Mi-24 sprunghaft an. Ein Grund hierfür war die von der US-amerikanischen Reagan Regierung beschlossene Lieferung modernster tragbarer Fla-Raketen des Typs FIM-92 Stinger an die Mujaheddin. Mit dem Eintreffen der Stinger begann für die Mi-24-Besatzungen eine harte Zeit.

Die Stinger war so effektiv, dass die sowjetische Hub-

Von Speznas-Truppen erbeutete Stinger Luftabwehrraketen. (Foto: Sammlung Scheffler)

schrauberflotte in Afghanistan zeitweilig paralysiert wurde. Allerdings gelang es sowjetischen Spezialeinheiten, den legendären Speznas, sehr schnell Musterexemplare der Stinger zu erbeuten, die daraufhin in der Sowjetunion mit Hochdruck analysiert wurden. Die Forscher entdeckten Schwachstellen der Stinger und konnten somit die Grundlage für die Entwicklung effektiver Gegenmaßnahmen legen.

Mit dem Auftauchen der Stinger erhielten die Mi-24-Besatzungen eine neue, wichtige, aber äußerst unbeliebte Aufgabe. Da die Duschmanen auf alles schossen was flog, inklusive Transport- und Passagiermaschinen, die sich im Anflug auf einen afghanischen Flugplatz befanden, mussten die Mi-24 fortan Sorge dafür tragen, dass Start und Landung von Passagier- und Transportflugzeugen sicher stattfinden konnten.

Dazu wurden Mi-24-Paare abgestellt, die im Umfeld der Flugplätze nach verdächtigen Aktivitäten Ausschau hielten. Die unangenehmste Aufgabe hatte dasjenige Mi-24-Paar, welches die Passagiermaschine in großer Höhe in Empfang nehmen musste. Beim steilen Landeanflug nahmen die beiden Mi-24 die Zivilmaschine in die Mitte und deckten ihren Landeanflug mit dem eigenen Körper. Während des Anflugs wurden kontinuierlich Täuschkörper ausgestoßen, um einen permanenten Schutz vor infrarotgelenkten Raketen zu gewährleisten. Beim Start einer tragbaren Fla-Rakete hatten die Mi-24-Piloten den Befehl die Rakete unter allen Umständen abzuwehren. Im Zweifelsfall hatten sie ihren Hubschrauber zwischen anfliegende Rakete und Passagiermaschine zu manövrieren und den Raketentreffer auf sich zu nehmen. Dies ist während des Afghanistanfeldzugs tatsächlich mehrmals geschehen.

In den allermeisten Fällen vermochte man Passagier- oder Transportflugzeuge auf diese Weise zu schützen. Es gelang aber nicht immer.

Die kritischste Phase des Afghanistanfeldzugs war für die Hubschrauberverbände das erste Halbjahr 1987. Die Stinger kam in großer Zahl ins Land und so verloren die sowjetischen Kampfhubschrauberverbände bereits in den ersten sechs Monaten des Jahres mehr Mi-24 als im ganzen Jahr zuvor. Doch dann wandelte sich das Bild. Moderne Gegenmaßnahmen wurden verfügbar. Die bereits seit einiger Zeit eingesetzten IR-Störgeräte konnten nun so eingestellt werden, dass sie den Suchkopf der Stinger nahezu optimal zu stören vermochten. Die Zahl der Werferkassetten für Störkörper erhöhte sich auf sechs. Die Wirksamkeit der Leuchtköder und des ÄWU-Systems war nochmals verbessert worden. Im Zusammenwirken aller Schutzsysteme war es fortan möglich die Wirksamkeit der FIM-92 Stinger stark zu reduzieren. Im letzten Halbjahr 1987 gingen nur noch drei Mi-24 unwiederbringlich verloren. 1988 und 89 hatten sich die sowjetischen Mi-24-Verluste auf jeweils drei pro Jahr reduziert. Der Stinger war erfolgreich der Stachel gezogen worden.

Einen großen Anteil bei der Verringerung der Verluste hatte die strikte Anwendung einer neuen Taktik, bei der Mi-24-Kampfhubschrauber und spezialisierte Mi-17 zusammenarbeiteten. Während die Mi-24 die Front einer Hubschrauberformation absicherten, kümmerten sich die Mi-17 um den Schutz von Flanke und Rücken des Verbandes.

Die als seriös einzuschätzende russische Fachzeitschrift »Mir Awiatsij« bezifferte die Zahl aller während des Afghanistanfeldzugs unwiederbringlich verlorengegangenen sowjetischen Mi-24 auf insgesamt 122, wobei die höchsten jährlichen Verluste 1980 und 1987 mit jeweils 21 Totalverlusten auftraten.

Die Masse aller abgeschossenen Mi-24 fiel schweren Maschinengewehren zum Opfer. 42% aller Abschüsse gingen auf das Konto der Duschkas. Weitere 25% wurden durch das Feuer leichter Flakgeschütze zerstört. 3% wurden durch gezieltes

Gewehrfeuer abgeschossen und der Rest (30%) wurde von tragbaren Fla-Raketen vom Himmel geholt.

Dass die Verlustzahlen nicht höher ausfielen lag zum einen an der robusten und trefferabsorbierenden Technik der Mi-24, als auch an der aufopferungsvollen Arbeit des Bodenpersonals, das rund um die Uhr arbeitete, um die Kampfhubschrauber in Afghanistan einsatzbereit zu halten.

Die rauen Bedingungen Afghanistans stellten hohe Anforderungen an Mensch und Maschine. Ständiger Staub und aufgewirbelter Sand ließen die Technik schneller verschleißen. Die Abnutzungsrate war hoch. Hinzu kam das extreme Kontinentalklima Afghanistans. Es war im Sommer sehr heiß, im Winter bitterkalt. Außerdem waren viele Regionen vom Hochgebirge geprägt, was Hubschrauberoperationen behinderte.

An heißen Sommertagen hatten die Mi-24 Schwierigkeiten von einigen besonders hochgelegenen Flugplätzen aus zu starten. Die dünne Luft, verbunden mit großer Hitze machten einen konventionellen Senkrechtstart fasst unmöglich. Da die Truppen trotzdem Luftunterstützung benötigten erfanden die Hubschrauberpiloten vor Ort den Start aus dem Anrollen. Dieses Verfahren war ausgesprochen erfolgreich, die mitführbare Nutzlast steigerte sich enorm. Doch das Verfahren war in keiner Dienstanweisung enthalten, wurde in keiner Flugvorschrift erwähnt. Da beim Militär alles seine Ordnung haben musste, wurde das OKB Mil beauftragt das Startverfahren aus dem Anrollen zu zertifizieren.

Um die Höhenlage Afghanistans zu simulieren wurde die zum Test ausgewählte Mi-24 überladen. Sie wog schließlich zwei Tonnen mehr als es das maximale Startgewicht zuließ. Der am Test beteiligte Testpilot erinnerte sich in einer Fernsehreportage wie er Gas gab, den Hubschrauber anrollen ließ und dann den Knüppel nach vorn drückte. »Es war ein komisches Gefühl als der Hubschrauber hinten hochging und das ganze Gewicht auf dem Bugrad lastete, während sich der Hubschrauber vorwärts bewegte. Der Hauptrotor senkte sich und gerade als ich glaubte er würde den Boden berühren erhob sich die Mi-24 ganz sanft in die Lüfte.« Das geschah etwa 40–50 m nach Beginn des Anrollens.

Das Ergebnis dieser Tests war verblüffend. So verrückt das Startverfahren auch anmutete, es funktionierte tadellos. Mit der Technik gab es ebenfalls keine Probleme. Obwohl das Bugfahrwerk für die starken Belastungen, die es bei diesem Startverfahren aushalten musste, überhaupt nicht ausgelegt war verkraftete es die Beanspruchung problemlos. Das Startverfahren wurde zugelassen und fortan offiziell in Afghanistan angewendet.

БОЕВЫЕ ПОТЕРИ ПО ТИПАМ К 15.02.89 г.

Год	Самолеты					Вертолеты			
	МиГ-21, МиГ-23	Су-17	Су-25, Су-24	Ан-12, Ан-26, Ан-30, Ил-76	Всего	Ми-6, Ми-10	Ми-8	Ми-24	Всего
1980	3	1	-	1+1**	4	2	19	21	42
1981	1	2	1	-	4	-	17	5	22
1982	6	1	-	-	7	4	20	9	33
1983	2	3	1	1	7	2	16	7	25
1984	1	7	2	1	10	6	21	18	45
1985	4	3	1	3	11	6	26	21	53
1986	1	7	8	2	18	5	25	17	47
1987	2	4	8	3	17	3	24	21	48
1988	-	2	1+1*	1	2		2	3	5
1989	-	-	1	1	2		2	3	5
Всего	20	30	22	9	80	28	170	122	320

Один Су-24 (*) и один Ил-76 (**), потерю которых, по всем признакам, можно отнести к боевым, не учтены в официальной сводке боевых потерь.
Разница между официальными данными и данными, приведенными в таблице (107-80=27 самолетов и 333-320=13 вертолетов), есть потери, отнесенные к небоевым. Это следствие пожаров на стоянках, аварийных посадок, ошибок при наземном обслуживании, конструктивных и производственных дефектов и пр.

Aufstellung der sowjetischen Totalverluste in Afghanistan bis zum 15.02.1989 nach »Mir Awiatsij«. Spalte 8 zeigt die Verluste der Mi-24. (Foto: US DoD)

Wrack einer abgeschossenen und ausgebrannten Mi-24 in Afghanistan. (Foto: US DoD)

Ukraine

Die Kampfhandlungen in der Ukraine begannen 2014 mit der Entsendung des ukrainischen Militärs in die ostukrainischen Donbass-Region, um Unruhen und Demonstrationen zu unterdrücken. Daraus entstand ein langjähriger Bürgerkrieg.

In diesem Bürgerkrieg hatten die ukrainischen Regierungstruppen die absolute Luftherrschaft und nutzten diese, um den eigenen Truppen Luftunterstützung zu geben. Dabei kamen auch Mi-24 Kampfhubschrauber zum Einsatz. In der ersten Phase der Kampfhandlungen konnten die Mi-24 nahezu ungehindert agieren. Das änderte sich als Russland schultergestützte Luftabwehrraketen an die Aufständischen lieferte. Die zunächst gelieferten Raketen konnten jedoch durch die Störgeräte der Mi-24 wirksam niedergehalten werden. Mit dem Eintreffen moderner Versionen der Fla-Rakete Igla änderte sich die Lage. Erste Mi-24 wurden getroffen, einige davon zerstört.

Die Ukraine reagierte mit der Entwicklung moderner Störgeräte, die die Gefahr durch tragbare Luftabwehrraketen mindern, jedoch nicht beseitigen konnten. Deshalb gingen die ukrainischen Mi-24 Piloten dazu über den Gegner aus der Distanz zu bekämpfen und flogen, sollten sie doch einmal den Nahkampf im Kampfgebiet suchen, in extrem geringer Höhe. Mehr oder wenig scherzhaft meinten ukrainische Piloten: »Wer höher als 2 Meter fliegt ist tot!«

Die Großlage änderte sich am 24. Februar 2022 schlagartig. Russland überfiel das Nachbarland und nutzte die Drangsalierung der Bevölkerung des Donbass durch die ukrainischen Truppen als Kriegsvorwand.

Russische Hubschrauberverbände wurden in der Anfangsphase des Krieges in großer Zahl und massiert eingesetzt, wobei die von den Russen angewandte Taktik eher an ein friedensmäßiges Großmanöver erinnerte, denn an einen kriegsmäßigen Feldzug. Die Hubschrauber flogen zwar niedrig, jedoch deutlich oberhalb der Baumwipfelhöhe. Weder das Terrain, noch der Bewuchs oder gar die Bebauung wurden von den russischen Kampfhubschrauberpiloten als Deckung genutzt. Es schien, als ob die russischen Kampfhubschrauberpiloten die Lehren des sowjetischen Afghanistanfeldzugs vergessen hätten und manche Beobachter fragten sich konsterniert, was »zum Teufel die Russen da trieben?!«

Dementsprechend hoch waren die russischen Verluste. Innerhalb kurzer Zeit gingen über 30 Ka-52 Alligator Kampfhubschrauber verloren. Dazu gesellten sich 9 Mi-35M und 9 Mi-24 verschiedenster Versionen. Für mehrere Wochen sah es so aus, als ob sich der Kampfhubschrauber als nutzbringendes Waffensystem überlebt hätte.

Eine Mi-35M bei einem Einsatz in der Ostukraine Man sieht die Störkörperwerfer, das Kühlsystem für die Abgase und Teile von Witebsk. (Foto: Russisches Verteidigungsministerium)

In jenen Anfangswochen des Krieges nutzten die Ukrainer ihre Mi-24, um die größtenteils ohne Luftabwehr vorgehenden russischen Marschkolonnen überraschend anzugreifen. Dabei agierten sie im extremen Tiefflug, unter Ausnutzung der Deckungsmöglichkeiten des Geländes. So gelang es ihnen den russischen Truppen unerwartete Verluste beizubringen.

Wenn die Diplomaten der kriegführenden Parteien im April 2022, das bei Verhandlungen in der Türkei ausgehandelte Friedensabkommen unterschrieben hätten, dann wäre der Krieg mit einer totalen Blamage der russischen Streitkräfte zu Ende gegangen. Doch er ging weiter und die russischen Truppen hatten Zeit zu lernen und sich an die veränderten Bedingungen anzupassen.

Die Kampfhubschrauber wurden ab April 2022 nicht mehr zu Streifzügen ins Hinterland des Feindes entsandt, wo sie den vielfach vorhandenen Stinger Luftabwehrraketen leicht zum Opfer fallen konnten. Stattdessen agierten die russischen Kampfhubschrauber außerhalb der wirksamen Reichweite der Stinger und attackierten die ukrainischen Truppen aus der Distanz. Die dabei eingesetzten Waffensysteme unterschieden sich je nach Landschaftstyp. Im offenen Gelände wurden weitreichende Panzerabwehrraketen bevorzugt, während in waldreichen Gegenden vorrangig die ungelenkten Raketen zum Einsatz kamen. Beim Einsatz ungelenkter Raketen wurde häufig der, in Friedenszeiten von den Piloten verpönte, Angriff aus dem Hochziehen praktiziert. So war zwar kein genaues Zielen möglich, dafür wurden aber größere Flächen mit Raketenfeuer belegt. Wurden dabei Raketen mit piezoelektrischen Zündern verwendet, explodierten die Gefechtsköpfe der Raketen bereits in den Kronen der Bäume und ließen die Splitter von oben auf die ukrainischen Soldaten herabregnen.

Bei der Abwehr der groß angekündigten ukrainischen Frühlingsoffensive, die im Sommer 2023 begann, wurden russische Kampfhubschrauber im Südabschnitt der Front vorrangig als hochmobile Eingreifverbände verwendet, die bei Bedarf schnell herbeigeordert werden konnten, um gepanzerte ukrainische Angriffsverbände auszuschalten. Bei solchen Einsätzen flogen die russischen Piloten die Kampfgebiete im extremen Tiefflug und unter Ausnutzung lokaler Deckungsmöglichkeiten an. Dann wurden sie von Fliegerleitoffizieren auf ihre Ziele angesetzt und bekämpften diese aus maximaler Schlagdistanz mit Panzerabwehrlenkwaffen. Bei solchen Luftschlägen lag die Lenkungsdauer der eingesetzten Raketen zwischen 25 und 30 Sekunden, woraus sich eine Kampfentfernung zwischen 8 und 10 Kilometer ableiten lässt. Bei einer solchen Distanz blieben die russischen Kampfhubschrauber weit außerhalb der effektiven Reichweite der ukrainischen Stinger Luftabwehrraketen. Bei diesen Einsätzen erwiesen sich die russischen Kampfhubschrauber als effektive Waffensysteme, die auch in der Lage waren modernste westliche Kampftechnik, wie den Schützenpanzer M2 Bradley oder den Kampfpanzer Leopard 2A6, zu zerstören.

Um Raketen abzuwehren setzt diese Mi-35M massiv Störkörper ein. (Foto: Russisches Verteidigungsministerium)

Nach unerhört hohen Verlusten änderten die Ukrainer ihre Kampftaktik und versuchten die russischen Stellungen nun eher mit infanteristischen Stoßtrupps, denn mit geballter gepanzerter Macht anzugreifen. Ukrainische Mi-24 waren auch im Sommer 2023 immer noch aktiv, wobei auch sie versuchten sich aus der Wirkungszone des gegnerischen Luftabwehr herauszuhalten. Weil ihnen langsam aber sicher die Munitionsvorräte ausgingen, versuchten die Ukrainer ihre Kampfhubschrauber mit Raketenbehältern westlicher Bauart auszurüsten und diese im Kampf einzusetzen.

Im Ukrainekrieg zeigte sich eine revolutionäre Neuerung im vollem Umfang. Es kamen im immer stärkeren Maße Drohnen zum Einsatz. Waren es zu Beginn des Krieges große und mit Lenkwaffen ausgerüstete Drohnen, die Jagd auf den Gegner machten, so wandelte sich das Bild nach Erstarken der Truppenluftabwehr dahingehend, das kleine Drohnen das Gefechtsfeld beherrschten. Diese wurden zur Gefechtsfeldbeobachtung, aber auch zum Kampfeinsatz verwendet, wobei die Zahl der Einwegdrohnen beständig anstieg. Dabei gab es auf beiden Seiten der Front Versuche Drohnen durch die Bordschützen von Kampfhubschraubern steuern zu lassen. Mit Kamikazedrohnen konnten Kampfhubschrauber Ziele bis zu 40 km hinter der Front bekämpfen, ohne selbst durch die gegnerischen Truppenluftabwehr gefährdet zu sein.

Das war die Lage in der Ukraine bis zum Sommer 2023, als diese Zeilen zu Papier gebracht wurden.

(Foto: USMC O Quin)

Die Mi-24 und die Kampfhubschrauber des Westens

Die Mi-24 war von ihrer Konzeption her eine einzigartige Konstruktion. Es gab keinen Hubschrauber im Westen, den man als direktes Gegenstück zur Mi-24 ansehen kann. Vergleichbar, hinsichtlich der Einsatzzeit, war die Bell AH-1 Cobra. Vergleichbar war auch die Lockheed AH 56 Cheyenne, weil die Mi-24 gebaut wurde, um jenem Hubschrauber Paroli zu bieten. Und vergleichbar war auch die Sikorsky S-67 Blackhawk, die in ihrer Auslegung der Mi-24 noch am nächsten kam.

AH-1, einfach, unterschätzt und doch erstaunlich leistungsfähig

Die Mi-24 wird oft als direktes Gegenstück zur AH-1 Cobra angesehen. Vom Zeitrahmen mag das stimmen, da beide Hubschraubertypen über lange Zeit hinweg das Rückgrat der jeweiligen Kampfhubschrauberverbände bildeten und sich deshalb im Herzen Europas gegenüberstanden. Von der technischen Auslegung her gab es aber so gut wie keine Gemeinsamkeiten.

Die Cobra entstand als Notlösung. Die Firma Bell hatte bereits seit Ende der 50er-Jahre an Studien für einen echten Kampfhubschrauber gearbeitet. Sie schuf 1963 mit der Bell 207 Sioux Scout einen Hubschrauber, der das US-Militär im Rahmen einer Machbarkeitsstudie vom Wert eines Kampfhubschraubers überzeugte. Doch als das US-Verteidigungsministerium 1964 einen Wettbewerb um den zukünftigen Kampfhubschrauber der USA ausschrieb, verlor Bells Modell 209 gegen die Lockheed CL-840 Cheyenne. Bell gab sich jedoch nicht geschlagen und investierte Anfang 1965 in die Weiterentwicklung des Modells 209.

Inzwischen hatte sich der Vietnamkrieg intensiviert und das Fehlen eines schlagkräftigen Kampfhubschraubers wurde für die US-Truppen deutlich spürbar. Da Lockheeds Cheyenne nicht in absehbarer Zeit zur Verfügung stehen konnte, forderte die US Army von fünf Firmen Angebote für einen schnell verfügbaren, einfachen Kampfhubschrauber an.

Bell begann daraufhin mit dem Bau eines Prototyps, der bereits am 7. September 1965 zum Jungfernflug starten konnte. Einen Monat später stellte er einen Geschwindigkeitsweltrekord für Hubschrauber auf. Im April 1966 setzte sich das Modell 209 im Vergleichsfliegen gegen die Konkurrenz durch, worauf die US Army einen Auftrag über 110 Maschinen erteilte. Fortan lautete die Typenbezeichnung AH-1, der offizielle Beiname war, entgegen der Tradition Hubschrauber der US-Army nach Indianerstämmen zu benennen, Huey Cobra. Das war als Reminiszenz an die bewaffneten UH-1 gedacht, die in Vietnam als »Cobras« im Einsatz waren, aber auch als Hinweis, dass man die AH-1 lediglich als Provisorium betrachtete, das lediglich da war um die zeitliche Lücke bis zum Eintreffen der AH-56 Cheyenne zu überbrücken.

Doch Provisorien leben bekanntlich ewig.

Die AH-1 schlug sich im Vietnamkrieg wacker. Sie leistete hervorragende Arbeit und war eine wichtige Stütze für die kämpfende Truppe. Und das obwohl sie über keine sonderlich hochgezüchteten Waffen oder Sensorsysteme verfügte. Die Cobra war ein einfacher, zuverlässiger und schlagkräftiger Kampfhubschrauber, der auf die Bedingungen des Dschungelkriegs zugeschnitten war.

Als der Vietnamkrieg verloren und die Cheyenne immer noch nicht verfügbar war, musste die Cobra wohl oder übel den Dienst in Europa antreten. Doch für die dortigen Aufgaben war sie nicht wirklich geeignet. Die AH-1G, die Vietnamvariante, war nicht in der Lage Panzerangriffe zu stoppen. Deshalb wurde rasch das PALR-System TOW integriert und die Cobra zur AH-1Q weiterentwickelt.

Als die Entwicklung der Cheyenne endgültig abgebrochen wurde, musste die Cobra zwangsläufig die Zeit bis zum Eintreffen der AH-64 Apache überbrücken. Deshalb wurde sie in schneller Folge immer weiter modernisiert und über die Versionen AH-1S, P, E auf den AH-1F-Standard gebracht. Sie blieb bis 1999 im Kampfbestand der US Army. Zweimotorige Cobra Varianten, die im Dienste der US Navy und des US Marine Corps stehen, werden bis zum heutige Tag genutzt.

Das war eine beeindruckende Karriere für einen Hubschrauber, den das Militär zunächst gar nicht haben wollte.

Verglichen mit der Mi-24 war die Cobra immer kleiner, leichter und langsamer. Die Cobra stieg auch nicht so schnell und konnte auch keine so eine große Waffenlast wie die Mi-24 tragen.

Die modernste Version der Cobra ist die AH-1Z des US Marine Corps. (Foto: US Navy Adler)

Im Kampf standen sich Cobra und Mi-24 nur einmal gegenüber und zwar im Krieg zwischen dem Irak und dem Iran, der seinerzeit Golfkrieg genannt wurde, ehe diese Bezeichnung für eine andere militärische Auseinandersetzung Verwendung fand. Wenn man den Berichten glauben darf, Skepsis ist durchaus angebracht, kam es zu verschiedenen Auseinandersetzungen, bei denen vor allem PALR zur Bekämpfung gegnerischer Hubschrauber eingesetzt wurden. Hierbei sollen die irakischen Mi-24 zehn Cobras vom Himmel geholt haben, während selbst nur sechs Mi-24 den Cobras zum Opfer fielen. Die Iraker behaupten zudem, dass es einer Mi-24 gelungen sei eine F-4E Phantom abzuschießen. Wie schon gesagt, Skepsis ist durchaus angebracht.

AH-56A Cheyenne, Lockheeds High Tech Helicopter

Lockheed gewann mit seinem Projekt CL-840 den AAFSS (Advanced Aerial Fire Support System) Wettbewerb um den zukünftigen Kampfhubschrauber der US Army. Die Cheyenne war eine technologisch sehr fortschrittliche Konstruktion, die Elemente von Hub- und Tragschrauber in sich vereinte. Start, Landung und Langsamflug erfolgten wie beim Hubschrauber mittels der Rotoren. Beim Hochgeschwindigkeitsflug wurde der Hauptrotor ausgekuppelt und der Vortrieb, wie bei einem Tragschrauber, durch den Druckpropeller am Heckausleger der Maschine erzeugt. Während des Hochgeschwindigkeitsfluges generierten die Stummelflügel den größten Teil des Auftriebs. Auf diese Weise konnten sehr hohe Geschwindigkeiten erzielt werden. Im Horizontalflug erreichte die Cheyenne zwischen 390 und 407 km/h. Im schnellen Sinkflug konnten Spitzengeschwindigkeiten zwischen 450 und 480 km/h erzielt werden.

Die AH-56A war mit einem 7,62-mm-Gatling im Bugdrehturm und einer 30-mm-Maschinenkanone im Bauchdrehturm gewaffnet. Sie konnte ungelenkte Raketen und Panzerabwehrraketen des Typs TOW zum Einsatz bringen.

Die Cheyenne verfügte über hochentwickelte Sensorsysteme und Bordrechner. Der Pilot konnte die Bordkanone mit einem Helmvisier aufs Ziel richten, während der Bordschütze auf einem drehbaren Sitz stets in Richtung der Laufrichtung des Bord-MGs positioniert war.

Das Programm AH-56A hatte mit vielen technischen Problemen zu kämpfen, so dass es zu Zeitverzögerungen und Budgetüberschreitungen kam. Als auch noch ein Prototyp abstürzte und ein anderer, bei einer Waffenvorführung vor den Augen hoher Militärs, die Mehrzahl der anvisierten Ziele verfehlte, wurde das Programm eingestellt.

Als die Mi-24 entwickelt wurde galt die AH-56 Cheyenne als Richtmarke an der man sich orientieren sollte. Die Mi-24 war ein wenig größer und schwerer als die Cheyenne. Sie war auch nicht so schnell und stieg auch nicht so gut. Die mitführbare Waffenlast beider Hubschraubertypen war vergleichbar, wobei die Cheyenne eine größere Zahl an Panzerabwehrlenkwaffen mitführen konnte. Hinsichtlich der Sensorsysteme war die Cheyenne deutlich überlegen. Bezüglich Zuverlässigkeit und Robustheit konnte sie es jedoch nicht mit der Mi-24 aufnehmen.

Die AH-56A wurde als Richtmarke bei der Entwicklung der Mi-24 gesehen. (Foto: Lockheed)

Die elegante Sikorsky S-67 Blackhawk war der westliche Kampfhubschrauber, der in seiner Gestaltung der Mi-24 am meisten ähnelte. (Foto: Sikorsky)

Sikorskys Schmuckstück, S-67 Blackhawk

Die Firma Sikorsky hatte mit dem Projekt S-66 am AAFSS-Wettbewerb teilgenommen, war jedoch der AH-56 Cheyenne unterlegen. Als das Cheyenne Programm immer häufiger mit Problemen zu kämpfen hatte, entschloss man sich bei Sikorsky auf eigenes Risiko zu einer Weiterentwicklung, die die Projektbezeichnung S-67 Blackhawk erhielt.

Ziel war es entsprechend der Vorgaben der US Army einen schnellfliegenden Kampfhubschrauber mit großer Waffenlast zu entwickeln. Um das Entwicklungsrisiko zu minimieren griff man bei der S-67 auf Bauelemente der bewährten S-61 zurück. Der Fünfblatthauptrotor war z.B. eine Variante des S-61-Hauptrotors, während man den Heckrotor direkt von diesem Modell übernahm. Um eine hohe Fluggeschwindigkeit zu erreichen wurde die Zelle der S-67 stromlinienförmig gestaltet. Das Fahrwerk war einziehbar.

Außergewöhnlich für den Hubschrauberbau war die Gestaltung der Stummelflügel. Sie waren mit Brems- und Steuerklappen versehen, die eine deutliche Verbesserung der Manövrierfähigkeit ermöglichten.

Die S-67 war mit einer Maschinenkanone in einem Drehturm bewaffnet. Die Hauptbewaffnung konnte an vier Unterflügelstationen mitgeführt werden. Jede Station war für die Aufnahme eines Vierfachstarters für TOW-Lenkwaffen vorbereitet. Es konnten aber auch ungelenkte Raketen, Bomben und Kanonenbehälter zum Einsatz gebracht werden.

Die Entwicklung der S-67 ging sehr schnell vonstatten. Die Designarbeiten begannen im November 1969. Die Arbeiten am Prototyp wurden im Februar 1970 aufgenommen und der Erstflug fand am 20. August 1970 statt.

Es wurde lediglich ein Prototyp gebaut mit dem man die gesamte Flugerprobung, sowie das Vergleichsfliegen gegen die AH-56A Cheyenne und die Bell 309 KingCobra durchführte.

Die S-67 war ein großer Hubschrauber, der trotzdem sehr beweglich war und sich leicht fliegen ließ. Von den Piloten wurde ihr angenehmes Flugverhalten gelobt.

1970 stellte die S-67 zwei Geschwindigkeitsweltrekorde auf. Trotz ihrer überragenden Leistungen wurde die S-67 von der US Army abgelehnt.

Mi-24A und S-67 ähnelten sich in ihrem Aufbau. Beide hatten den Triebwerksblock vor dem Hauptrotor und eine großes verglastes Cockpit. Die S-67 war größer und schwerer als die Mi-24A, hatte aber eine geringere Triebwerksleistung. Dafür war sie aerodynamisch günstiger geformt, so dass Spitzengeschwindigkeit und Steigleistung beider Hubschraubertypen in etwa identisch waren. Die Reichweite der Mi-24 war überlegen, dafür konnte die S-67 aber deutlich mehr Waffen transportieren.

Darüber hinaus bestach die S-67 Blackhawk mit ihrer eleganten Formgebung.

In manchen Publikationen ist zu lesen, dass die S-67 einen Frachtraum besaß in dem bis zu vier Soldaten Platz finden konnten. Insofern war sie ein konzeptionelles Gegenstück zur Mi-24.

AH-64A Apache

1972 wurde der AAFSS-Wettbewerb abgebrochen, weil die Führung der US Army glaubte, dass sich die Bedingungen unter denen ein Krieg in Mitteleuropa geführt werden würde inzwischen deutlich geändert hätten. Die Panzerverbände des Warschauer Vertrages, deren Dezimierung als Hauptaufgabe amerikanischer Kampfhubschrauber angesehen wurde, hatten mit der Aufstellung einer leistungsfähigen Truppenluftabwehr einen modernen Schutzschild gegen feindliche Luftangriffsmittel erhalten. Eine Vielzahl von mobilen, die Panzerverbände begleitenden Fla-Raketen unterschiedlichster Reichweite, kombiniert mit hochmobilen Fla-SFL Schilka zur Verteidigung des Nahbereichs, machte die bisher angenommene Einsatztaktik der US-Kampfhubschrauber obsolet.

Bei der Entwicklung der Kampfhubschrauber AH-56, S-67 und KingCobra war das US-Militär davon ausgegangen, dass die Hubschrauber in mittleren bis geringen Höhen anflögen, aus der Distanz ihre PALR zum Einsatz bringen würden, dann schnell und energisch auf Schussdistanz von ungelenkten Raketen und Bordkanonen herangehen und den Gegner in einer Art Sturmangriff niederkämpfen würden. Im Prinzip war dieses Denken den Einsatzgrundsätzen der Mi-24 nicht unähnlich.

Mit der wachsenden Stärke der sowjetischen Truppenluftabwehr hielt die US Army die oben beschriebene Taktik nicht mehr durchführbar. Stattdessen sollten sich Kampfhubschrauber fortan im extremen Geländefolgeflug an den Gegner heranpirschen, kurz aus ihren Deckungen herausspringen, ihre Waffen aus der Standschwebe abfeuern und so schnell wie möglich wieder verschwinden.

Für die neue Taktik schien kein AAFSS-Hubschrauber wirklich geeignet zu sein, weshalb ein neuer Wettbewerb unter der Bezeichnung AAH (Advanced Attack Helicopter) ausgeschrieben wurde. Dieser Wettbewerb wurde von der Firma Hughes mit ihrem Modell 77 gewonnen. Der Jungfernflug des ersten Prototypen YAH-64 fand am 30. September 1975 statt. 1984 ging die Maschine als AH-64A Apache in Serie.

Die AH-64A Apache war ein hochinnovativer Hubschrauber, der erstmalig im amerikanischen Kampfhubschrauberbau, über einen ausgezeichneten Panzerschutz verfügte. Hochmoderne Beobachtungs- und Sensortechnik, gepaart mit leistungsfähigen Computersystemen und einer schlagkräftigen Bewaffnung machten die AH-64A Apache in den 80er-Jahren zum weltbesten Kampfhubschrauber.

Sie war der damaligen Mi-24 eine Generation voraus.

Die AH-64A war kleiner und leichter als die Mi-24. Ihre Triebwerksleistung war etwas schwächer und auch in der Spitzengeschwindigkeit blieb die Apache hinter der Mi-24 zurück. Die Steigleistung beider Hubschraubertypen war in etwa gleich. Die mitführbare Waffenlast war auch nahezu identisch, doch konnte die AH-64A mehr Lenkwaffen zum Einsatz bringen. Der Panzerschutz der AH-64A war überlegen.

Man kann die AH-64 Apache mit Fug und Recht als Ame-

Eine tschechische Mi-24W und eine amerikanische AH-64D im Paarflug. (Foto: US Army Chlebecek)

rikas Antwort auf die Mi-24 sehen. Die Kriegserfahrungen im Irak zeigten interessanterweise, dass die von der US Army präferierte Taktik des Angriffs aus der Standschwebe zu höheren eigenen Verlusten führte als die zuvor angedachte Variante des Sturmangriffs, wie sie noch von den Kampfhubschraubern des US Marine Corps praktiziert wurde. In Afghanistan gingen die AH-64-Piloten wieder zur Taktik des Sturmangriffs über, weil sich zeigte, dass sich bewegende Hubschrauber nicht so häufig vom Abwehrfeuer getroffen wurden, wie Maschinen, die in der Standschwebe verharrten. Die AH-64 adaptierten quasi die Taktiken, die die sowjetischen Mi-24 in diesem Terrain Jahre zuvor angewendet hatten.

Das Bild zeigt ein Paar tschechischer Mi-24. Interessant ist der russischsprachige Warnhinweis vor dem Heckrotor. Kleiner Hinweis an die Modellbauer: Bei tschechischen Hoheitszeichen zeigt der blaue Teil stets in Richtung Bug. Der rote Teil ist zum Rumpf ausgerichtet oder zeigt in Richtung Boden. (Foto: Martin Baumann)

Die Mi-24 weltweit

Weltweite Verbreitung

Die Mi-24 ist heute, wenn man die Zahl der Nutzerstaaten als Maßstab nimmt, der am weitesten verbreitete Kampfhubschrauber der Welt. Sie steht in Streitkräften auf vier Kontinenten im Einsatz. Sie fliegt in Europa, Asien, Afrika und auf dem amerikanischen Kontinent.

Zunächst war die Mi-24 ausschließlich für den sowjetischen Eigenbedarf gedacht. Die Mi-24A trug deshalb ausschließlich den Roten Stern der sowjetischen Fliegerkräfte. Apropos Roter Stern, im Westen wird allgemein angenommen, dass der Rote Stern jedes Fahrzeug, jeden Panzer, jedes Schiff und jegliches Fluggerät der Sowjetarmee zierte. Zum Teil ist das richtig, wenn man sich die Schiffe, Hubschrauber und Flugzeuge betrachtet. Die Fahrzeuge jedoch, egal ob LKW, Geländewagen oder Panzer führten in der Regel keinen einzelnen Roten Stern als Hoheitszeichen, er war eher ein untergeordneter Teil eines größeren Wappens. Sehr oft wurde auch auf ein Hoheitszeichen an Fahrzeugen verzichtet, stattdessen gab es kryptische Buchstaben- und Zahlenkombinationen, die auf eine Einheitszugehörigkeit oder ähnliches verwiesen. Doch zurück zur Mi-24.

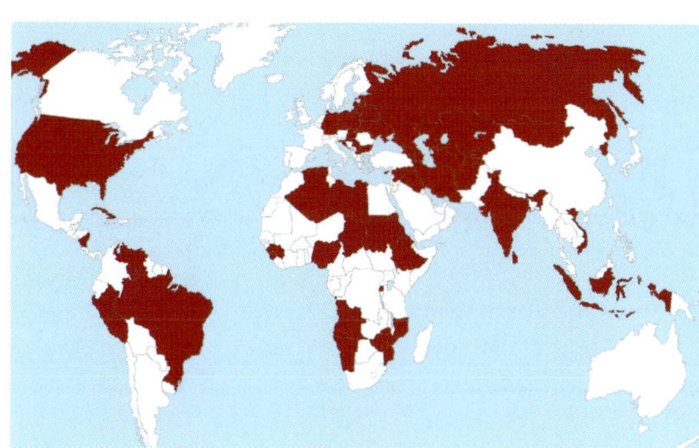

Aktive und ehemalige Nutzerstaaten der Mi-24

Als die Mi-24D verfügbar wurde begann die Sowjetarmee die Mi-24A auszusondern. Etliche Exemplare wurden an Vietnam, Algerien, Afghanistan und Äthiopien abgegeben. In äthiopischen Diensten erlebte die Mi-24A ihre Feuertaufe. Das war im Ogadenkrieg 1977, der gegen den Nachbarstaat Somalia geführt wurde.

Polen nutzt seine auf den Mi-24W modernisierten Maschinen bis zum heutigen Tag. (Foto: Martin Baumann)

Dieses Mi-24 Paar demonstriert die erstaunlich hohe Beweglichkeit des doch recht schweren Hubschraubers. (Foto: Martin Baumann)

1978 begann sich die Mi-24D großflächig auszubreiten. Sie wurde zum Export freigegeben und an die Staaten des Warschauer Vertrages geliefert. So erhielten in den Folgejahren die DDR, Polen, die Tschechoslowakei, Ungarn und Bulgarien Mi-24D in großer Zahl. Nur Rumänien beschaffte keine Mi-24, man wollte dort lieber einen eigenen Kampfhubschrauber entwickeln und scheiterte kläglich an der eigenen Hybris. In den anderen Warschauer Vertragsstaaten blieb die Mi-24D bis zur politischen Wende das Rückgrat der Kampfhubschrauberverbände. Ende der 80er-Jahre begann der Zulauf moderner Mi-24-Varianten, wie der Mi-24W und P in die Staaten des Warschauer Vertrages.

Die Mi-24 wurde auch nach den politischen Umbrüchen lange weiterbetrieben. Bulgarien und Ungarn haben ihre Maschinen in den letzten Jahren aus Kostengründen eingemottet, genau wie die Slowakei, die ihre Mi-24 aus tschechoslowakischen Beständen nach der Teilung des Landes in die Tschechische und die Slowakische Republik erhielt. Die Tschechische Republik sonderte die Mi-24 im Jahr 2023 aus und übergab sie der Ukraine. In Polen steht die Mi-24 dagegen immer noch zuverlässig im Truppendienst.

Zypern beschaffte sich neugebaute Mi-35P und setzt sie im Rahmen seiner Nationalgarde ein.

In den jugoslawischen Nachfolgekriegen erwarb Kroatien auf verschlungenen Wegen einige Mi-24W und schickte sie sehr erfolgreich in den Kampf gegen serbische Rebellen. Diese Maschinen sind seit 2002 eingemottet. Makedonien ging einen ähnlichen Weg, doch hier waren es albanische oder kosovarische Aufständische die unter anderem mit Mi-24W niedergekämpft wurden.

In den Nachfolgestaaten der Sowjetunion ist die Mi-24 immer noch in großer Zahl im Einsatz. Egal ob in Russland, Weißrussland, der Ukraine, Kasachstan, Turkmenistan, Kirgisien, Usbekistan, Armenien, Georgien oder Aserbaidschan, die Mi-24 ist immer noch der zahlenmäßig am stärksten vertretene Kampfhubschrauber. In vielen Staaten der früheren Sowjetunion laufen Modernisierungsmaßnahmen um die Lebensdauer der Maschinen zu verlängern und ihre Kampfkraft zu steigern. Einige Nachfolgestaaten beschaffen neugebaute moderne Mi-35M.

In der Ostukraine und im Kaukasus kam die Mi-24 in kriegerischen Auseinandersetzungen zum Einsatz. Zum Teil trafen hier Mi-24 auf Mi-24. Die Mi-24 wurde in den zentralasiatischen Republiken bei der Bekämpfung islamistischer Rebellen genutzt.

Nur die drei baltischen Staaten haben keine Mi-24 im Bestand. Sie haben de facto keine eigenen Luftstreitkräfte, weshalb die NATO die Luftraumsicherung über dem Baltikum übernimmt.

Als sich die Tschechoslowakei auflöste teilten sich beide Nachfolgerstaaten den Bestand an Mi-24 gleichmäßig auf. Das Bild zeigt eine slowakische Mi-24W. (Foto: Martin Baumann)

Für den Export in die Dritte Welt wurde die Mi-24D zur Mi-25 abgerüstet. Sie wurde zunächst in den Nahen Osten verkauft. Syrien, Libyen und der Irak seien hier als Betreiberstaaten genannt. In jedem dieser Länder war die Mi-25 in Kriege verwickelt. Syrische Mi-25 kämpften 1982 erfolgreich gegen Israel, irakische Maschinen stritten zwischen 1980 und 88 gegen den Iran und Libyens eigenwilliger Machthaber Gaddafi setzte seine Mi-25 im Tschad ein. Die Mi-25 ging aber auch nach Algerien. Sie wurde nach Südjemen geliefert.

In Asien bekam Nordkorea die Mi-25. Vietnam erhielt als treuer Verbündeter der Sowjetunion die Mi-24D. Die Mongolei, die eher als politisches Anhängsel der UdSSR betrachtet werden musste, bekam ebenfalls Mi-24D. Indien beschaffte zunächst Mi-25 und erhielt später auch Mi-35. Diese Maschinen wurden mit israelischer Hilfe modernisiert. Die afghanischen Streitkräfte bekamen Mi-24 verschiedener Versionen aus sowjetischen Beständen und operierten lange, unterstützt durch amerikanische Berater, mit Mi-35.

Nach dem Ende der UdSSR erhielten Sri Lanka und Indonesien Mi-24 aus Überschussbeständen. Myanmar bestellte Anfang der 2000er-Jahre neugebaute Mi-35M.

Im südlichen Afrika galten Angola und Mosambik als progressive Staaten. Ihre Streitkräfte wurden mit Mi-25 ausgerüstet, die in Angola zum Teil von kubanischen Piloten geflogen wurden.

Nach dem Zusammenbruch der UdSSR und dem einsetzenden Ausverkauf überschüssiger Mi-24 in den GUS-Staaten, nutzten viele afrikanische Staaten die Gelegenheit relativ billig an einen leistungsstarken Kampfhubschrauber zu kommen. So ist die Mi-24 heute in Afrika weit verbreitet. Um nur einige Betreiberstaaten aufzuzählen seinen hier der Tschad, der Sudan, Simbabwe, Sierra Leone, Ruanda, Uganda und Nigeria genannt. Ukrainische Mi-24P flogen im Rahmen von UNO-Friedenseinsätzen ebenfalls in Afrika.

Auf dem amerikanischen Kontinent erhielt Kuba als erster Staat die Mi-24D. Die Mi-25 ging Mitte der 80er-Jahre an die sandinistische Regierung Nikaraguas, die sie im Abwehrkampf gegen die von den USA finanzierten und ausgerüsteten Contra Rebellen einsetzte. Peru, das ein langjähriger Kunde sowjetischen Kriegsmaterials war, beschaffte sich ebenfalls die Mi-25. Diese Maschinen wurden 2011 in Russland überholt und modernisiert. Peru erhielt auch modernisierte Mi-35P. Neukunden in Südamerika waren Venezuela, das Erstkunde für die Mi-35M wurde und Brasilien, das ab 2009 Mi-35M erhielt.

Interessanterweise nutzen auch die Streitkräfte der USA die Mi-24, allerdings nur im Rahmen der Feinddarstellung. Zu diesem Zweck beschafften sie sich bei den NATO-Staaten Osteuropas und in der Bundesrepublik Deutschland einige Mi-24. Die Bundesrepublik verschenkte 1991 jeweils eine Mi-24D und eine Mi-24P an die USA.

Amerikanische Mi-24

In den 70er- und 80er-Jahren hatten die NATO-Militärs aus gutem Grund einen gehörigen Respekt vor der mächtigen Mi-24. Die Mi-24 konnte Dinge, die kein westlicher Kampfhubschrauber vermochte. Sie war erstaunlich agil, erstaunlich schlagkräftig und konnte zudem noch Truppen transportieren.

Im tiefen Westen der USA, in der Nähe des Spielerparadieses Las Vegas stampfte das Pentagon Mitte, Ende der 70er-Jahre ein gewaltiges Übungsgebiet aus dem Boden, in welchem der 3. Weltkrieg durchexerziert wurde. US-Kampfpiloten trafen auf echte MiG's und F-5E Tiger, die sowjetische Taktiken simulierten. Am Boden gab es US-Einheiten, die mit sowjetischer Technik oder mit auf sowjetische Technik getrimmten US-Fahrzeugen ausgerüstet waren und sowjetische Taktiken anwendeten, um den Feind zu simulierten. Sie trafen auf reguläre US-Verbände und zeigten ihnen wie der Feind kämpft. Die Feinddarsteller waren oft sehr erfolgreich.

Die Manöver der Luftwaffe liefen unter der Bezeichnung Red Flag, die der US Army unter OPFOR, was für OPposing FORces, Feindkräfte stand.

Um die OPFOR-Manöver so realistisch wie möglich zu machen war es notwendig die Mi-24 zu simulieren. An echte Mi-24 kamen die Amerikaner aber nicht so einfach heran, wie an MiG-21, die man einfach für viel Geld von den Indonesiern und Ägyptern hatte kaufen können. Deshalb waren sie gezwungen eigene Hubschrauber umzubauen und auf Mi-24 zu trimmen. Um das Radarecho der Mi-24 zu simulieren wurden einige UH-1 mit speziellen Radarreflektoren ausgestattet.

Diese UH-1 hatten aber äußerlich trotzdem keine Ähnlichkeit zur Mi-24. Zur optischen Simulation der Mi-24 wurden mehrere Sikorsky S-55 umgebaut. Sie erhielten an der Nase Anbauten aus Glasfieber, die den charakteristischen Rumpfbug der Mi-24, inklusive Cockpits und aus Puppen bestehender Besatzung, darstellten. Es wurden Stummelflügel angebaut und Attrappen der Bewaffnung.

Äußerlich ähnelten diese Fake Hinds zwar der Mi-24, konnten es aber mit deren Flugleistungen bei weitem nicht aufnehmen.

1985 bekamen die Amerikaner zum ersten Mal direkten Zugriff auf eine Mi-24D. Genauer gesagt eine Mi-25 aus libyschen Beständen, die von den Franzosen im Tschad erbeutet worden war.

Die Mi-24D wurde unter die Lupe genommen und von einem exzellenten Hubschrauberpiloten erprobt. Nach einigen Anfangsschwierigkeiten gelang es dem Piloten sich schnell an die Mi-24D zu gewöhnen und zum Abschluss der Erprobung gab er das Statement ab, dass die Mi-24 der beste Hubschrauber gewesen sei, den er jemals geflogen habe.

Nach den politischen Umbrüchen im Osten Europas beschafften sich die USA etliche Mi-24 und setzen sie bis heute erfolgreich zur Feinddarstellung ein. Die Expertise der USA zum Thema Mi-24 ist inzwischen so groß, dass US-Militärs regelmäßig Piloten und Techniker anderer Staaten, z.B. Afghanistans oder des Iraks, an der Mi-24 ausbilden.

Die US Army nutzte umgebaute UH-1 zur Darstellung von Mi-24. (Foto: US DoD)

Mi-24P der amerikanischen OPFOR-Verbände. Man beachte den Dreifachstarter an den äußeren Aufhängepunkten, den es bei original sowjetischen/russischen Mi-24 nicht gibt. (Foto: USAF S.Turner)

Umgebaute S-55-Helikopter dienten als QS-55 zur Simulation von Mi-24 während OPFOR-Trainingsgefechten. (Foto: US DoD)

Mi-24W in amerikanischen Diensten. Man beachte das dreiläufige Maschinengewehr (Foto: US DoD)

Die Mi-24 in deutschen Diensten

Mit Beginn der 70er-Jahre verlangte die Sowjetunion von ihren Verbündeten stärkere Anstrengungen, um die Offensivkraft der fliegenden Verbände zu erhöhen.

In der DDR wurde deshalb das erste Jagdbombenfliegergeschwader aufgestellt. Das war ein erster Schritt, doch genügte er dem großen Bruder aus Moskau bei weitem nicht. Die Forderung nach einer verstärkten Luftangriffsfähigkeit und einer stetigen Modernisierung der Luftstreitkräfte wurde von sowjetischer Seite bis zum Ende der DDR ständig und vehement vorgetragen. Doch lag es auch im eigenen Interesse der NVA schlagkräftige fliegende Verbände zu besitzen, die den Landstreitkräften direkte Luftunterstützung leisten konnten. Und hier bot sich die Aufstellung eines Kampfhubschraubergeschwaders förmlich an.

Keimzelle des neuen Verbandes wurde die 5. Staffel des Hubschraubergeschwaders-34 (HG-34) in Brandenburg-Briest. Die Staffel wurde mit bewaffneten Mi-2- und Mi-8T-Hubschraubern ausgestattet, die vor allem zur Umschulung von Piloten und Bordschützen auf die neue Aufgabe genutzt werden sollten.

Offiziell wurde der neue Verband am 1. November 1975 ins Leben gerufen. Er erhielt die Bezeichnung Hubschraubergeschwader-54, kurz HG-54. Am 21. November 1975 verlegte das HG-54 zum eigens neu eingerichteten Hubschrauberlandeplatz Basepohl in der Nähe von Neubrandenburg, wo das Geschwader fortan beheimatet war.

Im Spätsommer 1976 nahmen Hubschrauber des neuaufgestellten Verbandes zum ersten Mal an einem Großmanöver teil. Das war eine erste Bewährungsprobe, nur war man mit bewaffneten Mi-2 und Mi-8T noch nicht wirklich in der Lage effektive Luftunterstützung zu fliegen. Doch Abhilfe war unterwegs. Im Februar 1977 liefen der ersten schwerbewaffneten und gepanzerten Mi-8TB zu und im August 1978 trafen die ersten vier Mi-24D ein. Die DDR als treuester Verbündeter der Sowjetunion erhielt als erster Staat außerhalb der UdSSR den neuen Kampfhubschrauber. Das wurde von der DDR-Führung wohlwollend zur Kenntnis genommen.

1979 erhielt das Geschwader vier weitere Mi-24D. Am 7. Oktober 1979 nahmen sieben Mi-24 an der Parade zu Ehren des 30. Jahrestages der DDR in Berlin teil. Die Westalliierten beschwerten sich daraufhin heftig bei den Sowjets. Trotzdem wurde fünf Jahre später eine weitere Luftparade durchgeführt. Zum 35. Jahrestag der DDR flogen zwölf Mi-24 über Berlin.

Am 1. März 1980, dem Tag der NVA, erhielt das HG-54 den Traditionsnamen »Adolf von Lützow«. Die Wahl des Namens zeigte eine neue Tendenz in der NVA. Neue Verbände

Nach der Wende verschenkte die Bundesrepublik am 12.04.1991 die Mi-24D mit der taktischen Nummer 494 und die Mi-24P mit der Nummer 512 an die USA. (Foto: Rob Schleiffert)

Die 396 wurde im Mai 1981 geliefert. In der Bundeswehr trug sie die Nummer 96+02. (Foto: Rob Schleiffert)

wurden nicht mehr nur nach kommunistischen Heroen benannt, sondern auch nach Helden der Befreiungskriege gegen Napoleon.

Am 30. April 1981 war die Ausbildung der Piloten soweit fortgeschritten, dass das Hubschraubergeschwader in das Diensthabende System des Warschauer Vertrages übernommen wurde. Es hatte damit offiziell die volle Kampfkraft erreicht. Im Laufe des Jahres 1981 erhielt das Hubschraubergeschwader achtzehn weitere Mi-24D. Das Verhältnis zwischen Mi-8TB und Mi-24D verschob sich damit entscheidend zugunsten des Kampfhubschraubers. Dieser Entwicklung wurde auch in der Einheitenbezeichnung Rechnung getragen. Aus dem HG-54 entstand am 1. Dezember 1981 das Kampfhubschraubergeschwader-57, kurz KHG-57.

Etwa zur gleichen Zeit wurde ein zweites Kampfhubschraubergeschwader aus der Taufe gehoben. In Brandenburg-Briest bildete sich aus der Hubschrauberstaffel-64 (HS-64) das Kampfhubschraubergeschwader-67 (KHG-67). Dieser Verband war zunächst mit Mi-8TB ausgerüstet. Ab 19. Juni 1982 erhielt auch das KHG-67 die Mi-24D. Da Brandenburg-Briest unter einem alliierten Luftkorridor nach Westberlin lag und die Amerikaner, Briten und Franzosen diesen Umstand ausgiebig zur Luftspionage nutzten, verlegte das KHG-67 im November 1982 nach Cottbus. Der dortige Flugplatz war vom Jagdfliegergeschwader-1 geräumt worden, weil sich die Stadt Cottbus in den 70er-Jahren so stark ausgedehnt hatte, dass die Einflugschneise zum Flugplatz über Wohngebiete führte. Ein Unfall mit Todesfolge, bei dem eine MiG-21 in ein Wohnhaus abstürzte, hatte die Unhaltbarkeit dieser Zustände offenkundig gemacht. Das JG-1 verlegte daraufhin auf den neuerrichteten Flugplatz Holzdorf und das KHG-67 übernahm den Landeplatz in Cottbus. Er blieb bis zum Ende der DDR die Heimatbasis des neuen Kampfhubschraubergeschwaders.

Mi-24D der NVA. Die 520 wurde im August 1981 geliefert, flog in der NVA 1.815 Stunden. Nach der Übernahme in die Bundeswehr trug sie das taktische Kennzeichen 96+09. (Foto: Rob Schleiffert)

Die 487 mit geöffneten Wartungsluken. Der Hubschrauber wurde im Juli 1981 geliefert. Bei der Bundeswehr trug sie die taktische Nummer 96+07. (Foto: Rob Schleiffert)

Am 7. Oktober 1984 wurde dem Geschwader der Ehrenname »Ferdinand von Schill« verliehen.

Beide Kampfhubschraubergeschwader waren mit jeweils einer Staffel Mi-8TB und einer Staffel Mi-24D ausgerüstet. Hinzu kamen jeweils noch 3. Staffeln, die für Sonderaufgaben, wie Führung und Aufklärung vorgesehen waren. Beide Geschwader hatten darüber hinaus eigene Kontroll- und Reparaturstaffeln, die für kleinere periodische Kontrollen und Reparaturen zuständig waren. Größere Kontrollen und Reparaturen wurden im VEB Flugzeugwerft Dresden durchgeführt.

Bis 1983 lieferte die Sowjetunion insgesamt 42 Mi-24D, die sowohl im KHG-57 in Basepohl und im KHG-67 in Cottbus Dienst taten.

Die Mi-24D war für die NVA ein gewaltiger Schritt nach vorn. Die Fähigkeit der NVA-Luftstreitkräfte (LSK) die eigenen Bodentruppen (Landstreitkräfte, LaSK) im Gefecht unterstützen zu können steigerte sich erheblich.

Bald schon zeigte es sich, dass das Zusammenwirken von LSK und LaSK nicht ganz unproblematisch war. Deshalb wurde 1982 das Führungsorgan Front- und Armeefliegerkräfte (FO FAFK) gegründet, in dem Offiziere der Landstreitkräfte mit den Geschwadern der LSK zusammen arbeiten sollten. Das KHG-57 wurde am 30. September 1982 diesem Führungsorgan zugeordnet.

Bis Ende 1984 war die Entwicklung soweit gediehen, dass beide Kampfhubschraubergeschwader aus dem Bestand der LSK herausgegliedert und den Landstreitkräften unterstellt wurden. Das geschah am 30. November 1984. Die Armeefliegerkräfte wurden Realität.

Um die neuen Unterstellungsverhältnisse zu dokumentieren erhielten die Geschwader am 1. Dezember 1986 neue Bezeichnungen. Aus dem KHG-57 wurde das KHG-5 und das KHG-67 taufte man in KHG-3 um. Die neuen Nummern korrespondierten mit den Nummern der Militärbezirke in der DDR, die im E-Fall die 3. und die 5. Armee des Warschauer Vertrages hätten bilden sollen.

Die Stationierungsorte Basepohl und Cottbus blieben erhalten.

Obwohl die Kampfhubschraubergeschwader offiziell und strukturmäßig zu den Landstreitkräften gehörten, trugen die Angehörigen beider Verbände die Uniformen der Luftstreitkräfte. Das Personal wurde auch weiterhin an den Schulen der LSK ausgebildet und auch die technische Sicherstellung erfolgte im Rahmen der Luftstreitkräfte.

Die Einführung der Mi-24D gelang recht schnell und verlief relativ unproblematisch. 1979 wurde der neue Hubschrauber während einer Truppenschau für die Partei- und Staatsführung der Öffentlichkeit zum ersten Mal vorgeführt. Im September 1980 waren bereits genügend Mi-24D geliefert und Besatzungen ausgebildet, so dass das HG-54 am Großmanöver Waffenbrüderschaft-80, welches auf dem Gebiet der DDR durchgeführt wurde, teilnehmen konnte.

Während des Manövers zeigten die Besatzungen, dass sie mit ihren Mi-24D Panzervorstöße des Gegners abwehren und zerschlagen konnten. In erstaunlich kurzer Zeit wurde die volle Gefechtsbereitschaft des für die NVA vollkommen neuen Waffensystems Mi-24D erreicht.

Doch es lief auch nicht alles glatt. Zum ersten tödliche Unfall mit einer Mi-24D kam es am 26. August 1980, als sich eine Besatzung während des Kunstflugtrainings von den hervorragenden Flugeigenschaften der Mi-24D verleiten ließ die Maschine über Gebühr zu beanspruchen. Zunächst hatte man geglaubt den Absturz einem Vogelschlag zuschreiben zu müssen, doch stellte sich bei genauerer Untersuchung des Vorfalls heraus, dass sich bei der zu rasanten Ausführung eines Flugmanövers die Tragschraubenblätter soweit durchgebogen hatten, dass sie auf dem Heckausleger aufschlugen und zerstört wurden. Ein Absturz war unvermeidlich, die gesamte Besatzung kam ums Leben. Es war das erste und einzige Mal, dass einer NVA-Mi-24 dieses Missgeschick widerfuhr. Die sowjetischen Streitkräfte hatten derweil schon öfter mit diesem Phänomen zu tun gehabt, die entsprechende Information war aber bei den Piloten der NVA-Kampfhubschrauber nie angekommen. Deshalb kaufte man von der Sowjetunion zusätzliche Vorschriften und Handlungsanweisungen und übersetzte die russischsprachigen Dokumentationen vollständig ins Deutsche. In diesen Dokumenten wurde man bezüglich der Flugparameterbeschränkungen fündig. Es bewahrheitete sich die Weisheit sowjetischer Mi-24-Piloten, der auch heute noch unter russischen Piloten kursiert: »Wenn Du genau weißt, was Du mit einer Mi-24 machen kannst und vor allem was Du tunlichst vermeiden solltest, dann ist das Krokodil der beste Kampfhubschrauber der Welt!«

Ein weiterer Unfall mit Todesfolge geschah am 3. Juni 1982, als die Mi-24D mit der taktischen Nummer 521 im Uferbereich der Havel eine Standschwebe durchführte. Das unglückliche Zusammenspiel von hohen Temperaturen und unerwarteten Luftströmungen führte zu einer Kollision des Hauptrotors mit am Ufer stehenden Bäumen. Der Rotor wurde zerstört, was zum Absturz führte. Der Pilot kam ums Leben, während Bordingenieur und Fluglehrer überlebten und nach Auskurieren ihrer Verletzungen auch wieder flogen.

Die 521 wurde geborgen und instandgesetzt. Im Flugbetrieb wurde sie aber nicht wieder eingesetzt. Sie kam stattdessen in die Militärtechnische Schule »Harry Kuhn« Bad Düben, wo sie als Ausbildungsobjekt für angehende Hubschraubertechniker genutzt wurde.

In Bad Düben erhielt die Maschine die neue taktische Nummer 5211 und war damit der einzige Hubschrauber der NVA, der über eine vierstellige Bordnummer verfügte.

Heute ist die 5211 im Luftwaffenmuseum Gatow zu besichtigen.

Relativ glimpflich lief ein Startunfall am 24. August 1984 ab. Während des Starts versagte das rechte Triebwerk, der Hubschrauber sackte durch und schlug hart auf. Teile des Fahrwerks brachen. Die Schäden waren aber reparierbar und die Besatzung kam mit dem Schrecken davon.

Tragisch hingegen war der letzte Verlust einer Mi-24D, der am 26. Oktober 1984 stattfand. Eine Mi-24D befand sich routinemäßig auf einem vorgeschobenen Landeplatz nahe der

Die 522, geliefert im August 1981, flog in der NVA 1.763 Stunden. Bei der Bundeswehr trug sie den Kenner 96+10. (Foto: Rob Schleiffert)

Wartung einer NVA-Mi-24. (Foto: Luftwaffenmuseum Gatow)

Grenze zur Bundesrepublik. Am Tag der Ablösung herrschte dichter Nebel mit Sichtweiten unter 50 m. Da am Heimatlandeplatz Cottbus jedoch ausreichende Sichtbedingungen vorherrschten startete die Besatzung, um mittels Instrumentenflug zur Heimatbasis zurückzukehren. Dabei kollidierte die Mi-24 mit einem Abstützkabel des Funkmastes einer sowjetischen Jägerleitstation (Radarstation nach anderer Quelle). Die Kollision erfolgte so unglücklich, dass die gesamte Cockpitsektion abgetrennt wurde, als der Hubschrauber abstürzte und ausbrannte. Pilot und Bordschütze starben. Der Bordingenieur hatte Glück im Unglück er wurde aus dem zerbrechenden Hubschrauber herausgeschleudert und »nur (!)« schwer verletzt.

Wie bereits erwähnt wurden die Mi-24D bis 1983 zugeführt. Unter der Hand ging in den Hubschraubereinheiten die Geschichte herum, dass manche dieser Hubschrauber vor ihrer Auslieferung an die DDR direkt vom Herstellerwerk aus einer intensiven Felderprobung in Afghanistan unterzogen worden sein sollen. Diese Erprobung erfolgte ohne das Wissen der deutschen Seite.

Eine abgewandelte Geschichte berichtet, dass die zuerst gelieferten vier Mi-24 zu einer größeren periodischen Kontrolldurchsicht nach Moskau gebracht wurden und sich diese Kontrolluntersuchung ungewöhnlich lang hinzog. Nach mehrmaligem Nachfragen beim Hersteller, wo denn die Mi-24 abgeblieben seien, kamen die Hubschrauber zurück nach Basepohl. Die NVA-Verantwortlichen waren sich zunächst nicht sicher, ob man aus Moskau die richtigen Hubschrauber zurückerhalten hätte. Es gab geflickte Einschussstellen und andere reparierte Beschädigungen, die zuvor nicht vorhanden gewesen waren. Der neuaufgebrachte Lack schien direkt über eine Staubschicht gespritzt worden zu sein, denn man konnte Sandkörner unter dem Lack erfühlen.

Nach einer Überprüfung der Seriennummern an Zelle und Triebwerken stand fest, dass es sich tatsächlich um die NVA-Maschinen handelte. Auf Nachfrage beim Hersteller, was denn mit den NVA-Mi-24D geschehen sei, sprachen Vertreter des Herstellerwerkes unter der Hand und nach einigen Gläsern die Zunge lösenden Wodkas, von einer Werkserprobung in Afghanistan.

Von manchen Zeitzeugen wird diese Darstellung bezweifelt, sie ist also mit Vorsicht zu genießen. Fest steht aber, dass fortan alle größeren Kontrollen und Reparaturen von NVA-Mi-24 im VEB Flugzeugwerft Dresden durchgeführt wurden.

Mitte der 80er-Jahre begann das PALR-System Falanga-P schnell zu veralten, weil die Panzerverbände der NATO-Staaten zunehmend mit modernen, gut geschützten Fahrzeugen, wie dem Leopard 2 und dem M1 Abrams ausgerüstet wurden. Falanga-P war nicht in der Lage die Frontpanzerung dieser Fahrzeuge zu durchdringen. Versuche Treffer auf der verwundbaren Dachpanzerung anzubringen waren eher ein Glücksspiel, denn eine vernünftige Option. Deshalb bemühte sich die DDR um die Ausrüstung ihrer beiden Kampfhubschraubergeschwader mit modernen Mi-24-Versionen.

Doch die Lieferung verzögerte sich. Der Grund hierfür lag in persönlichen Animositäten zwischen den Partei- und Staatschefs der DDR und der Sowjetunion. Honecker und Gorbatschow mochten sich nicht. Gorbatschow behandelte die Altherrenriege aus Wandlitz mehr als herablassend und Honecker hielt, im Gegensatz zum größten Teil der DDR-Bevölkerung, nichts von Gorbatschows Politik von Glasnost und Perestroika und ließ diesen das auch wissen. Aussagen wie: »Der soll erst einmal versuchen die Geschäfte seines Landes voll zu bekommen, bevor er uns erklärt wie man den Sozialismus aufbaut.« sind verbürgt. Gorbatschow reagierte auf diese Unbotmäßigkeiten verschnupft. Er veranlasste, dass der DDR die Lieferung bestimmter moderner Waffensysteme unter fadenscheinigen Vorwänden verweigert wurde oder sich die Auslieferung ungewöhnlich lang hinauszögerte. Die NVA bekam weder den Kampfpanzer T-80, noch erhielt sie die längst zugesagte Großlieferung des Schützenpanzer BMP-2. Auch die modernen Mi-24 wurden mit der Begründung zurückgehalten, dass die Sowjetunion diese Hubschrauber selber dringend in Afghanistan bräuchte und deshalb nicht liefern könne.

Dies löste in der DDR-Führung Unmut aus, weil die Sowjetunion etwa zur selben Zeit den Schützenpanzer BMP-2 und Kampfhubschrauber des Typs Mi-35 (Exportvariante der Mi-24W) an den Irak und andere Staaten lieferte. Der Unterschied war, dass diese Staaten ihre Waffeneinkäufe in harten US-Dollar bezahlten, während die DDR nur Valuta-Rubel anbieten konnte.

Um die aufgebrachte DDR-Führung etwas zu besänftigen, beschloss Moskau Ende der 80er-Jahre endlich modernes Fluggerät an die LSK zu übergeben. So kamen das hochmoderne Jagdflugzeug MiG-29A und der Kampfhubschrauber Mi-24P in den Bestand der NVA. Als Wink mit dem Zaunpfahl erhielt die DDR die neue Kampftechnik aber nicht mehr als erster »Bruderstaat«. So wurde von Moskau aus demonstriert, dass die DDR nicht mehr als engster Verbündeter der Sowjetunion angesehen wurde.

Ende des Jahres 1989 erhielt das KHG-5 in Basepohl die ersten zwölf Mi-24P. Weitere Maschinen dieses Typs waren für 1990 avisiert, ebenso die Lieferung einer einzelnen Mi-24W, die als Anschauungsobjekt für die geplante Umrüstung der Mi-24D auf den W-Standard dienen sollte.

Die politischen Umbrüche verhinderten die Umsetzung dieser Pläne. Die im März 1990 gewählte neue Regierung der DDR stornierte auf Anraten westdeutscher Politiker die gesamten Waffenbestellungen und zahlte stattdessen hohe Konventionalstrafen an die sowjetischen Hersteller.

Mit dem Beitritt der DDR zur Bundesrepublik endete die Geschichte der NVA. Die vorhandenen Kampfhubschrauber gingen in den Bestand der Bundeswehr über.

Dort wurden sie in der Heeresfliegerstaffel Ost zusammengefasst. Jeweils eine Mi-24D und Mi-24P verschenkte die Bundesregierung an die USA, quasi als Teil der Entschädigung für die bundesdeutsche Weigerung sich nicht am ersten Golfkrieg gegen den Irak beteiligen zu wollen. Einige Mi-24 wurden in der WTD-61 Manching ausgiebig getestet. Der Rest flog gelegentlich zur Werterhaltung bis 1993. Eine direkte Ausbildung oder ein Waffentraining fanden nicht mehr statt. Als 1993 nicht mehr genügend Ersatzteile zur Verfügung standen wurden etliche Mi-24 an Polen und Ungarn abgegeben. Andere Maschinen endeten im Museum. Heute sind ex-NVA-Mi-24 unter anderem im Luftwaffenmuseum Gatow und im Flugplatzmuseum Cottbus, sowie in den Wehrtechnischen Sammlungen Koblenz ausgestellt. Der letzte Flug einer deutschen Mi-24 fand am 14. September 1994 statt.

In der Bundeswehr hatte die Mi-24 von vornherein keine Chance. Das lag weniger an ihrer technischen Auslegung oder einer etwaigen mangelnden Leistungsfähigkeit, sondern an den rückschrittlichen Ansichten innerhalb der damaligen Bundeswehrführung in Bezug auf Kampfhubschrauber.

Zwar hatte es in der Bundesrepublik bereits in den 60er-Jahren frühe Versuche gegeben UH-1-Helikopter zu bewaffnen, doch waren diese aufgegeben worden, weil es zu einem Machtkampf zwischen Luftwaffe und Heer gekommen war, in dem es darum ging, welcher Teilstreitkraft die alleinige Ehre zustünde die eigenen Bodentruppen im Gefecht aus der Luft zu unterstützen. Die Luftwaffe setzte sich mit ihrem Standpunkt durch, dass alles, was über Land fliegt zu ihr gehören müsse. Dem Heer wurden lediglich ein paar Hubschrauber zur Abwehr von Panzervorstößen im eigenen Hinterland zugestanden. So entstand aus der BO105 der PAH-1, ein Hubschrauber der als Panzerbekämpfer durchaus fähig war, aber zu kaum einem anderen Einsatzzweck taugte.

Die Bundeswehrführung stand dem Konzept des Kampfhubschraubers so ablehnend gegenüber, dass sogar die Benutzung des Terminus »Kampfhubschrauber« verpönt war. Internationale Entwicklungen auf diesem Gebiet, wie sie bei den US-Streitkräften, aber auch im Osten abliefen wurden schlichtweg ignoriert.

Selbst als es offensichtlich wurde, dass der PAH-1 dringen einen Nachfolger brauchte, wurde der PAH-2, aus dem sich später der heutige Tiger entwickeln sollte, als rein defensiver Panzerbekämpfer ausgelegt. Für ihn war weder einen effekti-

Die 521 wurde nach ihrem Absturz wieder instandgesetzt und als 5211 an der Militärtechnischen Schule Bad Düben zu Ausbildungszwecken verwendet. (Foto: MTS Bad Düben)

ven Panzerschutz, noch eine Bordkanone vorgesehen. Zu offensive Kampfhandlungen war der PAH-2 nicht fähig.

Als die Bundeswehr im Oktober 1990 von der NVA einen Kampfhubschrauber mit stark offensiver Ausrichtung übernahm, war sie konzeptionell schlichtweg überfordert. Sie wusste nicht, was sie mit der Mi-24 anstellen sollte. Deshalb schob man dieses hervorragende Waffensystem aufs alte Eisen.

Auslandseinsätze, wie in Somalia, wurden lieber mit veralteten Teppichklopfern des Typs UH-1 durchgeführt. Maschinen, die zunächst mit einem behelfsmäßigen Panzerschutz nachgerüstet werden mussten und dann unter den klimatischen Bedingungen Somalias kaum in der Lage waren abzuheben, geschweige denn eine vernünftige Last zu transportieren vermochten. Die für diese Art von Einsätzen optimal geeignete Mi-24 ließ man lieber zu Hause, weil Kampfhubschrauber von bundesdeutschen Politikern in der Zwischenzeit als zu martialisch angesehen wurden. In den Augen der Politik war die Bundeswehr nur noch eine Art bewaffnetes THW. Deutsche Soldaten sollten winken, Brunnen bohren und Mädchenschulen errichten. Von Kämpfen hatten sie sich möglichst fernzuhalten und brauchten deshalb auch keine Unterstützung von Kampfhubschraubern.

Die Einsatzrealität sah spätestens in Afghanistan ganz anders aus.

Während des ISAF-Einsatzes mussten deutsche Soldaten erleben, wie ihre polnischen Kollegen durch Mi-24, die zum Teil aus ex NVA-Beständen stammten, geschützt wurden, während sie selber stets die Hilfe amerikanischer Kampfhubschrauber anfordern mussten. Und die waren leider nicht immer verfügbar. Böse Zungen behaupteten, dass der politisch bedingte Verzicht auf die Mi-24 deutschen Soldaten in Afghanistan das Leben gekostet hat.

Erst kurz vor Ende des Afghanistan-Einsatzes erhielten die deutschen Soldaten Luftunterstützung durch eigene Kampfhubschrauber des Typs Tiger. Die Einsatzerfahrungen zeigten, dass allein das Auftauchen eines Kampfhubschraubers ausreichte, um feindliche Kräfte in die Defensive zu drängen und das Leben der eigenen Truppen am Boden zu sichern. Diese Erfahrungen hatten die Sowjets bereits drei Jahrzehnte zuvor in Afghanistan sammeln können.

Inzwischen hat auch die Bundeswehr den Wert eines Kampfhubschraubers erkannt. Der Terminus Kampfhubschrauber ist längst kein Tabu mehr und es gibt inzwischen auch wieder ein deutsches Kampfhubschraubergeschwader. Manchmal muss das Rad zweimal erfunden werden.

Die Mi-24 wurde in der Heeresfliegerstaffel Ost geflogen. (Foto: Stefan Petersen)

Die Mi-24 behielten die originale Tarnbemalung Nur Hoheitszeichen und Nummer wurden ausgetauscht. Im Gegensatz zur NVA hatten die Mi-24 in der Bundeswehr ein Hoheitszeichen unter dem Rumpf. (Foto: Stefan Petersen)

Einige Mi-24 flogen bis 1994. (Foto: Stefan Petersen)

Schlusswort

Wieso schreibe ich Mi-24W statt Mi-24V?

Der eine oder andere Leser, er wird wohl vornehmlich in den Gebieten jenseits von Elbe und Werra aufgewachsen sein, hat sich sicher schon die Frage gestellt, warum ich Mi-24W schreibe und nicht Mi-24V, wie es in der internationalen Literatur üblicherweise der Fall ist.

Der Grund dafür ist einfach. Es gibt verschiedene Transkriptionen vom kyrillischen Alphabet, wie es in vielen slawischen Staaten, inklusive Russlands, verwendet wird, ins lateinische Alphabet, wie wir es im überwiegenden Teil Europas anwenden.

Es gibt eine deutsche Transkription und eine internationale Transkription. Leider hat es sich in unserem Land eingebürgert kyrillische Texte nicht nach der deutschen, sondern nach der internationalen Transkription ins lateinische Alphabet zu überführen.

Ich sage leider, weil die sogenannte internationale Transkription, wie sie in der internationalen Literatur verwendet wird, de facto nichts anderes ist als die Umsetzung eines kyrillischen Textes auf Basis der englischen, besser gesagt amerikanischen Lautsprache. Nun wissen wir aus Erfahrung, dass die Engländer oder Amerikaner die Buchstaben anders aussprechen als wir Deutschen es gewohnt sind. Was wir mit »A« bezeichnen spricht der Brite wie »Äj« aus, unser »E« wird zu deren »Ih«, unser »I« zu einem »Ei«, ein »H« zu »Ejtsch« und aus »V« wird ein »Wie«.

Jetzt wird sicher offensichtlich, dass die lautmäßige Umsetzung russischer Begriffe nach englischen Regeln mit unserem Sprachgefühl zwangsläufig in Konflikt geraten muss und gelinde gesagt wenig Gutes dabei herauskommen kann.

Und damit bin ich wieder bei der Ausgangsfrage, warum schreibe ich Mi-24W und nicht Mi-24V? Der Ausgangsbegriff sieht in kyrillischer Schrift so aus: Ми-24В. Nach internationaler Transkription wird ein Mi-24V draus. Für einen Engländer, Australier oder Amerikaner ist das vollkommen in Ordnung, denn er wird das »V« wie ein »Wie« aussprechen. Und dieses »Wie« ist recht nah am russischen Original, denn die Russen sprechen den Buchstaben »B« »We« aus, wobei das kleine »e« kurz gesprochen wird, so wie in unserem Wort »Wecker«.

»Wie« und »We« sind sich lautmäßig recht ähnlich. Es ist nicht perfekt, aber ein besseres Lautäquivalent haben die Anglophonen leider nicht zu bieten und deshalb ist die Transkription »V« für unsere englischsprachigen Mitmenschen auch völlig in Ordnung.

Nur für uns Deutsche, Österreicher, deutschsprachigen Schweizer und wer sonst so noch alles die deutsche Sprache nutzt, ist die Übertragung des russischen »B« in ein »V« absolut verkehrt. Denn wir lesen das »V« nicht als »Wie«, sondern als »Vau«! Und Mi-24»Vau« ist meilenweit vom russischen Original »Ми-24В« entfernt. Unser Äquivalent zum russischen »B« ist der Buschstabe »W«. Der wird bekanntlich »Wee« ausgesprochen und ist damit deutlich näher am Original als das englische »Wie«. Wenn man nun noch die Regel beherzigt den Buchstaben kurz zu sprechen, also »We« wie in »Wecker« statt »Wee« wie in »wesentlich«, dann hat man den Laut des originalen russischen Buchstabens »B« fast perfekt getroffen.

Es gibt sicher auch noch andere Beispiele, die dem Leser aufgefallen sind. So umschreibe ich »ГШ-23« mit GScha-23, während international GSh-23 verwendet wird. Auch das ist eine Frage der Lautmalerei, nur treffen die Briten mit GSh nicht mal annähernd das russische Original. Sie sprechen GSh nämlich so aus: »Dschie Es Ejtsch«. Und das ist meilenweit vom Ziel entfernt.

Da ist die deutsche Transkription deutlich besser. Aber trotzdem weiche ich mit »GScha« etwas von ihr ab, denn getreu der Regeln der deutschen Transkription müsste ich GSch schreiben, was sich als »Gesch« lesen ließe. Das wäre zwar besser als die britische Transkription aber in meinen Ohren noch nicht gut genug, denn die Russen sprechen »ГШ« wie »GeScha« aus. Deshalb habe ich aus lautmalerischen Gründen noch ein »a« an das »Sch« angefügt. Wenn man nun die Typenbezeichnung der Waffe nicht als »Dschie-Es-Ejtsch« oder

»Gesch«, sondern als »Gescha« ausspricht wird ein Wortspiel sichtbar, das sonst verborgen bliebe. »Gescha« klingt doch sehr nach den berühmten japanischen Mädels, die als Geishas ein Wahrzeichen des stolzen Nippon sind. Und ein Satz wie »Ein Pilot kann sich auf die GScha verlassen.« bekommt plötzlich eine doppelsinnige Bedeutung.

Ein letztes Beispiel möchte ich hier noch aufbieten. Es ist der von mir verwendete Eigenname für die PALR »Штурм-В«. Die internationale Umschrift wäre »Shturm-V«, lautmalerisch wird oft ein »Shtoorm-V« draus gemacht, die deutsche Transkription ist »Schturm-W«. Warum aber »Schturm« und nicht »Sturm«? Beides klingt doch de facto gleich. Jedenfalls in den meisten Teilen Deutschlands. Es gibt aber auch einige Ecken unseres Landes, vornehmlich im Norden, wo man über der buchstäblichen »spitzen Stein stolpert«, also das »St« nicht als »Scht«, sondern als »S-t« spricht. Und für diese Landsleute wird durch die Verwendung von »Schturm« verständlich, wie in etwa das russische Original »Штурм« klingen mag.

Das Wort »Schturm« assoziieren wir mit unserem »Sturm«, also einem Wetterphänomen. Das russische Штурм hat aber nichts mit dem Wetter zu tun, denn für das Wetterphänomen Sturm haben die Russen Worte wie »Uragan« oder »Burja«. Den Schneesturm bezeichnen sie als »Buran«. Штурм hingegen ist ein Lehnwort aus der deutschen Sprache. Es umschreibt sinnbildlich ein Anrennen, wie einen Sturmlauf beim Fußball oder einen Sturmangriff auf eine feindliche Stellung.

Ich bin der Meinung, dass wir in unserem Land wieder zur deutschen Transkription kyrillischer Texte zurückkehren sollten. Denn nur so ist eine verständliche Lesbarkeit gewährleistet. Zur Verdeutlichung meiner Worte sei ein allerletztes Beispiel gestattet: Wer würde vermuten, dass sich hinter dem nach internationaler Transkription umgesetzten »Geijnrikh« aus »Myunkhen« ein Mann mit dem schönen deutschen Vornamen »Heinrich«, wohnhaft in der bayrischen Metropole »München« verbergen könnte?

Michail Leontjewitsch Mil, der Vater der Mi-24

Die letzten Zeilen dieses Buches seien dem Mann gewidmet, der maßgeblich an der Entstehung der Mi-24 beteiligt war, Michail Leontjewitsch Mil.

Michail Leontjewitsch Mil wurde am 22. November 1909 in der sibirischen Stadt Irkutsk geboren. Nach Abschluss der Schule begann er im Alter von 17 Jahren eine Ausbildung am Technologischen Institut der Stadt Tomsk. Zwei Jahre später wechselte er an das Polytechnische Institut Don, welches sich bereits damals auf den Flugzeugbau spezialisiert hatte.

1931 schloss Mil sein Studium ab und wechselte als junger Ingenieur ins ZAGI, das Zentrale Aerodynamische Institut der jungen Sowjetunion, wo er in einer Konstruktionsabteilung arbeitete. 1933 übernahm er die Leitung eines Kollektivs, das sich mit aerodynamischen Berechnungen und Experimenten befasste. Hier kam er erstmalig mit der Problematik der aerodynamischen Besonderheiten von Rotorflüglern in Berührung.

Neben seinen theoretischen Arbeiten begann sich Michail L. Mil als Konstrukteur zu versuchen. Er konstruierte Rotorblätter und andere Flugzeugkomponenten und untersuchte die Besonderheiten von Tragschraubern. So war Mil an der Entwicklung der ersten sowjetischen Tragschrauber beteiligt.

1940 wurde Michail L. Mil zum stellvertretenden Direktor des neuerbauten Werks No.269 ernannt. Mit dem Kriegsausbruch am 22. Juni 1941 versetzte man ihn zu einer mit Tragschraubern ausgerüsteten Aufklärungsstaffel. Dieser Verband war während der letztendlich verlorenen Schlacht bei Smolensk im Einsatz.

1943 kehrte Michail Mil zum ZAGI zurück und setzte seine Forschungsarbeiten auf dem Gebiet des Rotorflugs fort. Hier konstruierte er einen ersten landgestützten Hubschrauber, von dem allerdings nur eine Attrappe gebaut wurde.

Im März 1947 wurde er Leiter des neugeschaffenen Rotorfluglaboratoriums innerhalb des ZAGI, aus dem sich im Laufe des Jahres 1947 das Konstruktionsbüro OKB Mil entwickelte.

In diesem Büro entstanden unter seiner Leitung in schneller Folge die Hubschrauber Mi-1 und Mi-4. Mit der Mi-2 und der Mi-8 gelang der technologische Sprung vom Kolbenmotor zum Turbinenantrieb. Mit der Mi-6 wurde der erste Riesenhubschrauber gebaut. Danach entstanden die Mi-10 und deren Kranvariante Mi-10K, der Marinekampfhubschrauber Mi-14 und letztendlich der fliegende Schützenpanzer Mi-24. Mils größter Hubschrauber, die Mi-12 flog als Prototyp W-12 wurde aber nicht in Serie gebaut.

Michail L. Mil initiierte die Gründung einer wissenschaftlichen Schule zur Ausbildung von Hubschrauberkonstrukteuren. Er und seine Nachfolger bildeten tausende Studenten in hubschrauberspezifischen Fachgebieten zu Ingenieuren aus.

Für seine Arbeit wurde Michail Leontjewitsch Mil mit hohen staatlichen Auszeichnungen geehrt. Er wurde Held der sozialistischen Arbeit, gewann den Leninpreis, den Staatspreis und erhielt dreimal den Leninorden.

1970, gerade einmal 61 Jahre alt, verstarb Michail Leontjewitsch Mil.

Die von ihm entwickelte Hubschrauberkonzeption erwies sich als hervorragend und langlebig. Noch heute werden Hubschrauber nach dem von Mil entwickelten Schema gebaut. Sie bewähren sich in nahezu allen Ländern dieser Erde und beweisen auch unter extremsten Bedingungen ihre herausragende Zuverlässigkeit und Leistungskraft.

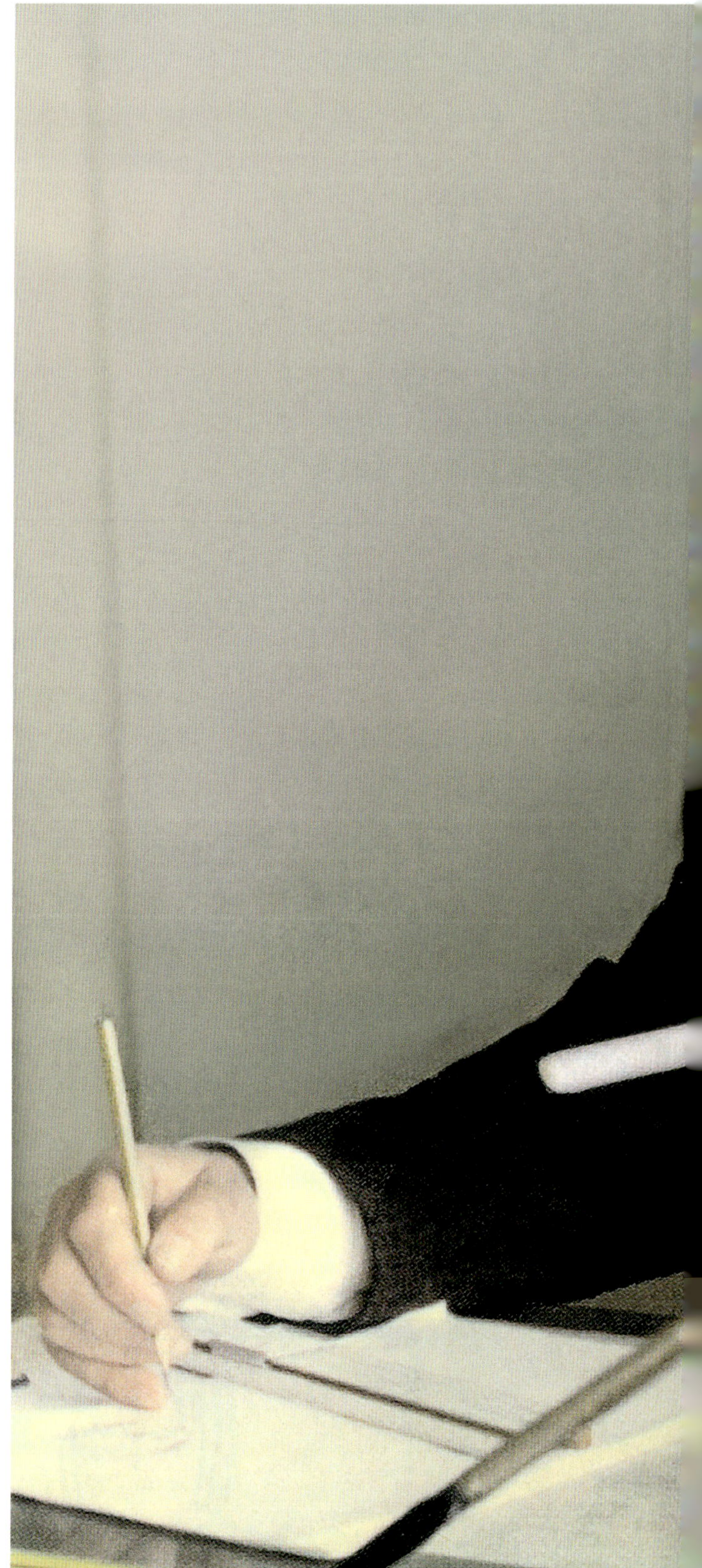

Michail Leontjewitsch Mil 1909–1970. (Foto: Archiv Rostvertol PLC)

DAS MAGAZIN FÜR LUFT- UND RAUMFAHRT

Neben spektakulären Reportagen aus der Welt der Luft- und Raumfahrt findet man in der FLUG REVUE ausführliche Analysen zu den aktuellen weltweiten Entwicklungen bei Fluggesellschaften, Flughäfen, Herstellern, Militärluftfahrt, Raumfahrt und Technik.

Jeden Monat neu!

Aktuelle Ausgabe als Heft oder E-Paper bestellen:

Web: flugrevue.de/heft
Telefon: 0781 6396659
E-Mail: mps-bestellungen@burdadirect.de

Das Magazin für Luftfahrtgeschichte

Wo Historie lebendig wird

Klassiker der Luftfahrt bietet spannende Inhalte zur Luftfahrtgeschichte und der Klassikerszene in Deutschland, Europa und den USA. Acht Mal im Jahr liefert das Magazin detaillierte Flugzeugreports, packende Zeitzeugenberichte, aktuelle Luftfahrtfotografie fliegender Legenden und Neuigkeiten aus der Welt historischer Flugzeuge.

Jetzt online!

Ausgabe als Heft oder E-Paper bestellen:

Telefon: 0781 6396659
Web: klassiker-der-luftfahrt.de/heft
E-Mail: mps-bestellungen@burdadirect.de

Eine Auswahl aus dem VTH-ONLINE-SHOP

Umfang: 64 Seiten
ArtNr: 3130004
Preis: 9,80 €

Umfang: 104 Seiten
ArtNr: 3102260
Preis: 19,99 €

Umfang: 240 Seiten
ArtNr: 3102271
Preis: 32,90 €

Umfang: 144 Seiten
ArtNr: 3102236
Preis: 22,80 €

Umfang: 80 Seiten
ArtNr: 3102214
Preis: 19,90 €

Umfang: 72 Seiten
ArtNr: 3102191
Preis: 15,80 €

Umfang: 176 Seiten
ArtNr: 3102137
Preis: 17,00 €

Umfang: 132 Seiten
ArtNr: 3102030
Preis: 16,80 €

BÜCHER & ZEITSCHRIFTEN PORTOFREI
(innerhalb Deutschland)

Jetzt bestellen!

07221 - 5087-22
07221 - 5087-33
www.vth.de/shop
service@vth.de
VTH & FMT
vth_modellbauwelt
Bertha-Benz-Str. 7 D-76532 Baden-Baden